乡村振兴背景下喀斯特山区的资源环境协调与国土空间优化

赵筱青　普军伟　等　著

科学出版社

北京

内 容 简 介

本书以云南省东南部的文山市和广南县为案例研究区，综合应用地理学、资源学、生态学、管理学和规划学等多学科交叉的理论和方法，以遥感和地理信息系统为技术支撑，分析云南喀斯特山区资源环境与生态系统服务特征，揭示喀斯特山区水土资源的耦合协调度、资源环境承载力，以及生态系统服务权衡与协同关系；探讨喀斯特山区功能分区调控与发展模式，以及产业结构优化方案与发展思路，特别是以资源环境承载力和国土空间适宜性评价结果为依据，探索国土空间优化规则和方法，提出喀斯特山区国土空间优化方案及管控途径。

本书可供地理学、资源学、生态学、环境学、管理学、农学、规划学和土地科学等领域的研究人员及高校师生阅读，也可供国土空间规划等相关行业从业人员阅读参考。

审图号：文山 S（2024）01 号

图书在版编目（CIP）数据

乡村振兴背景下喀斯特山区的资源环境协调与国土空间优化 / 赵筱青等著. -- 北京：科学出版社，2025.4. -- ISBN 978-7-03-081684-9

Ⅰ. X372.74; F129.974

中国国家版本馆 CIP 数据核字第 20257UV393 号

责任编辑：石　珺 / 责任校对：郝甜甜
责任印制：徐晓晨 / 封面设计：无极书装

科 学 出 版 社 出版
北京东黄城根北街 16 号
邮政编码：100717
http://www.sciencep.com
北京建宏印刷有限公司印刷
科学出版社发行　各地新华书店经销
*
2025 年 4 月第 一 版　开本：720×1000　1/16
2025 年 4 月第一次印刷　印张：18 1/2
字数：356 000
定价：218.00 元
（如有印装质量问题，我社负责调换）

前　言

在全球化、工业化和城市化背景下，乡村问题席卷了发展中国家和发达国家，包括适龄人口外流、乡村人口减少、住房空置、土地废弃、乡村贫困、工业衰退、文化衰退和环境污染等阻碍了乡村的可持续发展。其中，我国提出和实施了"精准扶贫"措施和"乡村振兴"区域协调发展战略解决乡村贫困问题，在土地制度改革、组织建设、管理战略、产业发展、扶贫模式、生态环境保护等方面取得了良好的效果。在精准扶贫向乡村振兴转换的阶段，两者有效衔接仍面临挑战，尤其是喀斯特山区，由于独特的岩溶地貌，加上人为干扰活动严重，使喀斯特山区生态环境的脆弱性表现更加突出，容易出现返贫风险。因此，喀斯特山区成为实施乡村振兴的重要区域。基于喀斯特山区生态脆弱、人口聚居与经济活动干扰并存的现状，需要统筹兼顾国土资源合理利用、生态环境有效保护与特色产业健康发展，才能确保这一特殊区域实现协调可持续发展。

喀斯特山区是一个多因素耦合的复杂系统，具有生态环境脆弱、人地关系紧张、经济发展滞后的典型特征。在乡村振兴背景下如何协调喀斯特山区经济发展与生态保护的关系，维护脆弱生态环境的稳定性和合理利用国土资源，已迫在眉睫。当前，喀斯特山区的资源方面存在水和矿产资源难以开发利用、土地资源贫乏且开发无序、旅游资源丰富但未形成产业链、交通资源得到改善却扰动较大等诸多机遇与挑战；喀斯特山区的环境也存在生态脆弱性强、生态系统服务功能逐渐退化等问题，人地关系不平衡的现象十分突出。这些问题都可以归结于资源环境利用与社会经济发展之间不协调和不可持续状态。由于经济发展与生态保护本来就难以兼顾，而且产业发展、新农村建设、土地整理等需要水、土地等资源以及生态环境的支持，由此加大了乡村振兴政策的实施难度。喀斯特山区资源的合理利用是巩固扶贫成果的关键，要想扩大喀斯特山区的扶贫成果，必须提出创新的资源环境协调利用和国土空间合理开发模式。因此，加强喀斯特山区的乡村振兴研究，综合地理学、生态学、土地科学和社会学等相关学科的理论和方法探讨其理论支撑体系和发展路径非常必要。

鉴于此，笔者选择喀斯特生态环境脆弱区的典型代表、石漠化最严重和分布最广、乡村振兴的工作重心，云南省东南部的文山壮族苗族自治州的文山市（精准助推乡村振兴示范区）和广南县（国家乡村振兴重点帮扶县）为案例研究区，综合运用多学科交叉的理论和方法，以遥感和地理信息系统为技术支撑，分析喀斯特山区的生态脆弱性、水土资源-生态环境耦合协调度和资源环境承载力，揭示喀斯特山区生态系统服务权衡与协同关系；结合喀斯特山区功能分区和发展导向特点，提出产业发展模式；以资源环境承载力和国土空间适宜性为依据，探索国土空间优化规则和方法，提出喀斯特山区国土空间优化方案及管控模式。为云南省喀斯特山区乡村振兴与可持续发展，尤其是乡村振兴背景下国土空间开发研究和资源可持续利用提供理论依据和参考，具有重要的理论和实践意义。

全书共分为三篇，第一篇（第 1、2 章）主要论述了喀斯特资源环境协调与国土空间研究的理论与方法；第二篇（第 3～5 章）分析云南典型喀斯特山区生态脆弱性及水土资源耦合协调度、资源环境承载力和生态系统服务权衡与协同的变化特征；第三篇（第 6～8 章）研究了云南典型喀斯特山区功能分区与发展模式、产业结构优化与发展模式、国土空间优化与管控模式。

本书是整个研究团队集体协作的成果，由赵筱青教授负责总体构思、组织、统稿、定稿，各章撰写人员如下：前言由赵筱青撰写；第 1 章由赵筱青、普军伟、顾泽贤撰写；第 2 章由普军伟、李思楠、谭琨、苗培培、李驭豪、王茜、卢飞飞撰写；第 3 章由赵筱青、王茜、谭琨、普军伟撰写；第 4 章由普军伟、赵筱青、谭琨撰写；第 5 章由赵筱青、石小倩、李驭豪、苗培培撰写；第 6 章由赵筱青、谭琨、李驭豪、石小倩撰写；第 7 章由赵筱青、王茜、普军伟撰写；第 8 章由赵筱青、普军伟、李思楠撰写。除本书作者外，几年来参加此项研究工作的还有李益敏教授、夏既胜教授、陈俊旭副教授、何云玲副教授、刘蕊副教授、孙正宝实验师、朗杨副教授，参加此项工作的研究生先后有岳启发、陈彦君、施馨雨、冯严、徐逸飞、向爱盟、陶俊逸等。在此对上述师生为本书所做的贡献表示衷心感谢！

本书的研究和出版得到"滇中高原山地人地关系调适问题及高质量发展路径研究"（202401BF070001-032）、云南省科技厅-云南大学联合基金重点项目[2018FY001（-017）]、云南大学一流学科——地理学学科建设项目（C176210103；C176210215）、"云南省产教融合研究生联合培养基地项目"（CZ22622203-2022-29），"云南省中老孟缅自然资源遥感监测国际联合实验室"（202303AP140015）项目等的资助。本书在调研、研讨和撰写过程中得到谈树成教授、胡宝清教授和周忠发教授等专家的支持和关心，得到云南大学领导和科技处的大力支持。研究案例区野外调研过程得到了云南省文山壮族苗族自治州有关部门、企业和朋友们的积极协助，在此一并表示诚挚的感谢！

鉴于喀斯特人地关系地域系统的复杂性和乡村振兴研究的新问题，加之作者的能力与水平有限，书中难免有不足之处，敬请读者和同行批评指正，并提出宝贵建议。

赵筱青

于云南大学

2022 年 6 月

目　录

第二篇　云南喀斯特山区资源环境与生态系统服务研究

第三篇　云南喀斯特山区产业发展模式与国土空间优化管控研究

第一篇

喀斯特资源环境协调与国土空间优化的

理论和方法

中国西南喀斯特山区是世界上最大的喀斯特连片分布区之一。该区域碳酸盐类岩石出露、社会经济发展滞后，"先天"脆弱的生态环境和有限自然资源的过度开发利用，导致森林减少、水土流失、石质荒漠化、土地生产力降低等问题并存；喀斯特山区降水下渗明显，资源开发利用难度大，供水情况受限，导致人-地矛盾和资源环境问题更加突出。在这一背景下，喀斯特山区受到国家的高度关注，开展了生态恢复工程项目，区域生态环境也得到了优先保护。但由于特殊的环境使其生态恢复难度大，且受限于人力、物力等资源状况，生态恢复缓慢。因此，开展资源环境协调与国土空间优化研究，是保障喀斯特山区发展与保护协同并进的必要手段，有利于促进喀斯特山区的可持续发展。前人在区域资源环境、国土空间方面已经形成了一定的理论知识和方法体系，梳理相关理论和方法的研究进展是开展喀斯特山区资源环境协调与国土空间优化研究的重要前期工作。

第 1 章

研究背景及意义

1.1　研　究　背　景

随着人口增长、气候变化、环境污染、能源短缺等诸多全球性问题的凸显，人与自然（生态系统）的矛盾日益尖锐。20 世纪 80 年代起，世界气候研究计划（WCRP）、国际地圈生物圈计划（IGBP）和国际全球环境变化人文因素计划（IHDP）等全球环境变化研究计划相继展开（胡宝清等，2012）。喀斯特山区作为全球环境变化、资源环境消耗、生态系统脆弱性以及乡村振兴等研究领域的典型热点地区，如何实现区域综合发展，以确保资源环境的可持续利用、推动产业的可持续发展、提高国土空间利用与保护效率，成为当今地理学、资源学、生态学、管理学和土地科学等学科研究的热点方向之一（袁道先，2020；王克林等，2020；陈朝军等，2021；熊康宁等，2022）。

1.1.1　乡村振兴背景下喀斯特山区的发展

贫困在空间上具有明显的集聚和地域特征，中国的相对贫困人口聚集地区与喀斯特等生态脆弱区域在空间上高度重合（奚世军等，2019；张家硕等，2022）。我国是世界上喀斯特面积最广、形态最典型的国家（Wang et al.，2020）。喀斯特区域内集中连片的裸露碳酸盐岩面积大，岩溶地貌发育强烈，是中国珠江和长江水源的主要补给区之一，具有重要的生态屏障作用；同时也是中国社会经济发展滞后的相对贫困地区。喀斯特山区脆弱的生态系统决定着区域以生态服务为主的地域功能属性，意味着喀斯特相对贫困地区不具备开展大规模人口集聚和高强度工业化开发的条件，否则极易形成"脆弱生态—经济落后—生态破坏—生态恶化—生态脆弱加强—制约发展"的恶性循环，造成区域"生态贫困"现象（李寻欢等，2020）。据此前"脱贫攻坚"工作的数据统计，我国约有 19%的贫困人口分布于喀斯特石漠化地区，贫困阻碍了当地经济社会的可持续发展，尤其在喀斯特农村相对贫困人口集中的区域，聚集态势更加明显（Liu et al.，2017；吴跃等，2020）。

2020 年底，我国脱贫攻坚和全面建成小康社会目标任务如期完成，为了巩固和拓展脱贫攻坚的成果，国家继续围绕农业领域提出相关政策，要求加快推进"乡村振兴"和实现农业现代化（新华社，2021）。喀斯特山区在脱贫攻坚工作中取得显著成就（赵榕等，2020），但作为典型的生态脆弱区、生态安全屏障区、曾经面积最大的连片贫困地区，喀斯特山区仍存在石漠化等生态问题和发展滞后等社会问题，是极易出现返贫的地区之一，也是乡村振兴的重点区和难点区（张军以等，2019；左太安等，2022）。要做好喀斯特山区的乡村振兴，就必须正确认识到生态保护和经济发展之间相互制约、相互促进的关系，科学构建兼顾经济发展协调和生态保护治理的可持续道路，既要坚持"绿水青山就是金山银山"的理念，又要统筹推进乡村振兴与生态环境保护工作。近年来，虽然喀斯特山区实施了大规模生态治理和修复工程（Tong et al.，2017；廖艳梅等，2023），区域石漠化状况和生态环境状况有所好转，但是生态环境的压力仍然很大，生态脆弱性依然较高，发展与保护的困难并存（Xiao et al.，2017；左太安等，2022）。因此，寻求更好的发展与保护方案，才能为喀斯特山区实现乡村振兴、可持续发展保驾护航（李龙等，2020）。

1.1.2 云南喀斯特山区资源环境协调和国土空间优化需求

我国西南喀斯特山区存在地上、地下双层空间结构，地表水易流失，土壤贫瘠，水土资源非常稀缺并且开发利用难度系数较高。尤其云南省不仅是我国喀斯特石漠化区中危害程度最深、喀斯特分布面积最广、治理难度最大的省区之一，石漠化面积占我国西南地区的 37.54%（任晓东，2020），而且云南喀斯特山区还是返贫风险较大的少数民族聚居区、乡村振兴的关键区（熊康宁等，2022）。过去很长时间内，云南喀斯特山区为促进社会经济发展，采用传统的掠夺式水土资源利用模式和落后不合理的区域社会经济与产业发展模式，导致了生态环境恶化、水土资源利用效率低下、国土空间开发紊乱、生态退化和生态系统服务功能下降等生态问题（Sun et al.，2020），影响人们日常生活和生产活动的有序开展（姚永慧等，2019）。今后，若仍未寻找到新的社会发展模式和经济增长点，将继续增加脆弱生态与自然资源的压力，加深发展与保护这一矛盾，制约喀斯特山区的可持续发展。因而，亟须依据生态状况和承载能力促进资源环境的协调，寻找新的发展着力点，合理、有序、科学地利用自然资源和开发国土空间，推动云南喀斯特山区健康发展（封志明和李鹏，2018；雷蕾等，2023）。

一方面，资源与环境是人类生存和发展的重要物质基础和基本约束条件（He and Wang，2022），通过有效的方法和措施促进喀斯特山区的资源环境协调发展，是促成该区域生态良性循环的重要途径。喀斯特地区相对贫困程度深且致贫原因复杂，产业发展模式多样且决定着区域经济发展与生态保护治理之间的联系（Han et al.，2020；Ding et al.，2021；Ribeiro and Zorn，2021）。一方面，摸清资源环境条件，科学划分喀斯特贫困乡村地域类型并提出差异化振兴对策，寻求经济发展与生态保护的结合点，探索合理的产业发展模式，促进发展与保护协同并进是喀斯特贫困地区的现实需要，也是解决现有发展问题、实现乡村振兴的关键（符莲等，2019；赵榕等，2020）；另一方面，国土空间是资源环境的映射及土地利用、产业活动的载体，对生态、环境的改善和人类社会发展具有重要作用（Foley et al.，2005；樊杰等，2020）。相关研究表明，土地利用变化会对喀斯特地区石漠化造成强烈影响（罗娅等，2019；Li et al.，2023b），石漠化程度恶化将加剧生态环境保护的压力，进而制约国土空间的可持续发展，是喀斯特地区一系列生态和贫困问题的根源（Zhang et al.，2019；屠爽爽等，2020）。优化并合理管控喀斯特地区国土空间，构建绿色、集约、科学、长远的国土空间开发和利用方式，能够有效促进石漠化状况的改善，提高区域生态环境的质量，实现区域资源环境协调和生态系统平衡，带动区域良性循环和可持续发展。

总之，在当前乡村振兴的大背景下，云南喀斯特山区的相对贫困依然存在，生态环境仍然处于脆弱状态，促进资源环境的相互协调及优化国土空间的开发利用方式仍是区域可持续发展研究的关键科学问题。因此，在充分考虑云南喀斯特山区生态脆弱性和水土资源系统耦合协调状况，以及区域资源环境和社会经济承载状态的基础上，根据耦合协调度等级与资源环境综合承载力等级的空间组合，对水土资源和生态系统进行分区，并从发展产业、提高水土资源利用效率和保护生态环境等角度提出相应的发展模式，探索喀斯特山区国土空间优化方法及其管控模式，将为喀斯特贫困山区水土资源合理利用、产业规划及生态环境保护的战略制定提供参考，对促进乡村振兴背景下的云南喀斯特山区可持续发展具有重要的科学价值。

1.2 研 究 意 义

本书以喀斯特生态环境脆弱区的典型代表、石漠化最严重和分布最广、乡村振兴工作重心的云南省东南部的文山壮族苗族自治州（简称文山州）的文山市（精准助推乡村振兴示范区）和广南县（国家乡村振兴重点帮扶县）为案例研究区，综合考虑水土资源耦合和资源环境承载力，对水土资源进行分区，揭示生态系统服务功能权衡与协同关系，为喀斯特山区水土资源耦合调控及生态系统恢复研究提供一种新的思路和方法体系；瞄准产业结构优化，从发展产业、水土资源利用效率和保护生态环境等角度提出不同生态脆弱区的产业发展模式，丰富了喀斯特山区可持续发展研究内容，为类似生态脆弱区探究生态修复与产业发展模式研究提供参考；基于资源环境承载力评价与国土空间开发适宜性评价（简称："双评价"）成果，结合国土空间城镇-农业-生态功能之间的内部协调关系，构建出一套喀斯特山区国土空间的综合优化体系，并提出管控思路与途径，为喀斯特地区国土空间的优化及管控研究提供科学依据。

第2章

喀斯特资源环境与国土空间相关研究进展

2.1 生态脆弱性及水土资源耦合协调研究进展

2.1.1 生态脆弱性研究进展

1. 生态脆弱性研究

随着全球生态系统的不断变化，脆弱性成为可持续发展研究的核心内容（哈斯巴根等，2013）。脆弱性评价体系最早由联合国政府间气候变化专门委员会（IPCC）针对气候变化和农业发展需求而制定，用于评估生态系统应对外部压力的响应（Bourgoin et al.，2020）。随后脆弱性逐渐运用于生态学，生态脆弱性被提出用以反映生态系统对外部干扰的弱抵抗力和破坏自然环境的风险，指导生态系统的修复和治理（Beroya-Eitner，2016；Xue et al.，2019）。近年来，学者们对脆弱性的关注度越来越高，主要围绕海洋（彭飞等，2015；贾戬等，2023）、山区（Li et al.，2006；陈金月和王石英，2017；Boori et al.，2021）、城市区（温晓金等，2016；石晶等，2023）、西北干旱区（郭兵等，2018；陈枫等，2018；岳笑等，2023）、青藏高原高寒区（于伯华和吕昌河，2011；Jiang et al.，2021），以及喀斯特石漠化区（胡宝清等，2004；王茜等，2022）等生态系统进行脆弱性分析与评价。

2. 喀斯特山区生态脆弱性研究

喀斯特地区具有与沙漠边缘类似的生态脆弱特征（袁道先，2008），是我国四大生态脆弱区之一（苏维词和朱文孝，2000；李亮和但文红，2014；陈云等，2022）。该区域的旱涝灾害、水土流失、石漠化、地面塌陷、生态系统服务功能下降、居民受生计所迫扰动较强等脆弱性特征显著，直接导致喀斯特山区生态系统的自然恢复速度慢、难度大（袁道先，1997；兰安军等，2003；封清等，2022）。研究喀斯特区域生态脆弱性，需要关注喀斯特山区与其他区域生态脆弱性研究的差异性。

喀斯特山区集"老、少、边、山、穷"等诸多问题于一体，具有先天生态系统脆弱性特征（王茜等，2021）。近年来，许多学者从定性或定量角度对喀斯特山区整体的生态脆弱性进行了阐释和分析。例如，苏维词、张殿发、张娜等从人口容量、生物生产量、人类活动等方面分析喀斯特区的脆弱性（苏维词和朱文孝，2000；张殿发等，2002；张娜等，2022），郭兵、何敏、Tang 等从土壤侵蚀、植被生产力、气候胁迫、人为扰动等方面构建喀斯特区域脆弱性指标体系，对喀斯特区域的脆弱性进行等级划分（郭兵等，2017；何敏等，2019；Tang et al.，2023）。目前，除对喀斯特区域整体的生态脆弱性研究外，也有部分学者从喀斯特区域的地下水脆弱性（魏兴萍等，2014；Cao et al.，2021）、农业生态脆弱性（郑文武等，2010；舒英格等，2020）、农户生计脆弱性（任威等，2020）和景观类型脆弱性（张笑楠等，2009；Ying et al.，2023）等方面进行探讨。采用的评价方法主要包括层次分析法（郑文武等，2010；张娜等，2022）、灰色关联度模型（张笑楠等，2009；张云霞，2022）、主成分分析法（郭宾等，2014；张译等，2021）和集对分析模型（陈群利等，2010；舒英格，2020）等。

现有的生态脆弱性研究多从数量特征变化、空间分异特征等方面开展，但喀斯特山区生态脆弱性评价指标体系尚无定论，且对空间集聚的时空演变规律及其机制研究较少。因此，根据喀斯特范围、石漠化、水力侵蚀等角度建立指标体系进行脆弱性评价，探讨其时空变化特征，有助于掌握喀斯特山区生态脆弱性演变规律，为因地制宜实施生态修复、实现生态环境与社会经济的协调发展及乡村振兴提供参考。

2.1.2 水土资源耦合协调研究进展

1. 水土资源耦合协调研究

1）水土资源耦合研究方向与指标

耦合协调系统一般是指两个或两个以上系统之间或系统内部各要素之间的相互影响、相互作用的关系和协调程度状况，耦合协调研究有利于促进系统之间、系统各要素之间或系统与要素之间结构调整和功能优化，使其正向演替（Cheng et al.，2019a；Chu et al.，2024）。水土资源系统是一个综合复杂的系统，把水土资源耦合系统作为一个整体进行研究有利于促进水土资源关系朝正向发展，提高水土资源利用效率，增强水土资源承载力。参照相关研究（翁钢民等，2021；谭琨等，2021），本书中的水土资源耦合度指水资源和土地资源两个系统之间相互作用、相互影响的程度，水土资源协调度指水资源和土地资源两个系统之间的耦合程度大小。

有关水土资源的耦合研究早期主要集中于水资源系统和土地资源系统两个系

统内部,较少考虑外部因素的影响,以概念、模型方法和耦合规律的探讨为主(Chai et al.,2017;周鹏等,2019)。近现代以来,随着资源耗竭、生态环境恶化和城市化发展,人们对水土资源耦合的研究不再局限于水土资源系统内部,逐渐开始考虑外部系统与水土资源系统之间的相互作用规律和耦合协调关系,于是研究方向转向对水土资源系统与经济系统、社会系统、城镇化、承载力、生态环境和生态安全等内部与外部多个系统的耦合协调状况和相互影响、相互制约的规律及调控机制的探讨。

目前国外对水土资源耦合的研究主要集中在模型方法的创新上,对评价指标体系的研究较少;而国内对水土资源耦合协调水平评价指标体系的研究相对较多(Tong and Chen,2002;龙明伟等,2024)。学者们主要根据案例研究区的特点及不同的研究目的,从水资源系统、土地资源系统两者之间及其与经济系统、社会系统、城镇化系统、生态环境系统等方面,构建水土资源耦合系统及综合系统的评价指标体系(赵丽平等,2016;姜秋香等,2017;陈智等,2023)。

2)水土资源耦合协调研究方法及应用

国外水土资源耦合协调研究中,人们逐渐把水资源与土地资源看作一个相互影响和相互制约的整体进行系统研究。例如,Newson 和 Calder 对英国某流域不同土地利用类型与水资源的耦合协调状况进行研究,重点探讨了林地对水资源的影响,为土地管理和水资源利用等方面提供指导(Newson and Calder,1989);Garmendia 等对西班牙北部的巴斯克地区土地利用与水资源的相互作用关系和土地覆被类型对水资源的影响进行研究,为区域土地政策制定、土地规划和水资源管理利用等提供支持(Garmendia et al.,2012)。Ahmed 等对印度古瓦哈提城市的土壤侵蚀和水土适宜性之间的耦合和协调程度进行了研究,为城市水土资源管理、缓解生态环境退化等提供了支撑(Ahmed et al.,2023)。这些研究主要集中在对流域或城市水资源与土地资源关系,尤其是土地利用对水质的影响方面,为探讨水土资源耦合协调规律提供理论依据和案例。

国内对水土资源耦合的相关研究主要集中在水土资源优化配置、水土资源与社会经济可持续发展、水土资源与城市化、生态环境与经济和土地生态安全与社会经济等 5 个方面。例如,王凌阁等采用耦合协调度模型和农业水土资源匹配系数法分别对河西五市和河西走廊三大内陆河中游地区水土耦合协调情况进行量化研究,并以此为基础通过灰色关联度法分析水土资源耦合协调度影响因素(王凌阁等,2022);姜秋香等运用耦合协调模型结合 GIS 技术评价分析影响黑龙江省及其 13 个地级市的水资源短缺因素并对其进行优化,为区域水资源合理开发利用方案的制定、工农业可持续发展和生态-水资源-社会经济协调发展提供借鉴(姜秋香等,2017)。

总体上，虽然国内外对水土资源耦合研究为区域水土资源利用、城市发展和资源环境保护等做出了一定贡献，但主要集中在对流域、城市、开发区和海湾等宏观尺度的水土资源相互作用关系及耦合规律，对资源、环境、社会经济和生态等综合多系统的耦合协调及小尺度区域的水土资源耦合、耦合系统之间的权衡与协同、系统内部各要素的协调状况和水土资源调控及响应机制的研究还较少；研究方法主要包括耦合协调度模型、综合指数法、信息熵值法、压力-状态-响应（PSR）模型和 GIS 空间评价分析法等。其中，耦合协调度模型操作性和应用性都较强，运用最多。在未来水土资源耦合研究中，应将水资源系统和土地资源系统作为一个整体系统来考虑，深入研究与其他系统、系统内部各要素、系统协同响应机制、驱动因子和水土资源优化调控等相关方面的内容，为水土资源合理利用、水土资源优化配置及调控和社会经济可持续发展等提供科学依据和参考。

2. 喀斯特山区水土资源耦合协调研究

喀斯特山区特殊的地质结构和落后的技术水平，导致其水土资源短缺和水土资源利用率低，水土资源利用问题已成为制约区域产业发展的关键因素。因此，有学者开始对喀斯特山区水土资源耦合开展研究。例如，王敏和张晓平运用耦合协调模型实现了对昭通市资源环境、经济和社会三个系统的协调发展程度评价和分析，为区域产业发展模式和社会经济-资源环境协调提供参考（王敏和张晓平，2017）；团队成员谭琨等从水土资源系统深入分析其时空变化特征，构建喀斯特山区水土资源耦合协调评价指标体系，基于 GIS 技术并运用耦合协调度模型进行了水土资源耦合协调空间栅格尺度的研究（谭琨等，2021b）。这些关于水土资源耦合的研究对喀斯特山区水土资源合理利用、产业发展、水土资源调控和资源环境与社会经济可持续发展具有重要的意义。

但总体上，目前对喀斯特山区的水土资源耦合研究仍然较少，而喀斯特山区水土资源问题十分突出，亟须进行水土资源耦合的研究，摸清喀斯特山区的水土资源耦合协调状况，为水土资源合理利用与管理、水土资源调控和区域可持续发展提供科学依据和参考。

2.2 资源环境承载力及水土资源分区调控研究进展

2.2.1 资源环境承载力研究

1. 资源环境承载力概念与应用

1）资源环境承载力概念

资源环境承载力（resource-environment carrying capacity，RECC）是连接资源

环境因素和社会经济发展的桥梁，反映区域资源和环境支持人类及其社会经济活动的能力（Arrow et al.，1996；Wu et al.，2020）。"资源环境承载力"源于"承载力"概念，在人类活动对资源环境多方面需求的情况下提出，以明确人类活动与资源环境之间的关系（刘殿生，1995；邓伟，2010；谢高地等，2011；樊杰等，2015；徐牧天和鲍超，2023）。随着研究的不断深入，资源环境承载力的研究为资源、环境和人类的协调发展提供了良好的支持。目前，资源环境承载力的概念认知可分为两类：第一类，指区域资源、环境可支撑的人口数量峰值（Hui，2006；孙玉环等，2023），其结果是一个具体的、实际的数字，通过最大人口数量表明承载能力（Shi et al.，2019）；第二类，指区域资源、环境可维持的人类活动上限（Tang et al.，2016），其结果是一个模糊的、间接的数字，通常没有具体的单位，仅根据数量多少来表明承载能力（Shen et al.，2020）。从承载的定义和结果来看，这两类概念具有不同的特征。从承载对象和介质上看，两种概念的承载对象都是人类，但第一种概念的承载介质突出人类的生存必要条件，第二种则强调人类的生活需求水平。第一类概念在应用中很难考虑许多复杂的因素和它们的上限；第二类概念非常重视具有一定生活水平的人类需求，并引入了可持续发展的概念，因此可以全面、正确地评估多个因素。在某种程度上，第二类包括第一类（Pu et al.，2020）。因此，将本书中的资源环境承载力定义为"在一定时期和相应技术条件下，以维持区域生态系统良性循环为基础，区域资源环境可支撑人类活动和社会经济发展的能力"。

2）资源环境承载力应用

资源环境承载力的发展历程主要分为两个阶段：第一阶段主要以资源承载力、环境承载力和生态承载力等单一要素的承载力研究为主；第二阶段发展为把资源、环境、生态和社会经济等多个承载力子系统整合为一个综合体系，开展资源环境综合承载力的研究。

其中，资源承载力的研究主要以土地资源承载力和水资源承载力为主。1921年，Park 和 Burgess 以土地资源能够承载人口数量的多少为出发点，第一次明确提出了土地资源承载力的概念。此后，土地资源承载力较早形成了较成熟的研究领域（Park and Burgess，1921）。国外对水资源的单独承载力研究较少，一般都将其作为可持续发展的一部分进行研究，对水资源和土地利用状况及其他相关因素进行整体研究。我国对资源环境综合承载力的研究始于20世纪90年代，学者们分别从不同角度运用综合评价模型对区域资源环境综合承载力进行评价和分析（毛汉英和余丹林，2001），研究成果为资源合理开发利用及管理、资源环境承载力水平的提高和生态环境保护等提供了科学依据和参考。

随着资源的大量消耗、生态环境的恶化和社会经济发展过程中新问题的不断出现，关于资源环境承载力的研究不再局限于单纯的资源环境承载力评价分析，更多强调为其他各方面实际应用服务，其研究方向主要包括资源环境承载力综合与权衡分析、资源环境承载力时空分异规律、资源环境承载力与生态文明建设、区域协调可持续发展、产业结构调整、主体功能区划、土地利用分区、土地利用优化、水土资源分区优化调控和资源环境承载力评价与国土空间规划及管制分区等方面（谭琨等，2021b）。

2. 资源环境承载力研究对象、方法与指标

综观国内外承载力研究发展历程，承载力概念从最初提出至今已有上百年历史，资源环境承载力作为一个新的研究分支，20 世纪末以后受到各国学者和政策制定者广泛关注（安海忠和李华姣，2016）。学者们在研究对象、尺度和方法等方面各有侧重，在研究对象要素方面，开展了针对人口（Dorini et al.，2016；孙玉环等，2023）、经济（蔡永龙等，2017；赵疏航等，2020）、土地资源（Cheng et al.，2017a；代磊等，2021）、水资源（谭琨等，2021b）、旅游资源（王兆峰和赵松松，2021）等各类要素的资源环境承载力分析，以及多要素综合承载力研究（Pu et al.，2020）；在研究区域尺度方面，开展了针对国家（陈丹和王然，2015；李诚浩和任保平，2023）、省（董文等，2011；彭颖等，2023）、地州市（Wei et al.，2016；何苏玲等，2022）、县域（黄晶等，2020）和跨行政区域（陈江玲等，2017；任婉侠等，2024）等尺度的评价。

不同的承载力研究根据其对象和尺度的不同，在评价方法和指标体系上也应着重考虑。目前国内外学者对资源环境承载力评价的方法有综合评价法（陆传豪等，2015；Zhou，2022）、系统动力学法（高亚和章恒全，2016；Bao et al.，2022）、生态足迹法（陈江玲等，2017；Du et al.，2022）、模糊评价法（Pu et al.，2020）、状态空间法（孙树婷等，2014；Fan，2024）、能值法（Nam et al.，2010；Li et al.，2023a）等多方法综合运用（Nakajima and Ortega，2016）。其中，系统动力学、生态足迹模型和综合评价法等方法应用最多。从这几种主要方法的特点上看，系统动力学能模拟高阶非线性复杂系统，适合中小尺度的单要素承载力评价（邓伟等，2015；Bao et al.，2022），但进行资源环境综合承载力评价时系统构建十分烦琐，且不容易体现出各单要素对人类活动的承载能力；生态足迹模型直观性强，但模型中经验因子运用于特殊区域（如喀斯特山区等）的准确性有待考量，且生态足迹主要分析资源环境的本底情况，难以考虑社会经济的协调作用，很难达到资源环境综合承载力的分析要求；其他方法和模型也存在类似的不足，难以满足对特殊区域资源环境承载力的综合评价；综合评价法通过指标体系构建评价模型，不仅应用性较广，可以得出不同区域的资源、环境和人类活动的协调可持续程度，也能够得出各子系统和各单要素的具体承载状况，了解人类活动具体需求，利于明确承载力对土地利用的约束强度，从而指导国土空间开发利用的过程。

国内外学者们基于不同的研究目的、区域资源环境特点和不同的人类开发利用活动需求，从资源系统、生态系统、环境系统、资源环境系统、经济系统、社会系统和驱动力-压力-状态-冲击-响应系统等多个子系统和角度，建立资源环境承载力评价指标体系。在评价指标体系方面，资源环境承载力评价主要从资源、生态、环境和社会经济等几个方面进行考虑，较好地说明一定区域内资源环境对人类活动的支撑情况，但却难以表征特殊区域的资源环境承载力状况，如喀斯特山区需要进一步明确石漠化面积与程度、交通设施等情况对人类活动的影响，因此有必要针对喀斯特山区建立适用的资源环境承载力评价指标体系。

3. 喀斯特山区的资源环境承载力研究

喀斯特山区由于其特殊的资源环境脆弱性及其在生态安全中的重要地位，以及随着喀斯特山区的资源环境不断消耗和石漠化状况持续加重，学者认识到查清喀斯特山区资源环境状况的必要性，逐渐开展了区域内中小尺度的承载力评价（Mansour et al.，2020）。例如，李松等基于能值分析的环境承载力计量方法，对1996～2009 年间的贵州、广西和云南三个石漠化省区进行了环境承载力评价，并对比分析三个省区的环境承载力状况及演变特征，指出环境承载力不断下降的同时，超载人口仍持续增长（李松和罗绪强，2015）；Li 等通过供水、需水和社会经济三个方面建立了区域水资源承载力评价指标体系，利用层次分析法构建评价模型，对典型喀斯特地区贵州省的各城市水资源承载力进行评价、比较和分析，为喀斯特地区水资源承载力评价提供了一定理论依据和方法支持(Li et al.，2016)；王德怀等通过熵值法、综合指数模型、空间自相关分析和协调发展度模型对贵州乌江流域的资源环境承载力进行了时间和空间的评价分析及动态演变关系的研究，对促进山地流域社会经济与资源环境协调发展具有参考价值（王德怀和李旭东，2019）。

在喀斯特山区渗水严重、保水难的特殊情况下，关于喀斯特山区的承载力评价对象多以水资源单要素为主，较少涉及综合的资源环境承载力或在人-地矛盾突出情况下的土地资源承载力，而这些方面也是喀斯特山区发展过程中亟须探讨的关键环节。目前针对喀斯特山区资源环境承载力的研究仍然较少，所用指标体系难以表征喀斯特山区资源环境承载力情况，尤其对滇东南喀斯特山区的研究鲜有报道。因此，进行喀斯特石漠化山区的资源环境承载力评价尤为迫切。

2.2.2　资源分区调控研究

1. 水土资源分区调控发展历程

水土资源分区是人们在对自然区划研究探索的过程中逐渐发展起来的，它是水土资源调控的基础和依据。水土资源分区调控的发展历程可分为两个阶段：第一阶段分别对水资源和土地资源进行分区调控；第二阶段将水资源和土地资源作为一个相互联系、相互影响和相互制约的整体进行水土资源的综合分区调控。

其中，水资源的分区调控研究经历了从水量为主的调配水资源供需研究到考虑生态环境影响的水量水质综合分区调控的过程，国外对水资源的优化调控研究起源于 20 世纪 40 年代 Masse 提出的水库优化调度问题，国内水资源优化调控研究源于 20 世纪 60 年代谭维炎和黄守信等在四川狮子滩水库水电站的优化调控研究工作（尤祥瑜等，2004）；国外土地利用的分区调控研究最早可追溯到 19 世纪末德国的土地利用分区理论，但对世界各国土地利用分区研究影响较大的是后来发展的美国城市土地区划理论（Cho，1997），1922 年美国首次成功将土地利用分区应用到田纳西流域的规划中。我国真正意义上的土地利用分区调控的研究相对国外较晚，早期的研究主要局限于部分区域的单一指标的评价，分区调控的依据也主要以地形、地貌、气候和土壤等自然要素的评价状况及特点为主，主要是为我国重要粮食生产区的农业生产服务；国外水土资源的综合分区调控研究早期主要以微观尺度的灌区研究和农业水土资源优化调控研究为主，后来发展到对宏观尺度区域、生态环境特殊区域和跨境地区的水土资源综合分区调控的研究。我国的水土资源分区调控研究虽然起步较晚，但发展非常迅速且由单一目标的研究逐渐趋向于多方面、多目标的同时研究，主要经历了从微观到宏观的研究尺度、分区方法模型的研究与应用、研究方法技术与 3S 技术的高度结合等 3 个过程（Li et al.，2020）。从研究内容来看，水土资源综合利用分区调控的较少，且水土资源的综合研究主要集中在农业水土资源分区调控及发展模式的研究上，对全区域水土资源进行分区调控及发展模式的研究较少。另外研究主要集中在对干旱半干旱区和流域农业水土资源的分区调控上，但随着生态环境问题的不断出现，逐渐开始了对生态环境脆弱区的水土资源综合分区调控研究。

2. 水土资源分区调控研究

国外对水土资源分区调控的研究主要集中在分区方法模型的研究及创新，以期为水土资源分区管理、水资源规划制定和政府管理部门战略决策等提供技术支持和参考。我国对水土资源分区调控及发展模式的研究虽然起步较晚，但发展速度较快且取得了一些不错的成果，为区域水土资源的合理利用和发展模式的选择提供了依据和参考（Tan et al.，2021）。

国内外学者运用不同的方法，从不同的角度选取不同的案例研究区，开展了水土资源分区调控及发展模式的研究，其研究成果不仅为水土资源分区调控及发展模式的科学研究提供了参考，而且对区域水土资源合理利用、产业发展、生态环境保护、水土资源管理政策制定和政府部门战略决策等具有重要的指导意义。从研究区域来看，先前主要集中在西北干旱半干旱区和东北粮食主产区，后来逐渐发展到喀斯特地区，主要涉及的尺度有流域、国家、省、市、县和城市群等，其中针对流域和城市的研究最多，山区的则较少；从研究方法来看，主要包括适宜性评价、资源环境承载力评价、神经网络法、网格法、层次分析法、主成分分析法、决策支持系统、模糊聚类法和 3S 技术分析法等，其中，大部分研究仅以单一的评价结果作为分区的依据，将多种评价结果综合分析进行分区的研究较少（Tan et al.，2021）。

3. 喀斯特山区水土资源分区调控研究

喀斯特山区水土资源分区调控的研究，对区域水土资源合理利用及管理、产业发展、生态环境保护、社会经济发展、政府部门水土资源利用相关政策制定及战略决策等具有非常重要的意义。然而，研究主要集中在贵州、广西和重庆，其中，对贵州的研究最多，而针对我国石漠化面积排名第二的云南省的水土资源分区调控研究较少，所以亟须对云南喀斯特山区进行水土资源分区调控的研究，为解决区域水土资源短缺、生态环境恶化和社会经济发展落后等问题提供科学依据和参考（Tan et al.，2021）。

2.3　生态系统服务权衡与协同及功能分区研究进展

2.3.1　生态系统服务权衡与协同研究

1. 生态系统服务权衡与协同类型

现有研究依据不同分析尺度与是否可逆，将生态系统服务权衡与协同分为 3 种类型：空间上的权衡与协同、时间上的权衡与协同以及可逆性权衡与协同。其中，空间上的权衡与协同是指权衡与协同的影响发生在本地还是其他地区，即人们对空间上某个区域内一种生态服务的消费而对其他生态系统服务产生影响，导致它们之间出现此消彼长的现象（苗培培等，2021）；时间上的权衡与协同是指影响生效的速度，是相对快速的还是慢速的，即当前的生态系统服务利用或损耗对长期的生态系统服务造成的影响（张立伟和傅伯杰，2014；郭婷婷等，2024），这与人类-自然交互作用及其产生的生态和社会经济结果之间的时间滞后效应有关（Yang et al.，2015；Chen et al.，2022）；可逆性权衡与协同则是指当停止对已被扰乱的生态系统服务的干扰时，服务恢复到最初状态的可能性。例如，在城市发展过程中，将部分湿地变更为建设用地的开发建设行为，对原有湿地的固碳、蓄水、生物多样性保护，以及美学文化等服务造成了不可逆转的影响。值得注意的是，一些权衡与协同过程甚至同时涉及到这 3 种类型，且随着空间和时间尺度的增大，权衡与协同的不确定性也相应增加。

2. 生态系统服务权衡与协同的研究方法

全面评估区域内部各项生态系统服务是进行生态系统服务权衡与协同关系研究的核心和基础步骤。在此基础上，当前常用的生态系统服务权衡与协同研究方法有空间制图、相关分析、情景分析和模型模拟等（李双成等，2013；Adeyemi et al.，2021；Li et al.，2022）。另外一些结合 GIS 的生态系统服务估算模型也逐渐进入国内外学者的视野，成为生态系统服务研究的中坚力量（Nemec and Raudsepp-Hearne，2013；Benra et al.，2021）。如斯坦福大学开发的 InVEST 评估模型，已在许多国家和地区开展了广泛的应用。此外，遥感技术为最近 10 年的生态系统服务研究提供了重要的数据源，发挥了不可替代的作用。但遥感技术在提高数据的分类精度、协调不同时间和空间的数据等方面有待提高（de Araujo et al.，2015；Gao，2020）。

2.3.2　喀斯特山区生态系统服务权衡与协同研究

目前，对于喀斯特地区的生态系统服务权衡与协同研究，其研究对象以供给服务、调节服务和支持服务为主（苗培培等，2021）。生态系统服务权衡与协同关系形成主要受喀斯特气候变化、土地利用/覆被变化、生物入侵等自然因素，以及市场政策、利益相关方偏好、文化因素等人为因素影响（李双成等，2013；郭婷婷等，2024）。近年来国内外学者对于喀斯特地区生态系统服务研究的关注度有所提升，研究偏向于价值量估算和各项生态系统服务的时空变化规律探讨，而对各类生态系统服务之间的权衡与协同研究不足，且呈现由静态向动态研究的趋势（韩会庆和苏志华，2017；苗培培等，2023）；在研究方法上以传统的相关分析法为主，局限于宏观层面相关关系的整体把握，难以深入揭示存在于各类服务之间的复杂关系（王蓓等，2018；苗培培等，2021）。因此，从喀斯特山区的生态系统角度出发，将供给、调节、支持、文化服务均纳入考量，同时开展其权衡与协同的研究，以期用相关系数定量评估各类服务间的权衡与协同关系，结合空间制图方法，更有效地展示生态系统服务权衡与协同的时空分布特点，进一步探讨多项生态系统服务间的相互关系，可以为喀斯特山区生态保护及管理提供参考。

2.3.3　生态系统服务功能区划研究

在生态区划方面，1976 年 Bailey 从生态系统角度提出了首个真正意义上的生态区划。此后，各国学者加强了生态区划相关研究（凡非得等，2011），使其理论与方法得到快速发展。近年来国际上对于生态系统服务的制图和区划也逐渐重视起来；而国内的生态系统服务分区的研究方法还不成熟，与之相类似的区域多称之为"生态功能区"（苏维词，2000）。20 世纪末，众多学者建立了中国生态环境综合区划的原则、方法和指标体系，并提出了中国生态区划方案，为进一步在全国范围内开展生态功能区划奠定了坚实基础（王荣和蔡运龙，2010）。在此基础上，生态环境部和中国科学院于 2008 年和 2015 年先后发布了《全国生态功能区划》和《全国生态功能区划（修编版）》，明确了不同区域生态系统的主导服务类型及生态保护目标。此后，学者们对生态功能区划开展了大量的研究工作，取得了丰富的研究成果（Sleeter et al.，2013；Tang et al.，2020）。评估方法上，除通过构建生态服务功能重要性指数、综合指标法进行生态功能分区外（陈百明等，2003；包玉斌等，2023），常采用自组织特征映射网络（苏维词，2000；高春莲等，2024）或 K-means 聚类分析法（李晨曦等，2016；赵筱青等，2022）识别生态系统服务簇，在分类基础上对研究区进行生态功能分区。其中学者们通过识别生态系统服务簇，进行了城市地区、山区和流域等不同尺度的生态功能区的划定，但针对特定的地质条件和地貌特征区域的生态系统服务功能分区研究较少（赵筱青等，2022），尤其在喀斯特山区则更为鲜见。

2.4　产业结构优化及发展模式研究进展

2.4.1　产业结构合理性研究

产业结构是区域资源合理配置与有效利用的载体，其合理与否对区域经济发展具有重要影响（吴殿廷和吴昊，2018；盛新宇，2024）。合理的产业结构能够充分利用资源条件，对区域生态影响小，能够促进区域经济更好地发展。产业结构是否合理与区域自然、社会、经济等诸多方面有重要的关系。

在对产业结构合理性进行评价时，学者们更关注资源开发利用及产业结构间的关系。随着生态环境问题的涌现，人口、资源和环境的良性循环，以及对环境的响应成为产业结构合理性研究重点（崔功豪等，1999；徐宁，2021），以此评价产业结构的合理性。产业结构合理性评价方法逐渐完善，有泰尔指数法、影子价格法、投入产出法、评价指标法、偏离份额分析法等（任丽军和尚金城，2005；杨新军等，2005；杨开忠等，2021），这些方法各有侧重，但大多方法缺乏产业结构动态变化过程研究。而偏离份额分析法通过将区域与整体经济进行比较，把区域产业结构看成动态演变过程，揭示区域经济在一定时间段的发展状况，研究经济变化、区域经济发展与衰退的成因，为后续产业结构调整奠定基础（王凌阁等，2022）。同时，在产业结构合理性的相关研究中，产业结构评价主要围绕资源、生态保护、结构效益等方面，研究方法日益完善，为产业结构的相关研究提供了支持。但现有研究较少揭示产业结构的变化及内在差异，而偏离份额分析法可以反映区域发展差异性，为产业结构合理化发展提供依据。

2.4.2 产业结构优化研究

产业结构优化是通过生产要素的合理配置，进而实现产业协调发展。即充分发挥区位优势，在区域产业结构达到综合效益最优的情况下，实现产业发展（朱于珂等，2021）。随着越来越多的学者认识到生态系统用于社会经济的生产和消费会导致生态与资源问题，生态环境保护与经济发展成为产业结构的优化条件（Seppälä et al.，1998）。学者们多从水资源、土壤资源、矿产资源、能源、污染物排放、社会经济等方面出发对产业结构进行优化（Cao et al.，2020）。

随着研究的发展与深入，产业结构优化的研究方法与模型不断完善。研究方法方面，一些学者从合理化角度构建指标体系进行综合分析，对产业结构进行升级与调整（韩永辉等，2017；张跃和刘莉，2021）；其他一些研究也采用系统动力学模型、数据包络分析法、线性规划模型等方法进行分析（李芳等，2012；沈鹏等，2015）。尽管许多学者对产业结构优化研究成果比较丰富，研究模型与方法不断完善，但多目标的线性规划模型相比其他模型而言，能够充分考虑区域综合效益最大目标从而获得更好的优化结构（张捷和赵秀娟，2015）。

2.4.3 产业发展模式研究进展

发展模式是人类社会不断演化时所遵循的原则（尚勇敏和曾刚，2015；Silver et al.，2022）。目前产业发展模式的概念尚未形成共识，多从区域发展模式出发进行理解，将区域发展模式解释为在时空条件下形成的社会经济发展路径（杨樱和古继宝，2009；郭爱君等，2023）。不同区域发展模式表现在产业上就会形成不同的产业发展模式，是由区域产业结构和产业空间布局组成的发展格局。经济活动是在一定空间上展开的，在区域发展特点、现状，以及趋势分析的基础上，以发展目标为导向，进行产业发展模式的选择，以此提高地区产业发展水平，促使整个区域社会经济全面进步。区域产业演化倾向于发展与地区产业结构具有较强技术关联的产业。目前，在生态环境压力下，越来越多区域都把建设生态经济作为发展战略，以此形成不同的生态经济模式。我国相关学者也建立了一定体系的遵循保护生态环境和促进产业发展协调并进的思路，按照部门类型提出农业（曾尊固等，2002；Wang et al.，2021）、工业（朱华友和蒋自然，2008；Somoza-Medina and Monteserin-Abella，2021）、旅游业（Sanches-Pereira et al.，2017）等不同产业的发展模式。

2.4.4 喀斯特山区产业结构优化及模式研究

喀斯特山区产业结构优化的研究相对较少。国外的喀斯特山区人地矛盾冲突较小，对产业发展的研究不多。而我国喀斯特山区人地矛盾突出，需要解决生态治理和生存发展问题。在不断的探索过程中，学者以恢复区域植被为目标开展产业发展模式的研究，在贵州、广西等地区形成了以石漠化治理为核心的产业发展模式（邓显彬等，2014；王爱娟和穆洪晓，2019；张新鼎等，2023）。

喀斯特山区生态及社会经济落后问题突出，模式的提出主要以生态和社会经济问题为导向，未能充分体现农户意愿，影响农户对模式推进的参与度与积极度。同时有研究指出现有模式未能从根本上改变当地的生态、经济和社会条件，生态及社会经济发展滞后问题依旧制约着喀斯特山区的可持续发展（Cheng et al.，2017b；张新鼎等，2023）。因此，应该在研究喀斯特环境的基础上，以生态和社会经济问题为导向，以实现生态修复和产业发展为目的，针对不同生态脆弱区特点和存在的主要问题提出不同的产业发展模式，以促进喀斯特山区的可持续发展。

总体上，国内外专家学者在产业结构合理性、产业结构优化、产业发展模式三个方面做了大量研究。但喀斯特生态脆弱区存在社会经济发展落后与生态脆弱的双重问题，现有研究更多从单方面考虑植被恢复、经济发展，而综合考虑生态恢复、农户意愿、经济效益和资源环境承载力，提出不同生态脆弱区的产业发展模式的研究鲜有见到。因此，亟须在这些方面进行研究和完善，提出适合喀斯特山区不同生态脆弱区的产业发展模式，以期为喀斯特生态脆弱区实现生态治理及社会经济的发展提供科学支持。

2.5 国土空间优化与管控研究进展

2.5.1 国土空间"双评价"研究

在当前的区域发展中，由于各类国土功能空间的矛盾与冲突的加剧，严重影响了国土空间结构的稳定。探索不同国土空间类型的适宜程度，分析区域发展状况对它们的支撑能力，对于可持续国土空间的形成至关重要。因此，国土空间"双评价"已经成为目前国土空间规划的重要基础和不可或缺的核心内容（樊杰，2019；赵筱青等，2020a）。

1. 国土空间"双评价"研究目标

国土空间"双评价"的研究目标在于通过国土空间开发适宜性评价和资源环境承载力评价两者之间有机结合，合理安置城镇空间、农业空间和生态空间在区域中的布局，科学划定城镇开发边界、永久基本农田和生态保护红线三条国土空间开发和保护的"控制线"，强化底线约束，为可持续发展预留空间，从而逐步缓解区域发展中不同国土空间类型之间的矛盾。国土空间"双评价"是延续主体功能区规划理念、落实生态文明理念的方式和实现可持续发展的必然要求，也是优化国土空间开发格局、合理规划各类功能空间的依据。

2. 国土空间开发适宜性评价研究

土地适宜性是国土空间开发适宜性的理论基础，土地适宜性评价是针对某种特定的用途而对区域土地资源的适宜与否、适宜程度及其限制状况进行综合评定的过程，它是各土地利用类型划分和规划布局的基本依据（Kuller et al., 2019；曹杰等，2024）。在国土空间规划的背景下，产生了国土空间开发适宜性评价这一理念，它是综合考虑国土空间的资源禀赋条件、经济发展特征、人类生产生活方式以及政府政策等因素，应用地域功能理论和主体功能区规划理论，定量化评估区域国土空间对于城镇功能、农业功能和生态功能的发展潜力，以确定空间开发的适宜程度。

1）指标体系构建

国土空间开发适宜性评价的指标主要可以分为两种：定性指标和定量指标。定性指标是指通过对国土空间进行定性的描述，来反映每种国土空间功能类型的发展潜力，其评价结果主要供直接使用国土空间的利益群体参考（李坤和岳建伟，2015）。然而，在当前的研究中，相比定性指标，国内外的众多学者更偏向于用定量化的指标去评估区域国土空间适宜性，并将定量指标分为了物理、化学和生物三种指标类型（Akbari et al., 2019；罗彦等，2022）。定量指标的种类众多，由于不同评价对象的自身特点和评价目的不同，所选择的指标体系存在较大差异。因此，需要在遵循可量化性、独立性原则、差异性原则、主导性原则和定量与定性相结合等原则的基础上，选择适当的指标进行评价（Nayak et al., 2018；李开明和耿慧志，2023）。

随着"三区三线"（"三区"是指城镇空间、农业空间、生态空间三种类型的国土空间；"三线"分别对应在城镇空间、农业空间、生态空间划定的城镇开发边界、永久基本农田、生态保护红线三条控制线）划定的落实和国土空间开发进程的加快，国内对于国土空间开发适宜性评价的研究对象可分为以下三类：城镇开发适宜性、农业开发适宜性和生态保护重要性，并对每一类都展开了深入的探索和研究。在城镇开发适宜性评价中，总体上从地质、地形条件、规划布局、合理利用、空间扩张和生态保护等方面建立评价体系（曹靖等，2020）；在农业开发适宜性评价中，需要综合生态环境、气候状况、土壤状况、水文要素和地形地貌等自然因素，农业产值、农业人口比例和村庄道路密度等社会经济因素，以及政府的政策导向因素等，进行综合分析；在生态保护重要性评价中，主要以生态重要性、生态环境脆弱性、生态敏感性等指标作为考量（洪步庭和任平，2019）。

2）评价方法

目前对于国土空间开发适宜性的评价方法主要包括 GIS 软件和数学模型。20世纪 90 年代以来，基于 GIS 的国土空间开发适宜性评价方法在农业用地适宜性评价、土地利用规划、旅游地评价，以及土地整理复垦等方面已得到国内学者们的广泛运用（张紫昭等，2015；李红润等，2022）；在数学模型的运用中，两步聚类法、主成分分析法、K-means 聚类算法、模糊综合评价法和模糊聚类法等是最常用的几种评价方法（马炅好等，2019；赵筱青等，2022）。随着研究的深入，也有学者对传统的方法进行了改良。例如，针对传统生态适宜性分析模型的缺陷，在生态位理论的基础上，有学者构建了生态位适宜性评价模型，从而弥补了前者在影响因子选择过程中对研究区整体性的影响（叶长盛等，2019）。同时，相对于传统方法的等权叠加，有学者通过 BP 神经网络对农业用地中的生态适宜性进行了评估（Kong et al.，2016；潘涛等，2023）。总体上，根据研究结果需求和基础数据质量，应该对这些方法进行灵活地选择和运用。

3. 资源环境承载力评价研究

详见本章 2.2.1 节。

4. 国土空间"双评价"综合研究

由于国土空间"双评价"是在中国的地理国情和现实状况的基础上，专家学者们通过不断的理论探索与实践分析提出来的，在国外并没有以国土空间"双评价"为理论和方法基础的相关研究案例。因此，对"双评价"的综合性研究集中在国内，研究起始于 2019 年，当前依然处于初期的探索阶段，学者对它的基础内容展开了探讨（陈伟莲等，2019；罗彦等，2022），实践运用方面的研究较少，仅有部分研究对国土空间"三区三线"、开发强度、城镇开发边界等进行了探讨（张韶月等，2019；沈春竹等，2019；李思楠等，2020）。

总体上，国内外的众多学者在国土空间开发适宜性评价和资源环境承载力评价的理论内涵、指标体系和评价方法上已经做了大量的研究，取得了很多重要的成果。然而，对于将两者相互结合进行国土空间"双评价"综合性研究依然较少，特别是对于国土空间"双评价"结果在国土空间优化中的应用和实现方法处于探索阶段，研究方法和思路目前仍不清晰。

2.5.2　国土空间优化与管控研究

目前大部分学者根据定性的方法对国土空间的主导功能进行分类（李欣等，2019），也有部分学者基于定量的计算产品及服务价值量化进行划分（黄姣等，2019；付涛等，2021），一般分为城镇、农业和生态三类空间。在这三类空间尺度下，还包含着不同细化功能的空间类型，且国土尺度范围也不尽相同（黄安等，

2020）。因此，还需要对城镇、农业和生态三类空间的下一级分类进一步探讨。

1. 国土空间优化

城镇功能、农业功能和生态功能三种功能类型构成了整个国土空间功能体系，反过来，国土空间又是区域发挥三种功能的载体和依托，国土空间优化是区域实现永续健康发展的关键途径。

1）研究对象

最初对于国土空间优化的研究主要关注从土地与自然系统两者间的关系对国土空间结构进行优化和调控，并在土地多功能、生态系统服务价值和气候变化等方面分别对区域国土空间结构进行划分和调整（Johansen et al.，2018；Ma et al.，2019）；同时，有研究针对区域社会经济的可持续发展，从土地的功能划分入手，分析了国土空间结构与区域可持续发展间的内在机理与相互联系（林锦耀和黎夏，2014；顾观海，2024）。同时，研究也分别从宏观、中观和微观视角探讨了国土空间的优化路径。其中，如何对城市群的国土空间格局进行优化一直是研究者们不断探究的热点问题（范擎宇和杨山，2019）。

随着国土空间优化内容和优化模式的不断丰富，学者们发现国土空间优化的关键在于城镇空间、农业空间和生态空间在数量上的合理配比和在空间上的科学配置，并提高国土空间各类型在开发利用和保护中的效率，从而维护生态环境的稳定性，实现国土空间各类资源与生态要素的均衡与可持续发展。随着中国主体功能区规划的实行，一些研究针对主体功能区进行了国土空间的分区和优化，并在分区框架、指标体系及分区方法等方面进行了大量探索。也有研究从生态位理论和适宜性理论等视角上对国土空间功能特征进行分析（肖善才和欧名豪，2022），从城市化与生态环境、经济与环境、人-地-关系、不同视角下的城市功能空间分区等方面，研究不同功能之间的耦合关系（Akadiri et al.，2019）。同时，针对不同区域的不同国土空间结构和需求，在明确土地功能的基础上，对国土空间的组合模式、"三线"划定和空间优化布局等展开了大量研究（王维等，2018；牛帅等，2024）。

2）优化方法

目前，对于国土空间优化的方法可以分为定性方法和定量方法。定性方法主要是从该领域资深专家学者的意见与建议和影响区域国土空间发展的主导因素等方面进行分析，该方法的人为主观性较强，对专家学者的专业知识储备和国土空间方面的研究经验要求较高。因此，定性方法在政府相关部门的工作中使用较多，而在学术研究中使用较少；以定量方法进行国土空间优化的成果较多，主要以空间叠置分析为基础，结合不同的指标拟合算法进行优化（魏小芳等，2019；Liao et al.，2022）。

此外，使用多方法集成优化国土空间的研究成果也较丰富，且随着大数据的开发与运用，以"地理大数据"为代表的决策机制为国土空间的复杂性研究提供了新的发展前景。目前已有学者对大数据下国土空间规划的编制和实施框架进行了大量的探索（程昌秀等，2018；罗秀丽，2024），这些研究为国土空间的模拟和优化提供了良好的参考。

2. 国土空间管控

国土空间管控是对国土空间中各类城镇开发活动、农业开发活动和生态保护活动等的有序安排和科学布局，它不仅能够对国土空间的内部结构进行微观的管理，而且可以根据区域的发展重点对国土空间的发展趋势进行宏观的调控（樊杰等，2014）。由于国土空间的开发保护格局具有战略性、基础性、公共性、共生性和外部性等特征，因此要求根据区域的发展状况，针对国土空间的各类开发保护活动的空间组织和落地布局，提出科学、合理和有效的管控途径和模式，加强国土空间的整体性、国土空间功能分区之间的衔接性。以及各功能类型之间的协调性，对各个层级、各种类别的国土空间规划进行统筹管控，在开发与保护并行的过程中，提升国土空间的发展质量和人民的生活水准（周侃等，2019；王威汐和曹春，2023）。

起初，国土空间管控研究通过选取试点区从管控技术、管控体制和管控主体等层面进行了探索，并主要从管控面临的冲突与阻碍、管控的理论内涵与框架体系，以及自然环境或社会经济现状下的单要素管控途径等方面的内容上开展管控研究（邱杰华和何冬华，2017；岳文泽和王田雨，2019；王棋和王存颂，2022）。随着研究的深入，国土空间管控的研究逐渐转向以国土空间的各功能类型分区为研究对象，将国土空间的用途管制作为管控的基础和实现途径，对管控的目的和内涵、管控存在的问题、管控战略和政策的制定、管控模式的构建等方面（林坚等，2019；李开明和耿慧志，2023），从管控的法律理论依据、内在关系、类别划分和实施环境等许多方面进行了探讨。也有学者根据县域的土地发展权和自然资源监管现状，将自然资源作为管控目标，建立了"多规融合"的国土空间管制体系框架。同时，考虑到"三区三线"的划定和评估在国家空间治理体系的建立中有极其重要的地位，通过对其相互关系的分析，提出了对于"三区三线"的分级分类差异化管控模式，从而建立管控法律基础、健全刚弹结合机制等一系列措施强化管控（孙爱博等，2019；牛帅等，2024）。

然而，在当前的区域发展中，严重忽视了国土空间开发的协调性、承载性和适宜性，城镇空间、农业空间和生态空间的矛盾与冲突仍然存在，影响国土空间结构的稳定。已有研究为深入开展国土空间的优化和管控积累了经验，但是对于城镇、农业和生态功能的协同发展研究关注很少，当前仍然缺少城镇、农业和生态功能相互协调下国土空间优化的综合研究；此外，对于国土空间优化的实现途径依旧处于探索阶段，研究方法和思路目前仍不清晰；同时，对于国土空间的管控仅仅是理论性和框架性的研究，缺少实践性的探索和分析。

2.5.3 喀斯特山区国土空间优化与管控研究

喀斯特山区城镇化的快速发展引发的国土空间功能冲突和矛盾，加剧了区域生态和相对贫困问题，对喀斯特山区的国土空间进行优化与管控被赋予了十分重要和迫切的理论意义和现实意义（赵筱青等，2020a）。但目前对于喀斯特山区国土空间优化与管控的研究关注十分有限，鲜有见到系统研究喀斯特山区国土空间优化与管控相关领域的报道（李思楠等，2020；赵筱青等，2020b）。因此，亟须探讨喀斯特山区在国土空间开发与利用方面的特殊性，补充喀斯特山区的国土空间优化与管控研究。

总之，从诸多的研究成果上看，国内外专家学者们已经针对土地利用结构优化、国土空间"双评价"和国土空间优化与管控做了大量的研究工作，所取得的研究成果对国土空间优化与管控的深入研究具有良好的借鉴作用。但目前相关研究还存在以下问题需要深入研究和探索：①虽然国土空间开发适宜性评价和资源环境承载力评价的研究成果极大地丰富了国土空间"双评价"的理论、指标体系构建和研究方法，但是"双评价"成果在国土空间优化中的应用和实现方法还有待进一步的探索，指标体系也有待进一步完善；②学术界对国土空间优化的关注度越来越高，但对于国土空间内部协同发展的研究较少，尤其是从城镇功能、农业功能和生态功能出发，从国土空间功能协调的角度对国土空间进行优化的研究有待进一步地加强；③学者们已经从法律理论依据、内在关系、类别划分、实施环境等多视角对国土空间管控进行了探讨，明晰了国土空间管控的技术模式和管控框架等内容。然而，目前对于国土空间管控的研究多停留在理论性和框架性的研究，缺乏实践性的探索和分析。特别是在空间冲突十分严重的喀斯特山区，对国土空间管控的研究关注有限。因此，亟须开展喀斯特山区国土空间优化与管控的实证研究，弥补目前的研究缺陷。

2.6 本 章 小 结

综上所述，以上研究成果为探讨资源环境协调与国土空间优化提供了重要的理论依据和模型方法参考，为本书针对喀斯特山区这一特殊环境的研究提供了依据。

然而，关于喀斯特山区资源环境协调与国土空间优化的研究仍存在一些不足：①相关研究对喀斯特山区的关注度较低，甚至很多方面的研究还未涉及到喀斯特山区这一具有特殊脆弱性的区域，对喀斯特山区资源环境和国土空间开发、利用的科学指导不足；②相关领域已经提出了一些更好的研究方法，但是否适用于喀斯特山区还需要进一步验证，对喀斯特山区国土空间相关研究的模型方法与指标体系探讨不足；③以往对乡村振兴背景下资源环境协调和国土空间优化进行整体性、系统性研究的成果鲜有见到。

  鉴于此，本书对喀斯特地区资源环境协调、国土空间优化的国内外最新研究进展和发展趋势进行了总结，并以云南喀斯特生态环境脆弱区的典型代表、石漠化最严重和分布最广的文山州的文山市和广南县为研究对象，将重点开展喀斯特山区生态脆弱性、水土资源耦合协调、资源环境承载力、生态系统服务功能权衡与协同、水土资源分区配置、生态系统服务功能分区引导、产业结构优化及发展模式、国土空间优化和管控等研究，以期为乡村振兴背景下喀斯特山区的可持续发展提供科学依据和指导。

第二篇

云南喀斯特山区资源环境与生态系统服务研究

喀斯特山区资源环境敏感，人类活动对于自然生态系统的压力大。社会经济发展与资源协调、生态系统保护的博弈中，人类对于自然资源的不合理利用使生态问题日益严重，形成了"资源条件变差→生态系统破坏→开发力度加大→人类生存发展受限"的恶性循环。因此，亟须探明喀斯特山区生态环境脆弱性、水土资源协调程度、资源环境承载力、生态系统服务功能关系等的时空演变规律，以促进水土资源与生态系统和谐共生，为喀斯特山区相关研究提供参考。

　　本篇通过分析我国西南部云南省喀斯特山区资源环境现状，根据典型性与代表性确定文山州的文山市和广南县为案例区，阐明并突出其在喀斯特山区的特殊性，从自然和人为因素角度构建生态脆弱性指标体系，分析喀斯特山区生态脆弱性时空分异特征；从水资源系统和土地资源系统两个角度，构建适用于喀斯特山区的水土资源耦合系统评价指标体系，运用耦合协调度模型，结合 GIS 技术研究水土资源耦合协调度；从资源子系统、环境子系统和社会经济子系统三个维度，建立喀斯特山区资源环境承载力评价指标体系，采用模糊综合评价法评估资源环境承载力；通过评估食物供给、产水量、土壤保持、固碳保持、生境质量、旅游文化等生态系统服务功能，揭示喀斯特山区各类生态系统服务之间的权衡与协同关系。研究结果用于指导喀斯特山区的产业发展模式及国土空间优化调控的研究。

第 3 章

云南典型喀斯特山区生态脆弱性及水土资源耦合协调度分析

3.1 云南喀斯特山区资源环境

云南省地质构造复杂，地壳运动强烈，褶皱和断裂相当发育，喀斯特山区分布在滇西北的横断山地地貌北段、滇西和滇西南的横断山地地貌南段、滇中的高原地貌和断陷湖盆周边、滇东的整个岩溶高原地区（吴宁等，2019）。

3.1.1 地形地貌

云南地貌可分为横断山地、滇中红色高原与滇东和滇东南喀斯特高原三大地貌单元。其中，喀斯特地貌分布最广的是滇东和滇东南喀斯特高原，其北部以乌蒙山和五莲峰山两大山脉为主体，构成西南高、东北低的倾斜地形，高原面上有断陷盆地；中部丘状山峦起伏，发育有珠江源头；南部出露大量碳酸盐岩类地层，丘陵盆地绵延，地下暗河发育。其他两大地貌单元中，仅有少量喀斯特地貌分布。

云南喀斯特区域主要分布在山地，丰富的碳酸盐岩在亚热带湿热气候条件下，强烈溶蚀与侵蚀，导致喀斯特地貌形态与景观的形成及地下岩溶发育。云南喀斯特地貌主要有峰丛洼地、峰林洼地、孤峰残丘及平原、岩溶丘陵、岩溶槽谷、岩溶峡谷、岩溶断陷盆地和岩溶山地、峰林湖盆和石林等。

3.1.2 气候条件

云南喀斯特山区主要属亚热带高原季风气候。低纬高原季风活动区在大气环流与错综复杂的地形条件影响下，气候类型多样，具有独特的高原立体气候和局地小气候特征。四季不甚分明，大部分地区冬无严寒、夏无酷暑。干凉和雨热同季，年温差小，日温差大，大陆度不到 40%，海洋性气候比较明显，春季温度高于秋季温度，无霜期长，霜雪少。干、雨季节区分较为显著，每年 5~10 月为雨季,降雨量占全年降雨量的80%以上,其中连续降雨强度大的时段主要集中于6~8月,且具有时空地域分布极不均匀的特点。多年平均气温20℃以下,平均气温年较差11.0℃,无霜期年平均334d。年平均日照时数1948.6h,年总辐射468.97kcal/cm²。年平均降水量1211.1mm,年平均降雨日数为152d。全年多为偏东南风,低海拔地区炎热,高海拔地区凉爽。

3.2　研究区典型性与代表性分析

云南省东南部的喀斯特山区分布广,其中文山州的文山市和广南县具有人地关系的典型性,喀斯特地貌和石漠化发育的典型性,因此本书以这两个区域作为案例研究区(图3-1)。

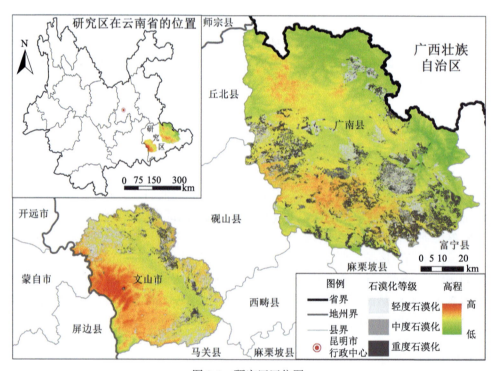

图3-1　研究区区位图

本书中所有地图的地域名称基于云南省地理信息公共服务平台云S(2021)45号等标准地图绘制,下同

3.2.1　人地关系典型性

文山州位于"一带一路"、珠江-西江经济带、中国-中南半岛经济走廊的战略交汇区域,是云南省对内、对外开放的重要节点,在扩大对外开放、承接产业

转移、互联互通基础设施建设等方面具有难得的发展机遇，是未来云南经济增长的新亮点。加之，随着沪昆高速、南昆铁路复线（云桂铁路）、富宁港、文山普者黑机场等大型交通基础设施的建设完成，文山州将具有较大的后发优势，但大量交通设施修建也给人地关系协调带来挑战。

文山市和广南县所处的喀斯特山区，虽然在社会经济发展的大浪潮下给区域带来了良好的发展机遇，但对资源的利用生产方式和管理水平较为落后，大面积的喀斯特山区存在严重的水土流失和土地退化问题，水土资源利用和资源环境保护的矛盾仍然比较突出。传统的水土资源利用模式与粗放的产业管理方式导致水土资源利用效率低下，单纯依赖农业收入不能满足农民生活生产可持续发展需求。因此，喀斯特山区资源环境和国土空间的合理利用，势必肩负着生态环境保护和社会经济发展的双重任务。

同时，文山市和广南县又具有各自的特殊性。相对而言，文山市工业发展较快，除传统农业开发和生活用地扩张方面的土地冲突外，还存在工业发展带来的国土空间冲突，且文山市经济发展相对广南县较好，处于人地矛盾有所缓和阶段；而广南县以农业发展为主，目前仍未摆脱传统农业发展的瓶颈，因而在人地矛盾方面仍处于激化阶段。对这两个区域开展相关研究，更能为喀斯特山区的资源环境协调与国土空间利用提供参考，为乡村振兴提供支持。

3.2.2　喀斯特地貌典型性

文山市与广南县的山区、半山区面积占土地总面积的 90%以上，平均海拔 1280m。喀斯特地貌发育典型，以喀斯特山地（峰丛、残丘、峰林）和丘陵为主。在自然和人类活动的相互作用下，石漠化发育强烈，生态问题突出。

其中，文山市国土面积 2965.17km²，喀斯特土地面积共 2335.22km²，占国土面积的 78.76%。总体地势西北高、东南低，地形复杂，境内峰谷相间，山峦连绵起伏，是典型的峰丛洼地分布区。地形高差大，山区、半山区面积占全市总面积的 90%，属典型的高原喀斯特山区城市；广南县国土总面积 7730.09km²，喀斯特土地面积共 2892.52km²，占国土面积的 37.42%。地势由西南向东北呈现显著的阶梯状倾斜，县域内海拔差距 1615m。北部分布有较多的小坝子，各种类型的中型和小型河流、小溪也鳞次栉比，南部为县域喀斯特地貌集中分布地区，属于典型的高原喀斯特山区县。

3.2.3　石漠化发育典型性

文山州的 8 个县（市）均为国家石漠化重点县，其中，文山市与广南县的石漠化最为严重，均为云南省石漠化重点监测县市。其区域内石漠化状况严重

（图 3-1），主要原因是，在喀斯特地貌这一特殊环境下，山多地少的地理特征突出，当地生产方式和土地利用方式粗放，人地关系紧张。历史上盲目的毁林开荒、大量坡耕地开垦、乱砍滥伐、过度樵采等人类活动强烈，在这种情况下，植被破坏、水土流失、石漠化极易发生。

文山市喀斯特面积分布广，其中 2017 年石漠化面积为 570.40km^2，占全市喀斯特区域面积的 24.43%，主要分布于市域西北部、东北部、东部和东南部（谭琨等，2021a）；广南县 2018 年喀斯特石漠化面积为 1669.81km^2，占全县喀斯特区域面积的 57.73%，主要分布在南部和东北部区域，整体呈现北轻南重、西高东低的分布格局（图 3-1）（王茜等，2021）。文山市和广南县的喀斯特石漠化分布区域内，土地质量差，人均耕地少，国土空间开发紊乱，水土资源匹配水平低，加之植被覆盖率低，森林生态系统对水土资源的调节能力较差。同时，两个典型研究区水土资源开发利用问题较多，粗放的发展方式使有限的资源浪费明显，产业发展水平滞后，远远落后于我国的东部和中部地区；加之区域地质结构复杂，地质灾害时有发生，自然环境十分脆弱，生态环境问题比较突出（图 3-2）。尽管近年来文山市和广南县已经在国家生态文明建设、石漠化重点治理等政策下，通过实施退耕还林还草和封山育林等生态工程措施来治理石漠化，在一定程度上缓解了土地退化的状况，但由于石漠化发育引发的资源环境趋紧和国土空间利用无序的状态并没有得到根本解决。

图 3-2　石漠化突出发育典型性照片（拍照时间：2018 年 7 月）

3.3　喀斯特山区生态脆弱性及水土资源耦合协调度研究方法

3.3.1　生态脆弱性评价方法

1. 生态脆弱性评价指标体系构建

研究结合文献查阅及多次实地调研，从自然维度和人为影响维度两个方面构建喀斯特山区的生态脆弱性评价指标体系。

1）自然维度的评价指标选择

喀斯特山区生态脆弱性的自然维度主要指自然环境对区域生态脆弱性的决定作用与直接影响，包括水体、气候、地形地质、植被以及土壤等自然环境因子（王茜等，2021）。

水体因子方面通过水网密度指标进行表征。在水蚀作用下，喀斯特区域极易形成地上、地下二元格局的径流系统（甘露等，2001）。喀斯特区域虽然水资源总量丰富，但地表水缺乏，旱涝灾害频发，造成水体环境脆弱，影响人们的生产与生活。因此，当地表水网密度较高时，可直接利用的水资源较充足，能给区域脆弱的生态环境带来改善作用。

气候因子方面通过年降水量和干旱指数进行表征。降水是喀斯特区水资源的主要来源，但喀斯特区地表水极易流失，地下水开发又较为困难，降水量反映区域水资源来源状况，降水量越充足，水资源越丰富。同时气候越干旱，其蒸发量越大，也会导致喀斯特区生态系统更加脆弱（王劲松等，2007）。

地形地质因子方面通过坡度、地表切割度、地质灾害高易发区，以及岩性指标进行表征。喀斯特山区的地形地质条件结构，是造成生态脆弱性的基底条件。岩性是导致石漠化这一重大生态问题的根源。喀斯特碳酸盐岩具有高度可溶性，不同的岩性其土壤和岩石的渗透率不同，石漠化发生率也不同，研究发现连续性白云岩石漠化发生率最高，其次是连续性石灰岩、石灰岩与白云岩互层、碳酸盐岩与碎屑岩互层（党宇宁等，2016）。喀斯特高原地貌景观地形坡度及地表切割度较大（周忠发等，2016），易发生侵蚀现象以及地质灾害状况。同时地表切割度越大，地形与地貌越复杂，影响喀斯特生态系统的稳定性。

植被因子包括生境质量指数和植被覆盖度指数。因喀斯特区土层较薄，基岩裸露，造就喜钙、耐旱的植物生长，一旦遭受破坏，植被恢复非常困难，因此植被因子对喀斯特生态系统非常重要。生境质量是地区生态正常运作的基础（景晓玮和赵庆建，2021），代表生态环境总体水平，对生态具有重要指示作用。

土壤因子包括土壤侵蚀量和石漠化程度。长期传统农业活动导致地表土层退化，土壤侵蚀量高，使岩石裸露，造成石漠化现象，同时可能出现滑坡、泥石流等次生灾害问题，加剧生态系统的脆弱性。

2）人为影响维度的评价指标选择

喀斯特山区生态脆弱性的人为影响维度主要反映人类活动的干扰强度，在一定程度上影响着喀斯特区域生态脆弱性，主要包括社会经济因子及景观因子（王茜等，2021）。

社会经济因子包括农业人口密度、GDP 密度、道路网密度。人口的增长，特别是农业人口的增加，会加剧喀斯特区域有限土地资源的压力，造成严重的人地矛盾，农业人口占比越大，对地表扰动就越大。同时，研究区作为农业生产为主的地区，GDP 密度越大，对生态系统的干扰就越大（郭兵等，2018）。同理，道路网越密集对生态系统的干扰就越大。

景观因子主要考虑破碎度度指标。人类活动对地表的干扰，形成了不同的景观类型，人类干扰强度不同，景观破碎度就不同。景观破碎度越高，表明人类活动的地表干扰强度越大，是生态脆弱性的重要指示因子。

因此，研究根据喀斯特区的自然环境和人文环境，从水体、气候、地形地质、植被、土壤、社会经济、景观七个方面选取因子构建指标体系，用于评价喀斯特山区生态脆弱性（表 3-1）。

表 3-1　喀斯特山区生态脆弱性指标体系

目标	维度	因子	具体指标	获取方式	指标性质
喀斯特山区生态脆弱性	自然	水体	水网密度	密度分析	–
		气候	年降水量	数据插值	–
			干旱指数	K 干旱指数	+
		地形地质	坡度	DEM 提取	+
			地表切割度	DEM 提取	+
			地质灾害易发区	资料收集	+
			岩性	资料收集	+
		植被	植被覆盖度	像元二分模型	–
			生境质量指数	InVEST 模型	–
		土壤	土壤侵蚀量	RUSLE 模型	+
			石漠化程度	遥感解译	+
	人为影响	社会经济	GDP 密度	数据插值	+
			农业人口密度	数据插值	+
			道路网密度	密度分析	+
		景观	景观破碎度	Fragstats 计算	+

注："+"为正向指标、"–"为负向指标，下同。

2. 生态脆弱性评价模型

生态脆弱性评价多采用分层加权求和模型计算（Thiault et al., 2018）。为避免所选指标之间的相关性问题，本研究选择稀疏主成分分析模型（SPCA）对生态脆弱性进行主成分分析。通过在空间上对特征光谱的空间坐标轴进行旋转，实现少数综合变量替代原始多维变量，避免所选指标的共线性，同时可以减少人为确定权重的主观性，当累计方差贡献率≥85%时，能表示所选指标的大部分信息（郭泽呈等，2019）。最终计算公式为

$$\text{EVI} = \sum_{i=1}^{n} r_i \text{PC}_i \qquad (3\text{-}1)$$

式中，EVI 表示生态脆弱性指数；PC_i 为第 i 个主成分；r_i 为第 i 个主成分的贡献率；n 为主成分个数。

在 ArcGIS 软件中的空间分析板块进行 SPCA 计算，通过选择累计方差贡献率 $\geqslant 85\%$ 的主成分（表 3-2），建立生态脆弱性的评价模型（王茜等，2021）：

$$\text{EVI}_{2000}=0.40\text{PC}_1+0.16\text{PC}_2+0.12\text{PC}_3+0.09\text{PC}_4+0.06\text{PC}_5+0.05\text{PC}_6$$

$$\text{EVI}_{2010}=0.40\text{PC}_1+0.17\text{PC}_2+0.11\text{PC}_3+0.09\text{PC}_4+0.07\text{PC}_5+0.05\text{PC}_6$$

$$\text{EVI}_{2018}=0.40\text{PC}_1+0.20\text{PC}_2+0.09\text{PC}_3+0.06\text{PC}_4+0.06\text{PC}_5+0.05\text{PC}_6$$

式中，EVI 表示 2000 年、2010 年、2018 年的生态脆弱性指数；PC_i 表示第 i 个主成分。

表 3-2　喀斯特山区 2000 年、2010 年、2018 年生态脆弱性空间主成分结果

主成分因子	特征值			贡献率/%			累计贡献率/%		
	2000 年	2010 年	2018 年	2000 年	2010 年	2018 年	2000 年	2010 年	2018 年
PC_1	0.1698	0.1758	0.1511	39.7	39.5	39.9	39.7	39.5	39.9
PC_2	0.0700	0.0760	0.0743	16.4	17.1	19.6	56.0	56.6	59.5
PC_3	0.0506	0.0503	0.0347	11.8	11.3	9.2	67.9	67.9	68.7
PC_4	0.0362	0.0387	0.0243	8.5	8.7	6.4	76.3	76.5	75.1
PC_5	0.0255	0.0305	0.0213	6.0	6.9	5.6	82.3	83.4	80.7
PC_6	0.0203	0.0205	0.0169	4.7	4.6	4.5	87.1	88.0	85.1

3.3.2　水土资源耦合协调度评价方法

1. 水土资源耦合协调度评价指标体系构建

依据喀斯特山区水土资源利用特点和野外实地调研结果，遵循代表性、典型性、可获取性和科学性等原则，从水资源系统和土地资源系统两个方面，共选取了 18 个指标深入分析其时空变化特征，并以此构建水土资源耦合评价指标体系（表 3-3）。通过极值标准化法对评价指标进行归一化处理，运用熵值法计算各指标权重。

表 3-3　喀斯特山区水土资源耦合评价指标体系

子系统	指标名称	单位	权重	属性
水资源系统	年降水量	mm	0.02262847	+
	人均水资源量	m³/人	0.07709078	+

续表

子系统	指标名称	单位	权重	属性
水资源系统	农业用水量	亿 m³	0.05593529	−
	工业用水量	亿 m³	0.20512562	−
	生活用水量	亿 m³	0.11180661	−
	生态用水量	亿 m³	0.19012142	+
	万元 GDP 用水量	m³/万元	0.09502347	−
	水资源供需比例	%	0.12894307	+
	水资源开发利用率	%	0.11332528	+
土地资源系统	人均耕地面积	hm²/人	0.05342265	+
	耕地面积比例	%	0.02296316	+
	单位耕地粮食产出	kg/hm²	0.00876993	+
	农业用地面积比例	%	0.00619959	+
	建设用地面积比例	%	0.39151480	+
	林地覆盖率	%	0.05880260	+
	石漠化面积比例	%	0.36179554	−
	土壤侵蚀量	t/（hm²·a）	0.09415648	−
	土地开发利用率	%	0.00237524	+

1）水资源系统的评价指标选择

喀斯特山区文山市由于水资源的双层空间结构，地表水极易漏失，地下水资源虽然丰富，但区域地形地貌和地质结构复杂，加之社会经济发展和技术条件限制，地下水资源开发利用程度很低，水资源短缺问题非常突出，在广大相对贫困农村地区更加明显。另外，石漠化面积广泛分布，土地退化严重，水土保持能力差，地表水极难存储，这也是石漠化区域缺水问题更加严重的原因之一。由此可见，水资源的利用问题已成为限制喀斯特山区发展的关键因素之一。

水资源现状指标。降水量是区域水资源的主要来源，地表径流虽然有一定的来水量，但喀斯特地貌极易使地表水漏失，而地下水又很难开发利用。同时，还有部分水量流出到其他地区，所以通过年降水量的多少更能反映区域水资源来源的状况，年降水量越多，水资源一般越丰富；水资源供需比例可直接反映区域水资源的供给与需求的协调程度，以及供水能力和保障水平，供需比例越高，水资源的供给能力越强。

水资源开发利用指标。人均水资源量可表达地区人均用水的多少，用水量越少，越有利于水资源的节约；水资源开发利用率可表征区域在一定的社会经济和技术条件下对水资源的开发利用水平，水资源开发利用率越高，越能更好地满足人类生存发展和社会经济发展对水资源的需要；万元 GDP 用水量可表征水资源的利用效率状况，万元 GDP 用水量越小，表示区域单位用水量的经济价值产出越大。农业用水量、工业用水量、生活用水量和生态用水量可反映不同用地类型、不同用水对象和不同产业部门的用水量多少及其对水资源的需求情况，在一定的条件下，农业、工业和生活用水量越多，水资源利用效率越需提高，而生态用水量越多，越有利于生态环境的保护。

年降水量空间分布通过气象监测站点及监测数据空间插值得到，其他水资源系统各指标通过统计数据赋值空间插值得到。

2）土地资源系统的评价指标选择

喀斯特山区文山市与广南县山地多、坝区少，可供利用的耕地和建设用地资源有限，是限制喀斯特山区发展的重要因素。区域以坡耕地为主，利用难度较大且利用方式粗放，水土流失严重，种植结构单一，种植水平较低，土地产出效益很低。区域石漠化面积较大，土地质量很低，虽然区域近年来通过退耕还林、退耕还草和坡改梯等生态工程的实施使生态环境有所好转，但形势仍然很严峻。在建设用地方面，主要以坝区为主，面积较小，有限的建设用地资源难以满足城市发展的需要，给土地系统带来了巨大的压力，使得研究区域土地系统状况显得尤为迫切。

土地资源现状指标。耕地面积比例可表征区域耕地资源数量状况，耕地面积越多，粮食安全保障就越高；石漠化是影响区域水土资源利用效率提高的重大限制因素，也是降低水土资源耦合协调性的重要原因，石漠化面积比例越高，土地资源状况越差，越不利于社会发展；土壤侵蚀量越大，土地越贫瘠，土地的产出效益越低；林地覆盖率越高，森林生态系统调控水土资源的能力越强，越有利于土地资源和生态环境的保护。

土地资源开发利用指标。耕地是粮食安全的保障，人均耕地面积越多，粮食安全的保障水平越高，越有利于社会的稳定；单位耕地粮食产出可表征区域粮食产出能力状况，单位耕地粮食产出越高，粮食安全保障能力就越高；农业是社会经济发展的基础，农业用地面积比例越高，越能为人类开发利用活动提供良好的基础条件；建设用地是人口和产业的集中所在地，土地资源禀赋一般较好，基础设施完善，水资源的供给能力较强，有利于促进水土资源协调性的提高；土地开发利用率可表征土地资源的开发利用程度，较高的土地开发利用率通常意味着该地区的经济活动较为活跃，农业、工业等产业发展较为充分。

以文山市与广南县遥感影像的石漠化和土地利用类型解译结果为基础，对各地类分别赋值，生成 100m×100m 的渔网，然后以渔网栅格中心点值插值得到研究区范围内的耕地面积比例、土地开发利用率、石漠化面积比例、林地覆盖率、农业用地面积比例和建设用地面积比例的空间分布结果；通过降雨量插值、ArcGIS 的 Hydrology 模块、NDVI 和 RUSLE 模型等计算得到土壤侵蚀量；人均耕地面积和单位耕地粮食产出通过统计数据赋值空间插值得到空间分布结果。

2. 水土资源耦合协调度计算模型

运用遥感和 GIS 空间分析及统计技术，分别对不同年份的各水土资源指标进行空间制图，并通过统计方法分析喀斯特山区水土资源时空变化特征。主要分为耦合度模型构建、协调度模型构建、水土资源耦合协调分类体系构建 3 个步骤。

第 1 步，耦合度模型构建式（3-2）。耦合度是指两个或两个以上系统之间相互作用的程度，这里指水资源和土地资源两个系统之间相互作用相互影响的程度。

$$C = n\left[\left(\theta_1 \times \theta_2 \times \cdots \times \theta_n\right) / \left(\theta_1 + \theta_2 + \cdots + \theta_n\right)^n\right]^{1/n} \qquad （3-2）$$

式中，C 表示耦合度；θ_n 为子系统综合评价指数；n 为子系统数量。由于只有水资源和土地资源 2 个子系统，所以 $n=2$，即 θ_1 和 θ_2 分别为水资源和土地资源系统综合评价指数。

第 2 步，协调度模型构建式（3-3）。协调度是指子系统之间或系统要素间相互作用过程中耦合程度的大小，这里指水资源和土地资源两个系统之间的耦合程度大小。

$$D = \left(C \times T\right)^{1/2} \qquad （3-3）$$

式中，D 和 T 分别表示水土资源系统耦合协调度和综合协调指数；其中 $T=\alpha\theta_1+\beta\theta_2$，$\alpha$ 和 β 分别指水资源系统和土地资源系统贡献度待定系数，由于水土资源系统相互影响相互作用，两个子系统作用相同，因此取 $\alpha=\beta=0.5$。

第 3 步，水土资源耦合协调类型划分。为充分反映水资源系统和土地资源系统之间的耦合协调程度，参考相关研究成果，依据协调度计算结果大小，对水土资源系统耦合协调程度进行分类，将喀斯特山区水土资源系统耦合协调程度分为极度协调、高度协调、中度协调、低度协调和失调衰退 5 个类型（表 3-4）。

表 3-4　喀斯特山区水土资源耦合协调分类体系

类型划分	协调程度	协调度（D）
协调类	极度协调	[0.9, 1.0]
	高度协调	[0.8, 0.9)
		[0.7, 0.8)

续表

类型划分	协调程度	协调度（D）
协调类	中度协调	[0.6, 0.7)
	低度协调	[0.5, 0.6)
		[0.4, 0.5)
失调衰退类	失调衰退	[0.3, 0.4)
		[0.2, 0.3)
		[0.1, 0.2)
		[0.0, 0.1)

3.4 云南典型喀斯特山区生态脆弱性时空特征分析

根据式（3-1）计算，在空间上叠加分析后得到云南省典型喀斯特山区文山市和广南县的生态脆弱性时空分布结果。

3.4.1 文山市生态脆弱性时空分异特征

1. 生态脆弱性时间变化特征

文山市 2000～2017 年生态脆弱性整体指数从 2.28 增至 2.29，脆弱程度略加强。脆弱性以轻度、中度和重度脆弱为主，2000 年、2010 年和 2017 年三个脆弱度等级面积之和分别占脆弱性总面积的 71.94%、75.52%和 74.32%。不同年份各脆弱性等级之间变化相对较大，微度与中度脆弱面积逐渐减少，轻度脆弱面积先增后减，重度脆弱面积不断增加，极度脆弱面积先减后增。

2000～2010 年，文山市生态脆弱性有一定程度改善，其中轻度脆弱面积增加 57.14km²，极度脆弱面积减少 60.78km²，得益于这期间文山市针对老君山国家级自然保护区、盘龙河流域、公路沿线和城镇周边开展生态保护，生态状况得到好转；2010～2017 年，文山市生态脆弱性有恶化趋势，微度、轻度和中度脆弱面积不断减少，而脆弱等级较高的重度与极度脆弱面积分别增加了 60.09km² 和 58.87km²。虽然文山市一直致力生态保护与治理，且具有明显的治理效果，但作为农业发展较为粗放的喀斯特山区，耕地翻种极易造成水土流失，导致脆弱程度加大。因此，生态脆弱性是文山市主要生态问题，也是今后生态治理的重点（表3-5）。

表 3-5　文山市 2000～2017 年生态脆弱性时间变化

脆弱等级	2000 年		2010 年		2017 年	
	面积/km²	占比/%	面积/km²	占比/%	面积/km²	占比/%
微度脆弱	496.26	16.74	450.97	15.21	427.41	14.42
轻度脆弱	673.60	22.72	730.74	24.64	707.88	23.87
中度脆弱	884.85	29.84	867.90	29.27	795.36	26.82
重度脆弱	574.74	19.38	640.62	21.61	700.71	23.63
极度脆弱	335.72	11.32	274.94	9.27	333.81	11.26
脆弱性整体指数	2.28		2.28		2.29	

2. 生态脆弱性空间分布规律

1）生态脆弱性空间变化特征

从空间分布来看（图 3-3），文山市北部与东部生态较为脆弱，以重度和极度脆弱为主。该区域碳酸盐岩发育，成土速率慢，土层较薄且易流失；土地利用类型以耕地为主，农业生产活动对地表覆盖物的干扰强度较大，易产生石漠化，使其生态比较脆弱；西部区域生态脆弱性相对较低，以微度、轻度脆弱为主。该区分布着文山市老君山国家级自然保护区，以原始森林自然景观为主，植被覆盖度较高，水土流失较少，且人口较少，生态系统压力较小。同时，近年来文山市生态治理项目主要围绕老君山进行开展，生态好转，脆弱性较低。

2000～2010 年，文山市生态脆弱性总体有一定程度的改善，主要表现在南部地区的中度、重度与极度脆弱面积不断减小，但西北部区域重度脆弱面积有一定程度的增加。由于南部区域林地面积广布，生态工程的实施使林地面积增加，生态脆弱性得到改善。而西北部区域因人口密度的增加和人类活动的扰动，使脆弱性有一定程度的加重；2010～2017 年，西南部生态脆弱性逐步改善，表明文山市生态治理工程取得一定效果，但西北部区域因石漠化的恶化，使生态脆弱性在持续恶化，导致文山市生态脆弱性在整体上有所加剧。因此加大对喀斯特区域石漠化的治理与生态系统的恢复，是改善喀斯特山区生态脆弱性的关键。

2）生态脆弱性空间移动规律

根据研究结果（王茜等，2021），2000～2017 年，文山市生态脆弱性重心变化不大，位于喜古乡和马塘镇交界处，但持续向西北方向移动了 2.39km。其中，中度、重度脆弱重心较为稳定，微度、轻度、极度脆弱重心变化较大。微度与轻

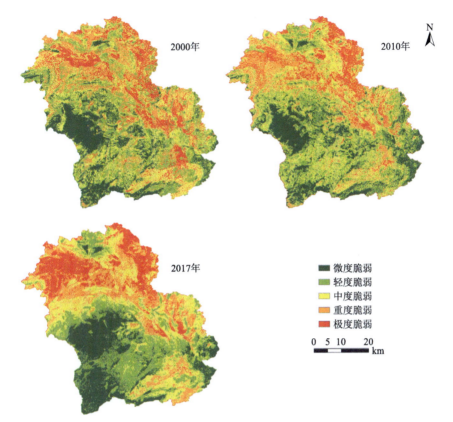

图 3-3　文山市 2000～2017 年生态脆弱性空间分布

度脆弱重心整体向南部移动，极度脆弱主要向西北移动，且在 2000～2017 年间向西北移动了 8.87km（图 3-4），表明现有生态治理工程取得了一定成效，南部生态脆弱性在逐步改善。因此，需要继续加大生态治理力度，针对石漠化治理和水土保持，加大生态修复、坡耕地改造与退耕还林工程的实施力度。转变种植业结构，利用当地资源，促进退耕还林还草等工程的进一步实施。同时，通过选育兼顾生态和经济效益的经果林，在林下套种中草药等，在恢复植被的情况下，保证农户的经济收入，实现生态脆弱区生态与经济的协调发展。

　　3）生态脆弱性空间自相关关系

　　空间依赖性是地理现象的内在属性，2000 年、2010 年和 2017 年文山市生态脆弱性 Moran's I 分别为 0.79、0.75 和 0.81，呈先减后增的趋势，空间上呈正相关关系且相关性较强，说明研究区生态脆弱性在空间上集聚效果明显（图 3-5）。

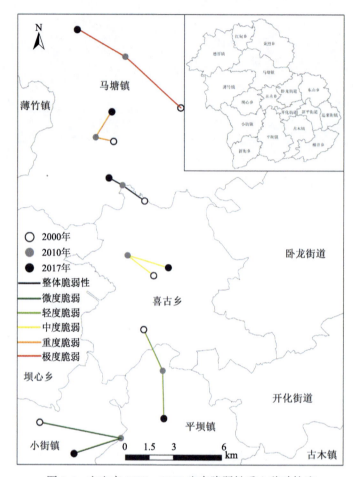

图 3-4 文山市 2000～2017 生态脆弱性重心移动轨迹

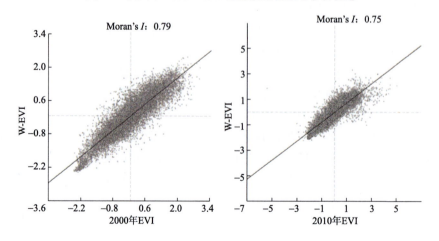

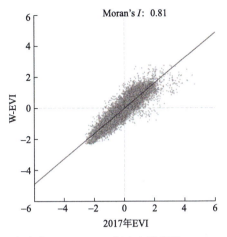

图 3-5 文山市 2000～2017 年生态脆弱性 Moran's *I* 指数

2000～2017 年，文山市生态脆弱性的空间集聚发生了变化，西部和东南部的低-低集聚区和北部的高-高集聚区域在不断扩大。2000 年文山市生态脆弱性高-高集聚区占总区域面积的 26.15%，集中分布在北部，零星分布在西南部区域；2010 年高-高集聚区占区域总面积的 26.27%，相比 2000 年面积略微增加，分布区域变化不大，但西部区域面积在不断减少，西北部高-高集聚区面积在增加；2017 年与前两年相比，生态脆弱性的空间集聚效应增强，高-高集聚区面积占总区域面积比例为 28.51%，集中于文山北部地区。总体而言，北部是文山市生态脆弱性高-高集聚区，也是生态脆弱性发生的热点区域，而西南部与东南部是生态脆弱性的低-低集聚区（图 3-6）。

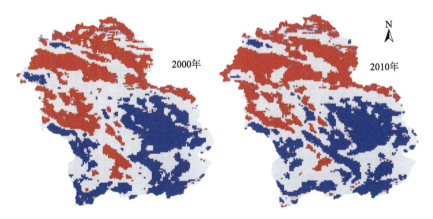

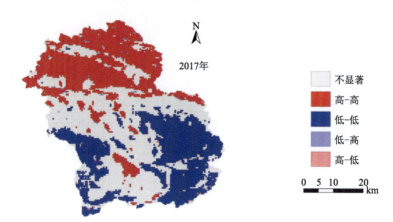

图 3-6 文山市 2000～2017 年生态脆弱性空间集聚特征

文山市空间集聚范围不断发生变化，其中西北部区域及西部区域变化最为剧烈，北部一直是生态脆弱性热点区域，生态脆弱性冷点区域也逐渐在南部集聚。高-低集聚区以及低-高集聚区在空间上分布分散，没有规律性。

3.4.2 广南县生态脆弱性时空分异特征

1. 生态脆弱性时间变化特征

2000 年、2010 年和 2018 年广南县生态脆弱综合指数分别为 2.62、2.65 和 2.68，整体脆弱性变化较小，但脆弱程度在不断加剧。从各等级上看，以微度脆弱为主，三年的面积占比分别为 35.30%、32.60% 和 30.60%，但中度和重度脆弱面积之和占比也较大，分别为 38.10%、39.10%、39.70%。从各等级变化上看，微度脆弱比例在减少，该区易受到外部干扰而导致脆弱程度加剧，逐渐转变为轻度或中度脆弱（图 3-7）。

其中，2000～2010 年，微度与极度脆弱区面积分别减少了 206.96km²、22.43km²，但轻度、中度、重度脆弱区面积分别增加了 149.41km²、8.63km²、71.32km²；2010～2018 年，广南县生态脆弱性进一步恶化，脆弱性综合指数有所上升。其中，微度脆弱面积持续减少，轻度、中度、重度和极度脆弱类型的面积分别增加 107.29km²、31.13km²、15.67km²、4.2km²。

2. 生态脆弱性空间分布规律

1）生态脆弱性空间分布规律

从空间分布来看（图 3-8），沿"者（者兔）—莲（莲城）—杨（杨柳井）—

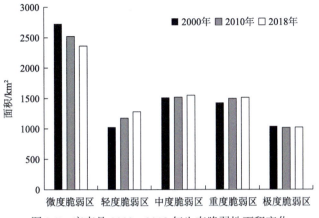

图 3-7　广南县 2000～2018 年生态脆弱性面积变化

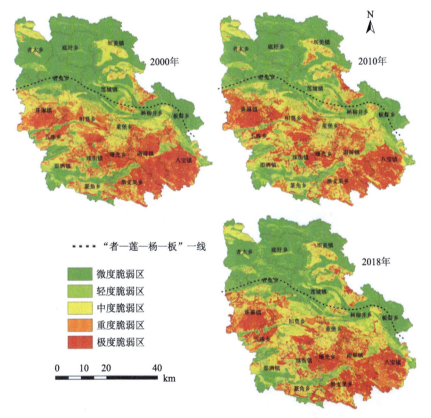

图 3-8　广南县 2000～2018 年生态脆弱区空间分布

板（板蚌）"以南是中度、重度和极度脆弱区。因地质条件的影响，促使钙生植被生长，生物多样性较低，生态系统服务功能较低；成土条件较差，在地表覆被遭受破坏的情况下，易导致石漠化，生态恢复困难。同时人口的增长和以农业为主的生产活动，对生态干扰较大，生态脆弱性加剧；而沿"者—莲—杨—板"以北是微度、轻度脆弱集中分布区，该区因植树造林、退耕还林还草等项目工程的实施，植被覆盖度不断提高，同时人口密度相对较低，生态压力度较小。

其中，2000～2010年，广南县西部和莲城镇东部重度与极度脆弱区在扩大，区域生态脆弱性不断加剧，但东南部生态脆弱性有所改善；2010～2018年，北部轻度脆弱面积扩大，而东南部及西部区域极度与极重度脆弱性不断减少，生态不断好转。

2）生态脆弱性集聚特征

2000～2018年广南县生态脆弱性的空间集聚具有一定差异（图3-9）。西南和东南地区是脆弱性热点分布区，占总面积的32%左右，而北部是脆弱性的冷点集聚区，占总面积的37%左右。西部与东南部多位于喀斯特区域范围，近年来大力开展石漠化治理，生态得到一定程度的修复，特别是东南部区域脆弱性热点面积的不断减少，说明广南县生态工程的实施取得一定成效。但该区域石漠化发育

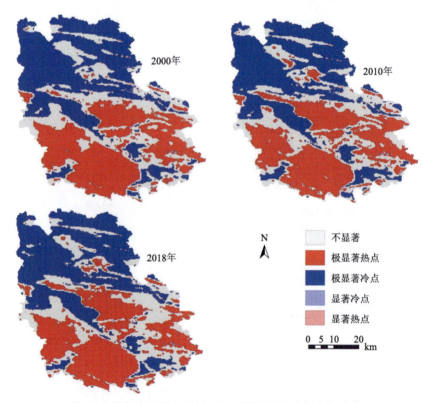

图3-9 广南县2000～2018年生态脆弱冷热点区空间分布

强烈,且石漠化治理难度较大,因此依旧是生态脆弱的热点集聚区。其中,2000～2010 年中部的生态脆弱热点区在不断扩大,西部生态脆弱热点区面积在不断缩小;2010～2018 年东南部热点区面积在不断缩小。而北部因位于非喀斯特区范围,生态工程的实施,使植被覆盖度不断增加,成为脆弱性冷点集聚区(王茜等,2021)。

总体而言,广南县生态脆弱性的热点集聚区主要分布在西南和东南部,与喀斯特区域重合,说明喀斯特环境对广南县生态脆弱性产生重要影响。因此,针对喀斯特区域开展生态修复与治理,同时发展生态型经济活动,是广南县生态与经济协调发展的关键。

3.5　云南典型喀斯特山区水土资源耦合协调度分析

3.5.1　文山市水土资源耦合协调度

1. 文山市水资源时空变化特征

1)水资源量变化特征

2000 年、2010 年和 2017 年的年降水量平均值分别为 861.04mm、799.85mm、1163.97mm,2010 年文山市正逢大旱,降水稀少,2017 年降水量明显多于 2000 年和 2010 年。2000～2017 年降水量多的区域由南部→东南部→西南部转移,北部降水量一直偏少;市域西南部和东南部人均水资源量较多,其他区域较少,这与年降水量的空间分布一致(图 3-10)。

2)产业用水量变化特征

2000～2017 年,农业用水量由南部较多向东南部转移,但西北部用水量一直较多;2000～2017 年由于工业企业不断增多,工业用水量不断增加,工业用水量主要集中在北部工业片区,其次是中东部市区,其他区域很少,但到 2017 年呈现出向南部和东部扩张的趋势;生活用水量不断增加,且主要集中在文山市城区,但到 2017 年明显呈现出东南部多于西北部的特征,这与东南部的人口增加和产业发展有关;生态用水量不断增加,且主要集中在市区,其中 2000～2010 年空间变化很小,而 2010～2017 年明显呈现出向全市范围扩张的趋势,但东南部用水量多于西北部;万元 GDP 用水量不断减少,表明区域用水效率在不断提高。其中 2000～2010 年由万元 GDP 用水量较多的中部、东南部和北部向西部缩小转移,除西部坝心乡用水量较多之外,其他区域明显减少,2010～2017 年用水量较多区域由西部向东部缩小转移,除东部小范围外,其他区域用水量都大幅度减少(图 3-10)。

3)供需与开发利用变化特征

2000～2010 年除西南部外,其他区域水资源供需比例均大幅度提高,2010～

2017 年供需比例呈现出东南部大于西北部的特征；2000～2017 年文山市水资源开发利用率不断提升，2000 年、2010 年和 2017 年的水资源开发利用率平均值分别为 4.23%、6.50% 和 7.77%。2000～2017 年一直都是东中部的市区水资源开发利用率最高，2000～2010 年北部的马塘镇开发利用率有所提高，其他区域无明显变化，2010～2017 年水资源开发利用率除北部的马塘镇继续提高外，市域东部和南部的开发利用率也明显提升（图 3-10）。

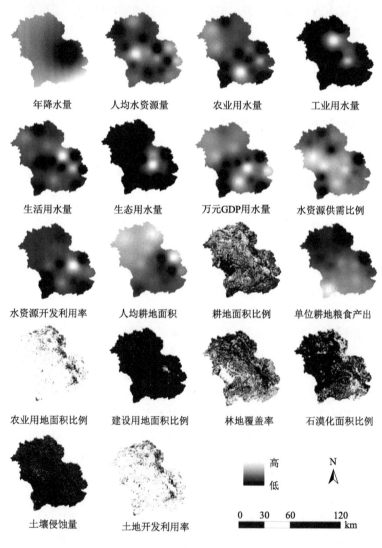

(a)2000年评价指标

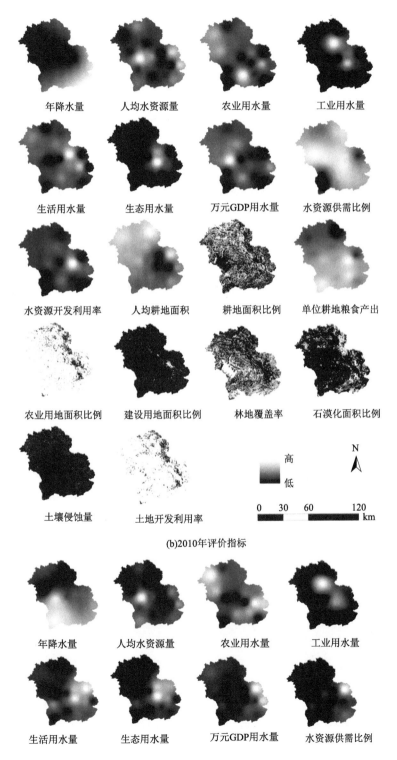

年降水量	人均水资源量	农业用水量	工业用水量
生活用水量	生态用水量	万元GDP用水量	水资源供需比例
水资源开发利用率	人均耕地面积	耕地面积比例	单位耕地粮食产出
农业用地面积比例	建设用地面积比例	林地覆盖率	石漠化面积比例
土壤侵蚀量	土地开发利用率		

(b)2010年评价指标

年降水量	人均水资源量	农业用水量	工业用水量
生活用水量	生态用水量	万元GDP用水量	水资源供需比例

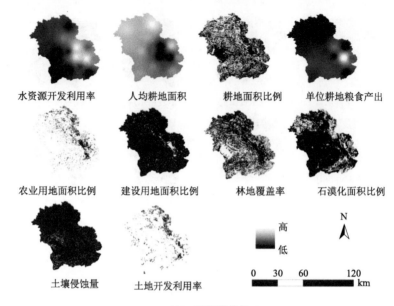

(c)2017年评价指标

图 3-10 文山市 2000 年、2010 年、2017 年水土资源耦合协调评价指标结果

2. 文山市土地资源时空变化特征

1）耕地资源变化特征

2000～2010 年耕地面积比例大幅度上升，东南部上升最明显，其次是西南部和东北部；2010～2017 年全市耕地面积都有所减少，但局部地区有增加，这与退耕还林工程实施的分布区域有关；2000 年、2010 年和 2017 年人均耕地面积平均值分别为 0.35hm²、0.34hm² 和 0.32hm²，人均耕地面积不断减少，东南部少、西北部多，但 2000～2017 年东南部人均耕地面积明显增加（图 3-10）。

2）耕地粮食产出变化特征

2000～2017 年单位耕地粮食产出不断增加，2000 年、2010 年和 2017 年单位耕地粮食产出平均值分别为 1087.09kg、1263.56kg、1634.23kg，表明文山市土地生产能力在不断提高。2000～2010 年除东北部之外，其他区域粮食产出均明显增加；2010～2017 年单位耕地粮食产出南部多、北部少，东南部的新平街道成为粮食产出的最高区（图 3-10）。

3）土地利用变化特征

2000～2017 年全市农业用地面积比例不断降低，西部和南部高、东部和北部低，东部市区农业用地面积减少最明显，主要转为了城镇建设用地；建设用地面积比例不断上升，东部和南部高、西部和北部低，东部市区的建设用地面积增加最明显，其次是北部的马塘镇和南部各乡镇；林地覆盖率有所下降，2000 年、2010

年和 2017 年的林地覆盖率平均值分别为 46.53%、44.86% 和 44.00%。林地覆盖率西南部高、东北部低，但局部地区覆盖率略有变化；土地开发利用率不断提高，整体上西南部高于东北部，但西南部、东南部和西北部变化比较明显（图 3-10）。

4）石漠化变化特征

2000～2017 年石漠化面积比例总体呈下降趋势，其中，2000～2010 年东南部石漠化面积大量减少，而西北部却大面积增加，呈现出东南部向西北部转移的趋势；2010～2017 年西北部石漠化面积继续增加，东南部和西南部减少（图 3-10）。

5）土壤侵蚀量变化特征

2000～2017 年土壤侵蚀量总体呈增加趋势，2000 年、2010 年和 2017 年土壤侵蚀量平均值分别为 65.20t/（hm²·a）、50.20t/（hm²·a）和 917.39t/（hm²·a），2000～2010 年土壤侵蚀量有所下降，土壤侵蚀量西南部低、东北部高。但是 2010～2017 年土壤侵蚀量大幅度增加，土壤侵蚀量西南部和东南部高、东北部低，表明土壤侵蚀量较多区域由东北部向西南部和东南部转移（图 3-10）。

3. 文山市水土资源耦合协调特点分析

1）水土资源耦合协调度数量结构变化特征

文山市 2000 年水土资源耦合协调整体水平较高，水土资源耦合协调度在 0.4098～0.8557，平均值为 0.6838，属于协调类，处于中度协调中上状态。从各耦合协调度等级面积比例来看，高度协调面积最大，占土地总面积的 54.98%，中度协调次之，占 32.86%，低度协调面积最小，仅占 12.16%[图 3-11（a）]。

同样，2010 年和 2017 年水土资源耦合协调整体水平较高，水土资源耦合协调度分别为 0.4564～0.8577 和 0.4367～0.8256，平均值分别为 0.7005 和 0.6838，属于协调类，处于中度协调偏上状态，从各耦合协调度等级面积比例来看，高度协调面积最大，分别占土地总面积的 71.14% 和 56.93%，中度协调次之，分别占 20.49% 和 30.47%，低度协调面积最小，分别占 8.37%% 和 12.60%（图 3-11）。

由此可见，2000～2017 年喀斯特山区文山市水土资源耦合协调整体水平都较高，其中，2010 年水土资源耦合协调水平最好，2000 年和 2017 年水土资源耦合协调水平趋同，相比 2010 年耦合协调水平都较低，这主要是因为 2000 年和 2017 年石漠化面积比例比 2010 年都要高，石漠化区域地表水易漏失、水土流失严重，极易导致水土资源系统失衡，对水土资源耦合协调水平影响很大。2000 年和 2017 年水土资源耦合协调度平均值都为 0.6838，2010 年的耦合协调度平均值比 2000 年和 2017 年都高 0.0167。2010 年高度协调面积比例比 2000 年和 2017 年分别高 16.16% 和 14.21%，中度协调面积比例分别比 2000 年和 2017 年低 12.37% 和 9.98%，低度协调面积比例分别比 2000 年和 2017 年低 3.79% 和 4.23%。

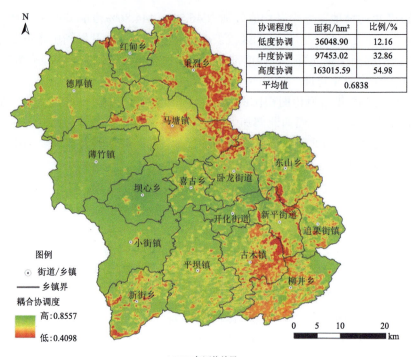

协调程度	面积/hm²	比例/%
低度协调	36048.90	12.16
中度协调	97453.02	32.86
高度协调	163015.59	54.98
平均值	0.6838	

(a)2000年评价结果

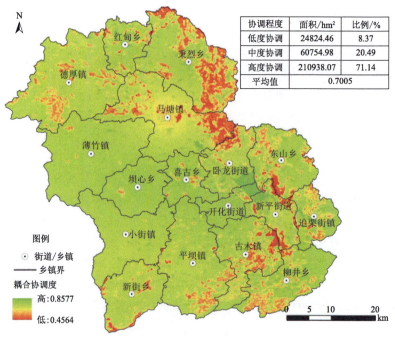

协调程度	面积/hm²	比例/%
低度协调	24824.46	8.37
中度协调	60754.98	20.49
高度协调	210938.07	71.14
平均值	0.7005	

(b)2010年评价结果

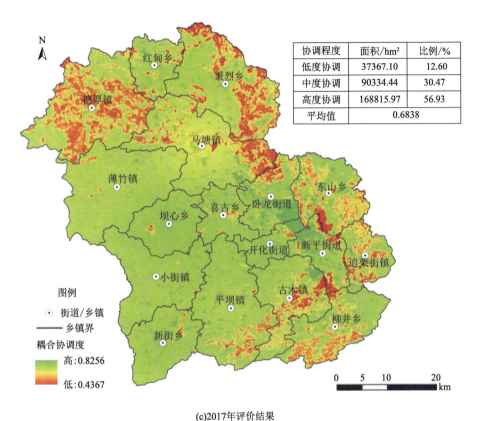

协调程度	面积/hm²	比例/%
低度协调	37367.10	12.60
中度协调	90334.44	30.47
高度协调	168815.97	56.93
平均值	0.6838	

(c)2017年评价结果

图 3-11　文山市 2000 年、2010 年、2017 年水土资源耦合协调度评价结果

2）水土资源耦合协调时空变化特征

2000 年市域东北部、东部和南部水土资源耦合协调性较差，尤其是东北部和东南部最为明显，低协调面积分布最广，而西部和中部水土资源耦合协调水平较高[图 3-11（a）]；2010 年与 2000 年基本一样，只是西北部水土资源耦合协调性开始下降[图 3-11（b）]；2017 年市域西北部、东北部、东部和东南部水土资源耦合协调性较差，西部、西南部和中部水土资源耦合协调水平较高[图 3-11（c）]。可以看出，2000～2017 年喀斯特山区文山市东北部、东部和东南部水土资源耦合协调性一直都较差，西部和中部耦合协调水平较高，其中，文山市市区水土资源耦合协调水平一直都较高。2000～2010 年东北部、东部和东南部水土资源耦合协调度都较低，但 2010 年相比 2000 年西北部水土资源耦合协调性变差，西南部耦合协调水平提高，市区水土资源耦合协调度最高；2010～2017 年西北部大面积区域水土资源耦合协调性变差，西南部耦合协调水平继续得到提高，市区水土资源耦合协调度仍然最高；2000～2017 年西北部和西南部水土资源耦合协调水平变化最明显，其耦合协调度分别降低和提高，这与石漠化面积比例空

间分布变化直接相关，2000～2017 年西北部石漠化面积增加，西南部石漠化面积减少（图 3-10）。

3）水土资源耦合协调水平空间差异因素

文山市市区水土资源耦合协调水平一直都较好，主要是因为作为区域社会经济发展的中心，其坝区面积大，无石漠化，土壤侵蚀量少，基础设施和水利设施完善，水资源开发利用率较高，水资源调配能力和供给保障能力较强，水土资源条件良好，有利于水土资源系统的协调与平衡。文山市水土资源耦合协调度较高的区域基本上无石漠化，年降水量多，林地覆盖率较高，植被生态系统涵养水源、水土保持和调节水土资源的能力较强，另外，区域耕地面积分布也较大，耕地的水土资源条件一般都较好，所以整体水土耦合协调水平较高；水土资源耦合协调性较差区域大部分位于石漠化较严重处，土地资源质量低，坡度大，加之喀斯特地貌地表水渗漏严重，保水能力非常差，水土资源匹配水平低，应通过退耕还林、退耕还草和坡耕地改造等生态修复工程措施，加大对石漠化的治理力度，改善水土资源条件，提高水土资源开发利用率，促进水土资源耦合协调程度的提升。同时，水土资源耦合协调度呈现出和石漠化空间分布一致的规律，无石漠化区域水土资源耦合协调度处于高度协调状态，有石漠化的区域为中度协调和低度协调状态，且石漠化程度越高，耦合协调度越低，说明土地石漠化对水土资源耦合协调度产生较大影响。总之，要想提高文山市整体的水土资源耦合协调水平和社会经济发展水平，必须加强生态环境治理和保护，并提出符合喀斯特山区文山市实际的发展模式，促进产业发展和升级改造，提高水土资源利用效率。

3.5.2 广南县水土资源耦合协调度

1. 广南县水资源时空变化特征

1）水资源量变化特征

2000 年、2010 年和 2018 年的年降水量平均值分别为 1115.55mm、923.55mm 和 1315.59mm，2010 年降水量最少，主要因为正逢云南省大面积干旱天气，2018 年降水量最丰富，其平均值分别比 2000 年和 2010 年多 200.04mm 和 392.04mm。2000～2018 年除东南部的八宝镇降水量减少外，全县降水量都有所增加；2000～2010 年人均水资源量空间分布一致，2010～2018 年人均水资源量由板蚌乡最多转变为董堡乡最多，并表现出南部人均水资源量增加幅度明显大于北部（图 3-12）。

2）产业用水量变化特征

2000～2018 年，中部的莲城镇农业用水量明显增加，东南部的八宝镇农业用水量一直较多，其他区域无明显变化；中部的莲城镇工业用水量最多，因为该镇为县城所在地，工业相对较发达；生活用水量不断增加，中部的莲城镇生活用水量最多，因为该区人口和产业高度集聚；生态用水量不断增加，中部的莲城镇生态用水量最多，其他区域无明显变化；万元 GDP 用水量不断减少，表明区域用水效率在不断提高。全县除东南部的八宝镇万元 GDP 用水量一直较多外，其他区域万元 GDP 用水量都明显减少（图 3-12）。

3）供需与开发利用变化特征

2000～2018 年水资源供需比例总体呈下降趋势，其中，2000～2010 年水资源供需比例空间无明显变化，2010～2018 年西部的珠琳镇和者太乡、中部的莲城镇和董堡乡、南部的曙光乡、南屏镇、珠街镇和篆角乡水资源供需比例明显下降，其他乡镇水资源供需比例则明显上升；2000～2018 年广南县水资源开发利用率不断提升，2000 年、2010 年和 2018 年的水资源开发利用率平均值分别为 2.68%、4.42%、4.70%。2000～2018 年莲城镇和八宝镇水资源开发利用率一直是最高的，其中，2000～2010 年县域西部的旧莫乡、珠琳镇和五珠乡、西南部的那洒镇和珠街镇、东北部的坝美镇和南部的黑支果乡水资源开发利用率明显提高，而2010～2018 年西南部的珠街镇和南部的黑支果乡水资源开发利用率有所下降（图 3-12）。

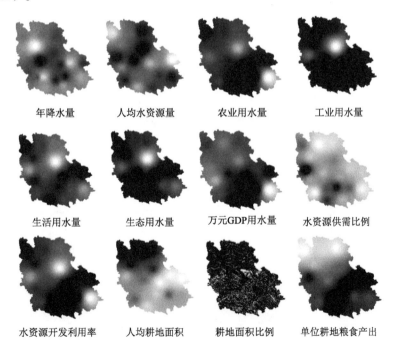

年降水量　　　人均水资源量　　　农业用水量　　　工业用水量

生活用水量　　　生态用水量　　　万元GDP用水量　　　水资源供需比例

水资源开发利用率　　　人均耕地面积　　　耕地面积比例　　　单位耕地粮食产出

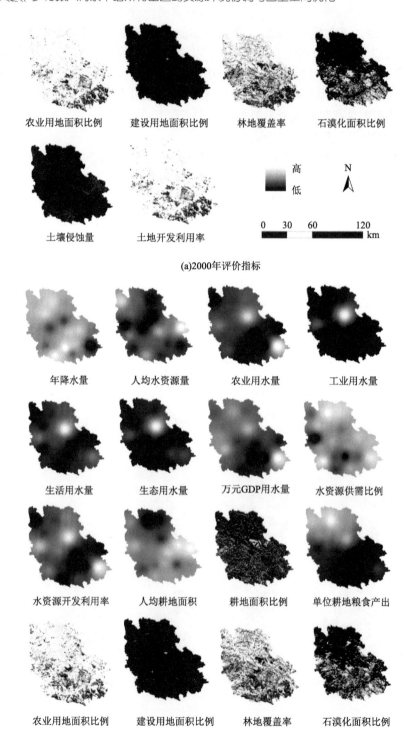

(a)2000年评价指标

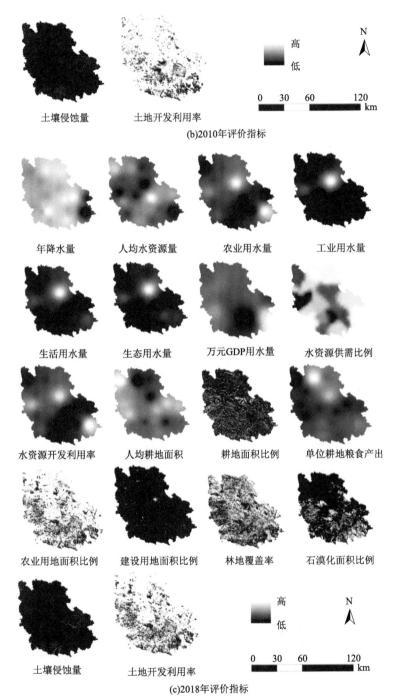

图 3-12　广南县 2000 年、2010 年、2018 年水土资源耦合协调评价指标结果

2. 广南县土地资源时空变化特征

1）耕地资源变化特征

2000～2018 年全县耕地面积比例不断上升，其中，2000～2010 年耕地面积比例上升幅度南部大于北部，2010～2018 年北部耕地面积比例上升幅度大于南部，北部的者兔乡、者太乡和坝美镇变化最明显；2000～2018 年人均耕地面积不断增加，2000 年、2010 年和 2018 年的人均耕地面积平均值分别为 0.17hm²、0.18hm² 和 0.20hm²。人均耕地面积总体上南部大于北部，其中，2000～2010 年西北部的者兔乡和者太乡人均耕地面积明显增加，2010～2018 年除底圩乡外，全县人均耕地面积都有所增加，但西北部的者太乡、西部的五珠乡和东部的板蚌乡、杨柳井乡和董堡乡变化较明显（图 3-12）。

2）耕地粮食产出变化特征

2000 年、2010 年和 2018 年单位耕地粮食产出平均值分别为 2033.80kg、2415.26kg、2109.19kg，2000～2018 年单位耕地粮食产出总体上是增加的，总体上区域土地生产能力在不断提高。其中，2000～2010 年单位耕地粮食产出增加，北部的底圩乡和中部的莲城镇单位耕地粮食产出增加最明显，而东北部的坝美镇、南部的黑支果乡和南屏镇，以及西南部的那洒镇明显减少；2010～2018 年单位耕地粮食产出有所下降，表明 2000～2010 年西北部的者太乡单位耕地粮食产出明显降低，其他区域单位耕地粮食产出水平空间分布较均匀（图 3-12）。

3）土地利用变化特征

2000～2018 年，全县农业用地面积比例不断降低，总体上东北部高于西南部。其中，中部的莲城镇城区农业用地面积减少较明显，主要转为了城镇建设用地；建设用地面积比例不断上升，总体上南部、西部和中部的建设用地面积比例高于北部和东部。其中，中部的莲城镇城区建设用地面积增加最明显，因为该区社会经济最发达，对建设用地的需求最大；林地覆盖率有所下降，空间变化较为均匀，但总体上东北部的林地覆盖率高于西南部；土地开发利用率有所下降，但总体上东北部土地开发利用率高于西南部，因为东北部土地资源禀赋较好，而西南部石漠化严重，土地开发利用难度很大（图 3-12）。

4）石漠化变化特征

2000～2018 年石漠化面积比例总体呈下降趋势。其中，2000～2010 年石漠化面积比例有所上升，东北部的坝美镇、西部的珠琳镇和东部的杨柳井乡石漠化面积增加较明显，其他区域局部变化较小；2010～2018 年石漠化面积比例明显下降，北部的者太乡和坝美镇、中部的莲城镇、西南部的那洒镇、东部的杨柳井乡和板蚌乡石漠化面积明显减少，且西南部大部分区域石漠化面积比例都有所下降，这与广南县近年来实施的石漠化治理和生态修复工程有较大关系（图 3-12）。

5）土壤侵蚀量变化特征

2000~2018 年土壤侵蚀量总体呈增加趋势，2000 年、2010 年和 2018 年土壤侵蚀量平均值分别为 546.11t/（hm²·a）、408.86t/（hm²·a）和 698.75t/（hm²·a），其中，2000~2010 年全县土壤侵蚀量大部分区域都有所减少，西部、西南部和东部变化较明显；2010~2018 年县域西北部和南部土壤侵蚀量明显增加，其他局部区域也有所变化，但南部土壤侵蚀量明显多于北部，这与石漠化的空间分布状况有较大关系，石漠化越严重，越容易造成水土流失（图 3-12）。

3. 广南县水土资源耦合协调特点分析

1）水土资源耦合协调度数量结构变化特征

广南县 2000 年水土资源耦合协调整体水平较高，水土资源耦合协调度在 0.4406~0.8656 之间，平均值为 0.7777，属于协调类，处于高度协调状态。从各耦合协调度等级面积比例来看，高度协调面积最大，为 645145.33hm²，占土地总面积的 83.46%，中度协调次之，面积为 69801.33hm²，占全县总面积的 9.03%，低度协调面积最小，为 58063.33hm²，占国土总面积的 7.51%[图 3-13（a）]。

广南县 2010 年水土资源耦合协调整体水平较高，水土资源耦合协调度在 0.4155~0.8645，平均值为 0.7694，属于协调类，处于高度协调状态。从各耦合协调度等级面积比例来看，高度协调面积最大，为 622383.99hm²，占土地总面积的 80.51%，中度协调次之，面积为 83397.00hm²，占全县总面积的 10.79%，低度协调面积最小，为 67229.00hm²，仅占国土总面积的 8.70%[图 3-13（b）]。

广南县 2018 年水土资源耦合协调整体水平较高，水土资源耦合协调度在 0.3935~0.8668，平均值为 0.7794，虽然有极少面积的失调衰退，但总体上仍属于协调类，处于高度协调状态。从各耦合协调度等级面积比例来看，高度协调面积最大，为 656289.00hm²，占土地总面积的 84.90%，中度协调次之，面积为 66175.00hm²，占全县总面积的 8.56%，低度协调面积为 50392.00hm²，占国土总面积的 6.52%，失调衰退面积最小，为 154.00hm²，仅占 0.02%[图 3-13（c）]。

由此可见，2000~2018 年喀斯特山区广南县水土资源耦合协调整体水平都较高，其中，2018 年水土资源耦合协调水平最好，2010 年最差，主要因为 2018 年广南县石漠化面积比 2000 年和 2010 年都要少，石漠化区域地表水易漏失、土层薄、水土流失严重，加之植被覆盖率极低，森林生态系统对水土资源系统的调控作用非常弱，极易引起水土资源系统失衡，对水土资源耦合协调水平影响很大。另外，2010 年广南县正逢大旱，降水稀少，使得原本就缺水的喀斯特山区水资源供需矛盾更加突出，严重影响着区域水土资源协调水平。2018 年广南县的水土资源耦合协调度平均值分别比 2000 年和 2010 年高 0.0017 和 0.0100，高度协调面积比 2000 年和 2010 年高 1.44% 和 4.39%，中度协调面积比 2000 年和 2010 年低 0.47% 和 2.23%，低度协调面积比 2000 年和 2010 年低 0.99% 和 2.18%。

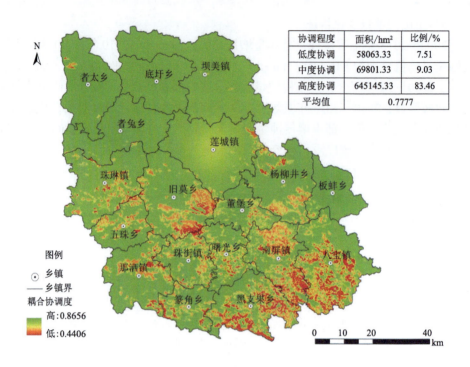

协调程度	面积/hm²	比例/%
低度协调	58063.33	7.51
中度协调	69801.33	9.03
高度协调	645145.33	83.46
平均值	0.7777	

(a)2000年评价结果

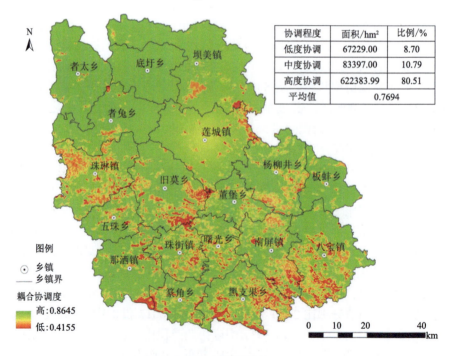

协调程度	面积/hm²	比例/%
低度协调	67229.00	8.70
中度协调	83397.00	10.79
高度协调	622383.99	80.51
平均值	0.7694	

(b)2010年评价结果

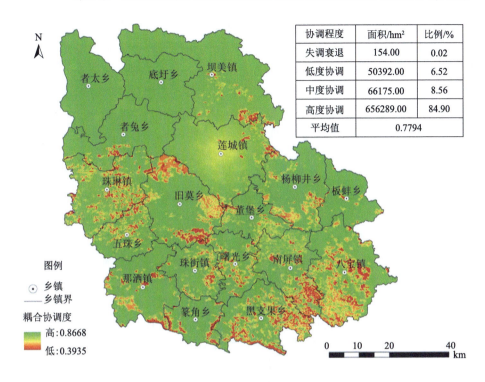

协调程度	面积/hm²	比例/%
失调衰退	154.00	0.02
低度协调	50392.00	6.52
中度协调	66175.00	8.56
高度协调	656289.00	84.90
平均值	0.7794	

(c)2018年评价结果

图 3-13　广南县 2000 年、2010 年、2018 年水土资源耦合协调度评价结果

2）水土资源耦合协调时空变化特征

2000 年县域北部的水土资源耦合协调水平较高，南部水土资源耦合协调性较差，尤其是东南部最为集中[图 3-13（a）]；2010 年水土资源耦合协调性空间分布特征与 2000 年一致，2000～2010 年南部和北部的水土资源耦合协调性较差面积都在增加，其中，东北部的坝美镇、中部的莲城镇、西部的珠琳镇、东部的杨柳井乡和西南部的那洒镇变化明显[图 3-13（b）]；2018 年水土资源耦合协调性空间分布特征与 2000 年一致，北部的者太乡和坝美镇、中部的莲城镇，以及西部的珠琳镇水土资源耦合协调水平明显变好，南部水土资源耦合协调性较差，东南部最明显[图 3-13（c）]。可以看出，2000～2018 年喀斯特山区广南县南部水土资源耦合协调性一直都较差，而北部和中部水土资源耦合协调水平较高，其中，北部的水土资源耦合协调性一直都是最好的。2000～2010 年都是北部水土资源耦合协调水平高于南部，但是 2010 年相比 2000 年县域北部的者太乡和坝美镇、中部的莲城镇、东部的杨柳井乡、西部的珠琳镇、西南部的那洒镇和篆角乡水土资源耦合协调性都有所变差，表现出从南部向全县范围扩张的趋势；2010～2018 年仍然是北部的水土资源耦合协调水平高于南部，但北部的者太乡和坝美镇、中部的莲城

镇水土资源耦合协调水平相比 2010 年明显提高,县域西部、西南部和东部的水土资源协调水平也有不同程度的提高,说明 2010～2018 年全县水土资源耦合协调性都呈现向好趋势;2000～2018 年县域北部、西部、西南部和东部的水土资源耦合协调水平呈现出先降低后升高的变化过程,这主要与石漠化空间分布变化、治理和生态修复工程等实施的时间和分布区域有关,说明合理的人类开发利用活动和科学的石漠化治理措施能够促进喀斯特区域的水土资源耦合协调(图 3-13)。

3)水土资源耦合协调水平空间差异因素

广南县水土资源耦合协调度较高的北部区域基本上无石漠化或者石漠化非常少,土壤侵蚀量少,年降水量多,林地覆盖率较高,生态环境良好,森林生态系统涵养水源、水土保持和调节水土资源的能力较强,而且区域土地资源质量高、水资源相对丰富,主要以多样化的高原现代特色农业和生态旅游业为主,有利于水土资源的保护和水土资源系统的平衡,所以整体水土耦合协调水平较高;县域水土资源耦合协调性较差的南部大部分区域位于石漠化较严重处,土层薄,土地开发利用难度大,加之喀斯特地貌地表水渗漏严重,保水能力非常差,水资源短缺,水土资源系统平衡与协调能力弱,应通过退耕还林还草和封山育林等石漠化治理工程和生态修复等,加大对石漠化的治理力度,改善水土资源条件和生态环境质量,提高水土资源利用率,促进水土资源耦合协调程度的提升。同时,水土资源耦合协调度空间分布与石漠化空间分布一致,无石漠化区域水土资源耦合协调基本上处于高度协调状态,有石漠化区域处于中度协调和低度协调状态,且石漠化程度越高,耦合协调度越低,说明土地石漠化对水土资源耦合协调度产生较大影响。总之,要想提高广南县整体的水土资源耦合协调水平,必须加强石漠化治理,并提出具有喀斯特山区特色的发展模式,比如现代高原特色农业、生态旅游、民族文化旅游和生态养殖等,减少对水土资源的粗放利用,提高水土资源利用效率,促进区域产业发展,实现生态-社会-经济协调发展。

3.6 本 章 小 结

3.6.1 喀斯特山区的生态脆弱性特征

1. 典型区文山市生态脆弱性特征

2000～2017 年文山市生态脆弱性先改善后恶化,以轻度、中度和重度脆弱为主,但重度脆弱面积不断增加,生态脆弱性整体状况略微加重;生态脆弱性呈北部较重、西部较轻的分布格局。生态脆弱性重心逐渐向西北方向转移,北方地区逐渐成为生态脆弱性的高-高集聚区,而西部与东南部逐渐成为生态脆弱性的低-

低集聚区。生态脆弱性低的区域与石漠化严重区域较吻合，因此需要加强喀斯特石漠化区域的生态修复与合理利用。

2. 典型区广南县生态脆弱性特征

2000～2018 年，广南县有 1/3 土地面积的生态脆弱性具有空间差异，存在脆弱性改善与恶化并存现象，但生态脆弱性恶化的面积大于改善的面积；生态脆弱性在东南部和中部区域不断改善，而北部和西部区域不断恶化。2000～2010 年，脆弱性改善区域主要在广南县的南部，恶化区域主要分布在西部和县城周围；2010～2018 年，恶化区域的面积比改善区域的面积多 237.71km^2，且脆弱性改善区域往县中部转移，西南区域因喀斯特石漠化面积广布，且以重度石漠化为主，治理难度大，是生态脆弱性恶化的主要区域。

总体上，研究根据自然维度和人为影响维度两个方面划分出喀斯特山区的微度、轻度、中度、重度、极度 5 个等级的生态脆弱区。2000 年以来，滇东南喀斯特山区的生态脆弱性趋于稳定，但略微有加剧趋势。重度和极度脆弱区主要分布在喀斯特区域范围内，且脆弱性高的区域几乎与中度和重度石漠化发育区域吻合。喀斯特山区的生态脆弱性改善与恶化的现象并存，但恶化面积大于改善面积。虽然近年来滇东南喀斯特山区致力于生态修复，生态环境治理工程的力度加大，使区域生态环境得到一定程度的改善，但因喀斯特区域石漠化治理难度大，加上人类活动的扰动，使生态环境恶化现象也较为明显。因此，应考虑区域的生态环境特征，将自然修复和生态环境工程相结合，实现区域可持续发展。

3.6.2　喀斯特山区的水土资源耦合协调特征

1. 典型区文山市水土资源耦合协调特征

2000～2017 年文山市水土资源耦合协调整体水平都较高，以 2010 年耦合协调水平最好，耦合协调度平均值比 2000 年和 2017 年都高 0.0167。其中，高度协调面积比 2000 年和 2017 年分别高 16.16%和 14.21%，中度协调面积比 2000 年和 2017 年低 12.37%和 9.98%，低度协调面积分别低 3.79%和 4.23%；从空间分布看，2000～2017 年市域东北部、东部和东南部水土资源耦合协调性一直都较差，西部和中部较好，其中，西北部和西南部水土资源耦合协调水平变化最明显，其耦合协调度分别明显降低和升高。水土资源耦合协调度与土地石漠化存在空间分布一致的规律，石漠化程度越高，耦合协调度越低。

2. 典型区广南县水土资源耦合协调特征

2000～2018 年喀斯特山区广南县水土资源耦合协调整体水平都较高，以 2018 年水土资源耦合协调水平最好，耦合协调度平均值比 2000 年和 2010 年高 0.0017

和 0.0100。其中，高度协调面积比 2000 年和 2010 年高 1.44%和 4.39%，中度协调面积比 2000 年和 2010 年低 0.47%和 2.23%，低度协调面积比 2000 年和 2010 年低 0.99%和 2.18%；从空间分布看，2000～2018 年喀斯特山区广南县北部的水土资源耦合协调水平一直高于南部，而北部、西部、西南部和东部的耦合协调水平呈现出先降低后升高的变化过程，且水土资源耦合协调度与石漠化也存在空间分布一致的规律。

总体上，2000 年以来，滇东南喀斯特山区文山市和广南县的水土资源耦合协调整体水平变高。水土资源耦合协调度与喀斯特区域石漠化空间分布一致，石漠化程度越低则耦合协调度越高，石漠化程度越高则耦合协调度越低，石漠化对水土资源耦合协调产生很大影响。因此，改善喀斯特山区水土资源耦合协调性时，必须关注石漠化这一特殊的生态问题。

第4章

云南典型喀斯特山区资源环境承载力评价研究

资源环境承载力作为连接资源环境要素与社会经济发展之间的重要桥梁，可反映一定时空范围和技术条件下，在维持区域生态系统良性循环的基础上，区域资源环境可承载人类及其社会经济活动的能力。随着人-地矛盾的日益突出，以实际资源调查为基础、以资源环境承载力为指导进行资源的合理利用，才能有效统筹人类社会的可持续发展；通过合理统筹配置资源，又有利于缓解社会经济发展的资源环境制约效应，保障资源供给安全和生态环境安全，维持较高的资源环境承载能力。

在"先天"生态环境脆弱的西部山区，更应强化区域资源环境承载力评价，为山区资源利用和政府决策等提供科学支撑（普军伟，2019）。喀斯特山区脆弱的生态环境和过度的开发利用造成植被破坏，土壤侵蚀严重，石漠化状况加深，土地生产力降低，同时喀斯特山区降水下渗明显，水资源开发利用难度大，供水受限，导致人-地矛盾和资源环境问题更加突出。由于特殊的生态环境脆弱性和在生态安全中的重要地位，喀斯特石漠化山区受到了国家的高度关注，区域内的生态环境得到了优先保护。目前石漠化地区的生态恢复多以植树造林为主，但特殊的环境导致其造林成活率、成林率低，生态恢复难度大，且受限于人力、物力等资源状况，区内的生态恢复速度十分缓慢，资源环境处于持续恶化状态（李龙等，2020；熊康宁等，2022）。因此，加强喀斯特山区资源环境承载力评价分析，能为区域内资源利用提供科学指引。

4.1 研究方法

4.1.1 资源环境承载力评价方法

参考相关学者的研究方法（张继飞等，2011；周侃和樊杰，2015；许明军和杨子生，2016），依据本研究对资源环境承载力的定义，以资源承载力、环境承载力和社会经济承载力为综合资源环境承载力的三个子系统，制定评价方案，并在空间尺度上完成资源环境承载力的评价。

第 1 步，结合案例区实地调研和考察情况，从各子系统的多种承载角度选取评价指标，构建适用于喀斯特山区资源环境综合承载力评价的指标体系，并确定各指标的阈值，将资源环境承载力分为 5 个等级（理想承载水平、高承载水平、中承载水平、低承载水平和不可承载水平）。

第 2 步，运用简单易行的极值标准化法，对评价指标进行无量纲化处理。其中，由于本研究资源环境承载力评价时采用跨行政区的空间尺度，因此需根据研究区面积大小确定合适的栅格单元，提取各空间指标的栅格中间点数值作为标准化及权重计算的数据为

$$x_i^* = \frac{x_i - x_{\min}}{x_{\max} - x_{\min}} \qquad (4\text{-}1)$$

式中，x_i^* 表示标准化结果；x_i 为样本原始数据；$x_{\max}$ 为样本数据最大值；$x_{\min}$ 为样本数据最小值。

第 3 步，运用客观性较强的熵权法，计算标准化后各指标的权重为

$$w_j = \frac{1 - e_j}{\sum_{j=1}^{n}\left(1 - e_j\right)}, \quad e_j = -\frac{1}{\ln m} \times \sum_{i=1}^{m} p_{ij} \times \ln p_{ij}, \quad p_{ij} = \frac{x_{ij}^*}{\sum_{i=1}^{m} x_{ij}^*} \qquad (4\text{-}2)$$

式中，w_j 和 e_j 分别表示第 j 指标的权重和信息熵；p_{ij} 表示第 j 指标下第 i 个单元指标值的比重；x_{ij}^* 为第 j 指标下第 i 个单元的无量纲值；n 和 m 分别为评价指标个数和求熵对象个数。

第 4 步，采用模糊数学中的降半梯形分布函数，按照所建立的指标体系和指标标准计算各指标对各评价等级的隶属度。根据资源环境的评价内容，设定评价指标集 $X=\{X_1, X_2, X_3, \cdots, X_n\}$，评价集 $Y=\{Y_1, Y_2, Y_3, \cdots, Y_m\}$ 为

$$j = 1时，\quad y_{ij} = \begin{cases} 1, & x_i \leqslant S_{ij} \\[2mm] \dfrac{x_i - S_{i(j+1)}}{S_{ij} - S_{i(j+1)}}, & S_{ij} < x_i \leqslant S_{i(j+1)} \\[3mm] 0, & x_i > S_{i(j+1)} \end{cases}$$

$$j = 2,3,\cdots,m-1时，\quad y_{ij} = \begin{cases} 0, & x_i \leqslant S_{i(j-1)} \\[2mm] \dfrac{x_i - S_{i(j-1)}}{S_{ij} - S_{i(j-1)}}, & S_{i(j-1)} < x_i \leqslant S_{ij} \\[2mm] 1, & x_i = S_{ij} \\[2mm] \dfrac{x_i - S_{i(j+1)}}{S_{ij} - S_{i(j+1)}}, & S_{ij} < x_i \leqslant S_{i(j+1)} \\[2mm] 0, & x_i > S_{i(j+1)} \end{cases} \quad (4\text{-}3)$$

$$j = m \, 时，\quad y_{ij} = \begin{cases} 1, & x_i > S_{ij} \\[2mm] \dfrac{x_i - S_{i(j-1)}}{S_{ij} - S_{i(j-1)}}, & S_{i(j-1)} < x_i \leqslant S_{ij} \\[2mm] 0, & x_i \leqslant S_{i(j-1)} \end{cases}$$

式中，y_{ij} 为第 j 等级下第 i 指标的隶属度；x_i 为指标原始值；S_{ij} 为第 i 指标下第 j 等级的分级阈值。

第 5 步，通过模糊矩阵加权运算，计算各承载力子系统及总承载力在各等级区间内的总隶属度。为保证信息准确、有效，采用加权模糊综合算子法计算总隶属度为

$$B_j = (b_j)_{1\times5} = \sum_{i=1}^{n} (w_i \times y_{ij})_{1\times5} \qquad (4\text{-}4)$$

式中，B_j 表示第 j 承载等级的总隶属度；n 为评价指标个数；w_i 为第 i 指标的权重；y_{ij} 为第 j 等级下第 i 指标的隶属度。

第 6 步，综合各等级区间的总隶属度，计算各承载力子系统及总承载力的级别特征值。各等级总隶属度为各样本对各等级模糊子集的隶属度，其为模糊向量而非点值，虽然提供的信息较为丰富，但不易于表达样本的综合等级。采用加权平均求和的原则计算总级别特征值，采用"5/4/3/2/1"依次表示理想承载、高承载、中承载、低承载和不可承载等级为

$$T = \sum_{j=1}^{5}(b_j \times j)_{1\times 5} = \frac{\sum_{j=1}^{5} B_j \times j}{\sum_{j=1}^{5} B_j} \qquad (4\text{-}5)$$

式中，T 表示最终求得的级别特征值。

第 7 步，根据级别特征值计算结果，对各承载力子系统及总承载力进行分等定级。级别特征值处于 1.0～5.0，其值越高，说明评价单元的承载力等级水平越高；反之，则说明评价单元的承载力等级水平越低。参考已有研究对级别特征值的等级划分，本研究将其从高到低划分为 5 级，分别对应各承载力等级水平。

第 8 步，在土地利用现状基础上，分析各用地类型的资源环境承载力状况；或根据其他研究目的，从不同尺度分析资源环境承载力评价结果，分为理想承载（承载力水平极高，非常适宜人类活动）、高承载（承载力水平较高，能较好支撑人类活动）、中承载（承载力水平中等，支撑人类活动能力一般）、低承载（承载力水平较低，支撑人类活动能力较差）、不可承载共五个等级（承载力水平极低，不能支撑人类活动，应加强资源保护和环境修复）。

4.1.2 喀斯特山区资源环境承载力评价指标体系

为构建科学、合理的喀斯特山区县域资源环境承载力评价指标体系，研究基于资源环境承载力内涵，结合案例区实地调研和考察情况，分析影响该区域资源环境承载状况的因素，依据全面性、科学性、层次性、可操作性等原则，选取资源环境承载力评价指标（表 4-1），旨在真实地反映区域支撑人类活动和社会经济发展的能力。

表 4-1　案例区资源环境承载力评价指标体系

目标	准则	一级指标	二级指标
资源环境承载力	资源承载力	水资源	人均水资源量/地均水资源量
			供水比例
			水资源供需比例
			节约用水状况
		土地资源	耕地资源
			建设用地资源
		矿产资源	查明矿产资源价值
		旅游资源	旅游资源吸引力

续表

目标	准则	一级指标	二级指标
资源环境承载力	资源承载力	区位资源	交通设施
			水利设施
	环境承载力	生态环境	生态系统服务价值
			植被净初级生产力（NPP）
			生境质量/产水量
		地理环境	地貌环境
			地质环境
		水土流失环境	土壤侵蚀状况
			石漠化程度
		水环境	地表水环境质量
			人均污水排放量
		大气环境	SO_2
			NO_2
			CO
			O_3
			PM_{10}
			$PM_{2.5}$
	社会经济承载力	社会状况	人口密度
			城镇化率
			劳动力比例
			人均粮食占有量
		经济状况	人均纯收入/居民可支配收入
			人均 GDP/GDP 增长率
			第一产业同比增长值
			第二产业同比增长值
			第三产业同比增长值或比重

1. 资源承载力评价指标

根据喀斯特山区的实际情况，从水资源、土地资源、矿产资源、旅游资源和区位资源五个方面开展资源承载力研究。具体以广南县指标为例，然后推广应用到另一典型案例研究区文山市，以及其他类似喀斯特研究区。

1) 水资源承载力

水资源既是基础性的自然资源，也是战略性的经济和社会资源（郭倩等，2017），其合理开发利用是人与自然和谐共处的关键。尽管喀斯特山区降水较多且储水量丰富，但地表水资源较少，降水下渗情况明显，而地下水开采利用较难且一经污染难以恢复，因此水资源量在喀斯特山区对人类活动的承载作用尤其明显。新世纪以来，人口快速增长，各地区用水量增多，人均水资源量越来越少，是喀斯特山区亟须面对并解决的问题之一。

根据水资源可维持人类活动和社会发展的特征，将水资源承载力定义为"在一定时期和相应技术条件下，以维持区域水生态系统良性循环为基础，以水资源合理开发和可持续利用为前提，区域水资源可支撑人类活动和社会经济协调发展的能力"。水量和水质是两个支撑人类活动和社会经济发展最重要的因素（卢亚丽等，2021），分别代表水资源和水环境两个方面，在资源环境承载力评价时都应纳入考虑，方能表征水资源利用及其环境状况。但将资源与环境分开考虑时，水量主要反映水资源供需协调及利用情况，水质则侧重反映水环境优劣状态。因此本研究将水量考虑为水资源承载力评价的重点，而将水质放入环境承载力子系统评价指标中。

人均水资源量是衡量水量的重要指标之一，可以反映水资源对于人类活动的极限支撑能力，人均水资源量越大，支撑能力越强；受人口数量、产业布局和经济实力等因素的影响，不同区域的供水情况存在明显差异，水资源量反映水资源供给的潜在能力，供水情况则反映当前及未来一段时期内可利用水资源的实际情况，分区供水比例代表各小区在整体区域内的供水能力，供水比例越高，支撑能力越强；供水能力可反映区域可利用水资源的实际情况，水资源供需比例则反映供水条件对人类用水需求的满足状况，可表示区域内供水量是否够用，供需比例越高，支撑能力越强；节约用水状况可以反映相同水量情况下社会经济协调发展的能力，可用万元 GDP 用水量表征，用水量越少，说明水资源利用效率越高，支撑能力越强。因此，从水量角度出发，水资源承载力通过人均水资源量、分区供水比例、水资源供需比例和节约用水状况共 4 个指标进行衡量（表 4-2）。指标处理方式：人均水资源量指标以流域单元进行赋值，其余三个指标以行政分区单元（乡镇）进行赋值。

表 4-2 水资源承载力评价指标说明

指标	单位	趋向	含义	计算公式
人均水资源量	m³/人	+	人均可利用淡水资源占有量（若为地均水资源量，则通过水资源总量除以土地面积计算）	$\dfrac{WR_z}{P_z}$
分区供水比例	%	+	各乡镇供水量占全县供水量的比例	$\dfrac{GW_x}{GW_z} \times 100\%$
水资源供需比例	—	+	供水量能否满足人类活动用水需求	$\dfrac{GW_x}{XW_x}$
节约用水状况	m³/万元	–	万元 GDP 用水量（可侧面反映水资源利用效率）	$\dfrac{YW}{GDP}$

注：式中，WR_z 为淡水资源总量；P_z 为人口总量；GW_x 为各分区供水量；GW_z 为总供水量；XW_x 为各分区需水量；YW 为用水总量；GDP 为区域生产总值。

2）土地资源承载力

在有限供给和无限需求的情况下，土地资源显得尤为重要。土地资源承载力是指"在一定时期和相应技术条件下，人类可开发利用的土地资源可承载人类活动和社会经济发展的能力"。其中，支持人类活动的土地类型则以耕地和建设用地为主。目前对耕地承载力的研究大多基于人粮关系，这一关系能间接反映耕地可承载的人口数量，但难以反映可用作耕地的土地资源状况，因此本研究将人粮关系用于土地利用数量优化部分，界定人类活动对耕地粮食供给的需求。在耕地资源承载力评价部分，则依照土地资源承载力的概念，主要考虑可用作耕地的土地资源；建设用地是承载人类活动最主要的用地类型，是人类聚落演变形成的特殊区域，生活和生产都与建成区息息相关，随着人民生活水平的日益增长，生态也成为建设开发的考虑内容，因此建设用地同时涵盖了土地的生产、生活和生态三大核心功能，是支撑人类活动不可或缺的部分。因此，土地资源承载力通过耕地资源承载力和建设用地资源承载力共 2 个指标进行衡量（表 4-3）。

借鉴国家主体功能区中可利用土地资源的计算方法及已有研究中对土地资源承载力的研究方法（罗名海等，2018），分别以可用作耕地的土地资源比例和可供建设的土地资源比例来表征耕地和建设用地资源承载力（表 4-3）。指标处理方式：将可利用土地资源图层调整到 10m×10m 栅格单元并赋值为 1；生成 500m×500m 的渔网，并统计每个渔网中值为 1 的栅格数量，将栅格数量除以 2500 即为该格网内可利用土地资源的比例；通过渔网中心点进行插值得到全县域内土地资源承载力结果。

表 4-3　土地资源承载力评价指标说明

指标	单位	趋向	含义	计算公式
耕地资源承载力	%	+	可用作耕地的土地资源占土地总面积的比例	$\dfrac{X-(x_6+x_1+x_2)-x_3-x_4-x_5}{X}\times100\%$
建设用地资源承载力	%	+	可用作建设用地的土地资源占土地总面积的比例	$\dfrac{X-(x_6+x_1+x_2)+x_3+x_4+x_5-x_{jn}-x_{sh}}{X}\times100\%$

注：式中，X 为土地资源总面积；x_i 为第 i 类用地的土地面积（其中 x_1、x_2、x_3、x_4、x_5 和 x_6 分别代表林地、草地、城镇建设用地、农村居民点、其他建设用地和水域）；x_{jn} 为永久基本农田面积；x_{sh} 为生态保护红线面积。

3）矿产资源承载力

矿产资源承载力指"在一定时期和相应技术条件下，矿产资源的可采储量及其生产状况对社会经济发展的承载能力"。滇东南喀斯特山区矿产资源十分丰富，已发现矿产种类达 50 余种，矿业是该区域的主导产业之一，对引领区域社会经济发展具有不可磨灭的作用。而当地生态环境脆弱，合理开发矿产资源成为喀斯特山区可持续发展必须重视的问题。根据数据资料显示，喀斯特山区矿产资源种类繁多，难以从单种矿产资源方面评价承载力的高低。尽管矿产资源的市场一直受到全球经济与金融、国家矿产需求和相关矿产资源开发与保护政策等诸多因素影响，但矿产资源价值仍是评价多种矿产资源承载水平的稳定指标（徐大富等，2004）。因此，通过查明矿产资源价值指标衡量矿产资源承载力（表 4-4）。

表 4-4　矿产资源承载力评价指标说明

指标	单位	趋向	含义	计算公式
查明矿产资源价值	万元	+	已查明可采储矿产资源的基期年经济价值	$S_i\times V_i$

注：S_i 和 V_i 分别为第 i 种矿产资源的已查明可采储量和单位量经济价值。

参考相关矿种的价值资料[①]，并以广南县 2018 年实际情况为例，统计主要矿种的现状年平均价值（表 4-5），计算得到研究区各矿种查明矿产资源价值。指标处理方式：根据已有资料确定各矿种主要矿区的空间位置，将计算得到的各矿种查明矿产资源价值按照该矿种矿区数量进行均分赋值，通过赋值矿区点空间插值得到全县域矿产资源承载力结果。

表 4-5　主要矿产资源的单位量经济价值

矿种	储量单位	2018 年均价/（元/t）
铁矿	矿石/万 t	455.46
锰矿	矿石/万 t	760.00

---

① 资料来源：中国选矿技术网（https://www.mining120.com/）、中国有色金属价格网（https://ys.zh818.com/）、中国产业信息网（https://www.chyxx.com/）。

续表

矿种	储量单位	2018 年均价/（元/t）
钛矿	矿物/万 t	60000.00
铅矿	金属/万 t	15460.00
锌矿	金属/万 t	19274.28
铝土矿	矿石/万 t	560.00
锑矿	金属/万 t	42000.00
金矿	金属/t	271400000.00

4）旅游资源承载力

旅游资源承载力是指"在一定时期和相应技术条件下，旅游景区及潜在资源区的旅游资源、自然环境和社会经济对旅游活动及附近区域社会发展、经济驱动的支持能力"。滇东南喀斯特山区特殊的自然环境，造就了多样的地貌形态、多变的气候状况、多彩的生物景观和多元的民族文化，具有丰富的旅游资源潜力。同时，旅游发展是生态环境治理和乡村产业振兴的有力渠道，对支撑社会经济发展及盘活可利用资源具有重要的影响。尤其在石漠化治理过程中，旅游产业承担着生态环境建设和产业经济发展的双重任务，合理开发和利用旅游资源是深度融合一、二、三产业协调发展的重要途径之一（熊康宁等，2016）。当前旅游资源的吸引力可较综合地说明旅游地点的知名度、接待能力、设施状况和经济潜力等内容，代表旅游资源影响力的辐射情况，能说明旅游资源的潜在价值。因此，旅游资源承载力通过旅游资源吸引力指标来衡量（表 4-6）。

表 4-6　旅游资源承载力评价指标说明

指标	单位	趋向	含义	计算公式
旅游资源吸引力	—	+	旅游资源影响力辐射情况	研究区旅游资源空间核密度赋权插值

现有景区能说明一个区域当前的旅游资源状况，而待开发景区则可以说明区域内潜在的旅游资源。以广南县 2018 年实际情况为例，查明现有亟待开发景区并赋权（表 4-7）。指标处理方式：根据已有资料确定各景区的空间位置，依据各景区级别权重进行空间核密度运算得到全县域旅游资源承载力结果。

表 4-7　旅游资源吸引力插值权重

指标	旅游资源级别	核密度插值权重
旅游资源吸引力	国家 AAA 级景区	0.70

续表

指标	旅游资源级别	核密度插值权重
旅游资源吸引力	县级主要景区	0.15
	县级一般景区	0.10
	县级待开发景区	0.05

注：研究区域及时间发生改变时，旅游资源级别及权重也应随之改变。

5）区位资源承载力

区位是一个地理概念，指某事物占有的场所及其位置、布局等情况，以及该事物与其他事物之间的空间联系。区位资源指能给某一地区社会经济发展带来有利条件及具有优势的地理要素，区位资源承载力即指"在一定时期和相应技术条件下，能够开发、利用的区位资源提高支撑人类活动和社会经济发展水平的能力"。与承载力相关的区位资源有交通设施、水利设施和能源设施等，交通设施指交通运输过程中工具、设备、场地、线路和标志等给人类活动带来便利的设施，能体现铁路、公路及交通节点等设施对区域发展的支持程度；水利设施是通过调蓄、管控和保护自然形式的水资源，达到趋利避害目的并协调人类发展的设施，能反映河流、湖泊和水库等对区域发展的支持程度；能源设施是开发、利用能源及节约能源消耗的配套设施，在滇东南喀斯特山区能源设施建设不突出，未放到区位资源中考虑。因此，区位资源承载力通过交通设施支撑力和水利设施支撑力共 2 个指标进行衡量（表 4-8）。

表 4-8 区位资源承载力评价指标说明

指标	单位	趋向	含义	计算公式
交通设施支撑力	—	+	交通设施对人类活动支撑的影响情况	研究区交通设施资源空
水利设施支撑力	—	+	水利设施对人类活动支撑的影响情况	间核密度赋权插值

参照已有研究（刘寅等，2016），以广南县 2018 年实际情况为例，对区域资源设施级别进行赋权（表 4-9）。指标处理方式：根据已有资料确定交通和水利设施的空间位置，依据设施级别权重进行空间核密度运算得到全县域区位资源承载力结果。

表 4-9 区位资源支撑力插值权重

指标	设施项	设施类型	核密度插值权重
交通设施支撑力	铁路（高铁）	铁路	0.300
	公路	高速公路	0.150

续表

指标	设施项	设施类型	核密度插值权重
交通设施支撑力	公路	国道	0.125
		省道	0.100
		县道	0.075
		乡道	0.050
	交通节点	高速公路出入口	0.100
		铁路站点	0.100
水利设施支撑力	河流	主要河流	0.300
		其他河流	0.200
	水库	中型水库	0.300
		小型水库	0.200

注：研究区域及时间发生改变时，设施类型及权重也应随之改变。

2. 环境承载力评价指标

根据喀斯特山区的实际情况，研究从生态环境、地理环境、水土流失环境、水环境和大气环境五个方面研究环境承载力。

1）生态环境承载力

生态环境承载力指在一定时期和相应技术条件下，以生态环境良性循环为前提，生态系统对人类活动的承受能力。生态环境整体上是一个综合、复杂的概念，需要用兼具综合性、概括性和直观性的指标来表征生态环境承载力。生态系统服务是生态安全的前提和保障，生态系统服务价值是区域生态环境好坏的重要标志，可以满足生态环境承载力指标的要求，生态系统服务价值越高的区域，越应该突出其生态保育、环境优化的作用，划定为生态保护区，避免人类和社会经济活动的过度干扰；而生态服务价值越低，进行建设、农业活动的可能性就越高（刘寅等，2016）。因此，生态环境承载力可通过产水量、生境质量、植被净初级生产力（NPP）和生态系统服务价值等指标进行衡量（表 4-10）。

表 4-10 生态环境承载力评价指标说明

指标	单位	趋向	含义	计算公式
产水量	mm	+	反映生态环境的水源涵养情况	InVEST 模型
生境质量	—	+	反映生态环境质量	InVEST 模型
植被净初级生产力	$gC/(m^2 \cdot a)$	+	反映植被状况	CASA 模型

续表

指标	单位	趋向	含义	计算公式
生态系统服务价值	元/（hm²·a）	－	生态系统功能服务和自然资本的经济价值	$ESV_k = \sum_{j=1}^{z} E_n \times c_{kj}$ $E_n = \frac{1}{7}\sum_{i=1}^{n}\frac{m_i q_i p_i}{M}\ (n=1,2,3,4)$

注：ESV_k 为第 k 类生态系统的单位面积服务价值；c_{kj} 为第 k 类生态系统第 j 项单位面积服务价值当量；E_n 为广南县单位面积耕地生态系统提供食物生产服务功能的经济价值（元/hm²）；i 为作物种类；p_i、q_i 和 m_i 分别为第 i 种粮食作物的价格（元/kg）、单产（kg/hm²）和播种面积（hm²）；M 为 n 种粮食作物的总面积（hm²）。

　　文山市采用产水量、生境质量和 NPP 衡量生态环境承载力，广南县采用生态系统服务价值衡量生态环境承载力。产水量采用降雨量、蒸散发量、土地利用、土壤类型等数据，生境质量基于土地利用类型数据，分地类提取栅格，确定威胁源和距离以及各地类的生态适宜性等，二者均通过 InVEST 模型计算得到；NPP 根据太阳辐射数据和 NDVI 时间序列数据，采用 CASA 模型计算得到。国内学者谢高地等以 Costanza 的研究为基础，提出了"中国陆地生态系统服务价值当量因子表"计算生态系统服务价值，其中园地当量因子参考其他学者的研究进行设置（谢高地等，2008）。指标处理方式：根据表 4-10 中公式求取 E_n 值，以遥感解译数据及其他社会经济数据为基础，采用谢高地提出的生态系统服务价值当量表（谢高地等，2015），计算得到研究区各类生态系统的服务价值。为消除各年间农作物价格波动对总价值量的影响，以广南县 2018 年粮食生产为例，选取广南县 2018 年稻谷、玉米、薯类和小麦 4 种主要粮食作物的平均价格、单产和播种面积作为基础数据。

　　2）地理环境承载力

　　喀斯特山区地理环境特殊，山脉发育良好，地形起伏度大，地貌环境复杂，地质灾害频发，众多区域不适宜承载人类活动。地理环境是喀斯特山区在进行资源开发时不可忽略的重要因素，与土地资源承载力类似，本研究将地理环境承载力定义为"在一定时期和相应技术条件下，以保证人身安全为前提，人类可开发利用的地理环境对区域发展的支撑能力"。因此，地理环境承载力通过地貌环境承载力和地质环境承载力共 2 个指标进行衡量（表 4-11）。

　　其中，坡度和岩溶地貌是制约喀斯特山区社会经济活动的主要地貌环境因素。坡度≥25°区域大多是滑坡、泥石流、崩塌等地质灾害高发区，开垦土地容易引发水土流失、滑坡等地质灾害，不宜发展农业；坡度≥25°时无法集中安排城镇建设空间，也不适于工业仓储用地的交通组织和生产工艺流程组织，不适宜城镇、工业开发建设。因此，坡度≥25°的区域是对人类活动（主要指农业生产和城镇开发）无承载能力的区域。同时，喀斯特山区往往存在岩溶塌陷情况，岩溶塌陷高易发区的土地应减少人类活动以保证安全，因此选取岩溶塌陷高易发区域作为无承载能力的区域（表4-11）。

地质环境对人类社会经济活动极易产生限制，其限制区域主要为不良岩土体分布区域、地质灾害点影响区域、地质灾害易发性和地震断裂带等基础地质条件的限制区域。喀斯特山区易形成和发展滑坡、崩塌、泥石流等突发性地质灾害（赵筱青等，2020b），灾害高频、高易发区不宜人类活动，为无承载能力区域（表4-11）。指标处理方式：与土地资源承载力相同。

表 4-11　地理环境承载力评价指标说明

指标	单位	趋向	含义	计算公式
地貌环境承载力	%	+	地貌环境可支持人类活动的区域占土地总面积的比例	$\dfrac{X-x_{dx}}{X}\times100\%$
地质环境承载力	%	+	地质环境可支持人类活动的区域占土地总面积的比例	$\dfrac{X-x_{dz}}{X}\times100\%$

注：X 为土地资源总面积；x_{dx} 为地貌限制区域面积，即坡度≥25°区域∪岩溶塌陷高易发区的面积；x_{dz} 为地质环境限制区域，即地质灾害高易发区域的面积。

3）水土流失环境承载力

滇东南喀斯特山区地处珠江、红河两大流域的分水岭，水土流失严重，表现形式多样，是云南省水土流失最严重的地区之一（赵筱青等，2020b）。水土流失严重破坏了滇东南喀斯特山区人民赖以生存的土地资源，使土壤养分流失、土地生产力下降，导致土地大面积石漠化，甚至引起山洪和泥石流等灾害，严重影响了区域内人民群众的生命和财产安全。本研究将水土流失环境承载力定义为"在一定时期和相应技术条件下，以保育水土环境为基础，以防止水土流失为前提，区域一定水土流失速度下可维持人类活动和社会经济发展的能力"。水土流失状况越显著、石漠化程度越严重的区域，水土流失环境对人类活动的承载能力越差。因此水土流失环境承载力通过土壤侵蚀状况和石漠化程度共 2 个指标进行衡量（表4-12）。指标处理方式：土壤侵蚀状况通过降雨量插值、水文分析、NDVI 提取和 RUSLE 模型计算等步骤得到；石漠化程度通过遥感解译并分级得到。

表 4-12　水土流失环境承载力评价指标说明

指标	单位	趋向	含义	计算公式
土壤侵蚀状况	t/hm²	−	土壤侵蚀模数，土壤在外营力作用下产生位移的物质量	$R\times K\times L\times S\times C\times P$（即 RUSLE 模型）
石漠化程度	—	—	因水土流失而导致基岩裸露、生态退化的程度	遥感解译（分级）： 1 级：无石漠化 2 级：潜在石漠化

续表

指标	单位	趋向	含义	计算公式
石漠化程度	—	–	因水土流失而导致基岩裸露、生态退化的程度	3 级：轻度石漠化 4 级：中度石漠化 5 级：重度石漠化

注：R、K、L、S、C 和 P 均为 RUSLE 模型中的计算因子，分别代表降雨侵蚀力、土壤可蚀性、坡长、坡度、植被覆盖和水土保持措施因子。

4）水环境承载力

水环境是指液态水及其存蓄空间的环境状况，一般可分为地表水环境和地下水环境。前文中提到，水量和水质分别是水资源利用和环境状况的重要衡量指标，水环境评价时需要着重考虑水质情况。因此，将水环境承载力定义为"在一定时期和相应技术条件下，以可维持人类活动的水质为标准，水体形成、分布和转化所处空间的环境状况所能支持人类活动和社会经济发展的能力"。云南喀斯特山区水资源丰富，地表水少、地下水多，但目前对地下水开采利用程度较低，使用较多的仍为地表水，地表水环境质量可以衡量区域的水环境现状，地表水环境质量越差，说明其水环境承载力越差；污水排放是导致水环境恶化的主要原因之一，它能对河流、水库和湖泊等地表水造成最直接的影响，污染地表水，降低地表水环境质量，减弱水体功能，污水排放也会污染土壤，最终影响到地下水环境。从人类生活和生产所需出发，以人均污水排放量衡量区域水环境趋势，人均污水排放量越高，对水环境的污染力度越大，可持续性越低，水环境承载力越差。因此，水环境承载力通过地表水环境质量和人均污水排放量共 2 个指标进行衡量（表4-13）。指标处理方式：地表水环境质量通过监测点空间插值得到全县域空间数据，并通过《地表水环境质量标准（GB3838—2002）》进行水质分级；人均污水排放量以乡镇为单元进行赋值。

表 4-13　水环境承载力评价指标说明

指标	单位	趋向	含义	计算公式
地表水环境质量	—	+	水体质量情况	监测点 Kriging 插值
人均污水排放量	m³/人	–	生活、生产排放污水的人均值	$\dfrac{PW}{P_z}$

注：PW 为污水排放总量，P_z 为人口总量。

5）大气环境承载力

大气环境是指大气圈底部的气体环境状况，与人类生活息息相关。大气环境承载力是指"在一定时期和相应技术条件下，以可保持人类健康生活的空气质量为标准，大气环境状况所能支持人类活动和社会经济发展的能力"。大气环境质量越好，说明大气的自净能力越强，对人类活动和社会经济发展的承载能力越高。参考《环境空气质量标准（GB3095—2012）》，根据实时监测的指标情况，大气环境承载力通过 SO_2、NO_2、CO、O_3、PM_{10} 和 $PM_{2.5}$ 共 6 个指标进行衡量（表 4-14）。指标处理方式：采用广南县城及周边地区的监测数据进行空间插值，得到全县域空间数据。

表 4-14　大气环境承载力评价指标说明

指标	单位	趋向	含义	计算公式
SO_2	$\mu g/m^3$	–	大气中二氧化硫的含量	
NO_2	$\mu g/m^3$	–	大气中二氧化氮的含量	
CO	mg/m^3	–	大气中一氧化碳的含量	监测点 Kriging 插值
O_3	$\mu g/m^3$	–	大气中臭氧的含量	
PM_{10}	$\mu g/m^3$	–	大气中可吸入颗粒物的含量	
$PM_{2.5}$	$\mu g/m^3$	–	大气中细颗粒物的含量	

3. 社会经济承载力评价指标

人与自然协调可持续发展是生态文明的根本保障，而资源环境与社会经济的协调是人与自然协调的基础。一方面，社会经济发展依托于自然资源的供给能力和生态环境的质量状态；另一方面，社会经济发展必然会减少资源储量、打破环境稳态，资源环境状态的过度失衡也必然会造成社会经济发展的迟缓甚至停滞（李胜芬和刘斐，2002）。同时，资源环境承载力是动态的，社会经济要实现持续发展，还要不断认识资源环境对发展的支持和约束规律，提升技术水平和经济实力，突破原有资源环境的承载能力，达到两者间相辅相成的协调状态。社会经济是资源环境保护与开发利用的重要影响因素，同时资源环境状况是社会经济发展的前提和基础。

因此，本研究将社会经济承载力综合定义为"在一定时期和相应技术条件下，区域社会经济现状对人类活动支撑能力，对资源环境开发利用与保护的协调能力，以及对社会经济自身可持续发展的续航能力的总和"。基于喀斯特山区人口和社会经济状况，从社会承载力和经济承载力两方面建立社会经济承载力评价指标体系，其中社会承载力通过人口密度、城镇化率、劳动力比例和人均粮食占有量共 4 个指标进行衡量，经济承载力通过人均纯收入、人均 GDP 和第一、二、三产业同比增长值或占 GDP 比重共 5 个指标进行衡量（表 4-15）。指标处理方式：以行政分区单元（乡镇）数据进行赋值。

表 4-15　社会经济承载力评价指标说明

	指标	单位	趋向	含义	计算公式
社会承载力	人口密度	人/km²	–	单位土地面积上的人口数量	$\dfrac{P_z}{X}$
	城镇化率	%	+	区域城镇常住人口占总人口的比例	$\dfrac{P_{cz}}{P_c}\times100\%$
	劳动力比例	%	+	区域具有劳动能力的人口占总人口的比例	$\dfrac{P_l}{P_z}\times100\%$
	人均粮食占有量	kg/人	+	区域人均粮食产量	$\dfrac{F_{cl}}{P_z}$
经济承载力	人均纯收入	元/人	+	人均扣除获得收入所发生的费用后的收入总和（或通过居民可支配收入表示亦可）	$\dfrac{E_{in}-E_{out}}{P_z}$
	人均 GDP	元/人	+	人均地区生产总值,反映人民生活水平高低(或通过 GDP 增长率表示亦可)	$\dfrac{GDP}{P_z}$
	第一产业同比增长值	万元	+		
	第二产业同比增长值	万元	+	该产业相比于前一年的产值增长量（反映该产业发展状况）	PVX_j-PVQ_j
	第三产业同比增长值或占 GDP 比重	万元或%	+		

注：P_z 为人口总量；X 为土地总面积；P_{cz} 为城镇常住人口；P_c 为区域常住人口；P_l 为劳动人口总数；F_{cl} 为粮食产量；E_{in} 为收入总和；E_{out} 为支出总和；GDP 为区域生产总值；PVX_j 为现状年第 j 产业的产值；PVQ_j 为现状前一年第 j 产业的产值。

在资源环境承载力评价过程中，评价单元较为重要，根据获取的数据资料情况，上述部分指标只能以区域单元（流域、乡镇）进行量化，导致评价结果较差。因此,参考已有研究处理县域空间评价的方法（王德光等,2012），在 5000m×5000m 的渔网单元上衰减处理，并通过渔网中心点进行全域空间插值，得到跨行政区的空间指标数据。

4.2　云南典型喀斯特山区资源环境承载力评价

4.2.1　文山市资源环境承载力评价结果分析

根据前文中资源环境承载力综合评价的思路和原则，结合喀斯特山区文山市资源环境特点、实地调研结果和收集的数据资料，构建文山市的资源环境承载力评价指标及分级体系，运用熵值法计算各指标权重（表 4-16），并通过模糊综合评价法结合 GIS 技术，获得各子系统及综合的资源环境承载力。

表 4-16 文山市资源环境承载力评价指标及分级体系

子系统	一级指标	二级指标	单位	不可承载	低承载	中承载	高承载	理想承载	权重	属性
资源承载力系统	水资源	地均水资源量	m³/hm²	3000	4500	6000	7000	8500	0.06527143	+
		人均水资源量	m³/人	2500	4000	5500	7000	8500	0.02253766	+
		供水比例	%	2.5	4.0	5.5	7.0	8.5	0.02363852	+
		万元GDP用水量	m³/万元	400	330	260	190	120	0.05762356	−
	土地资源	耕地资源	%	10	25	40	60	80	0.03733568	+
		建设用地资源	%	10	25	40	60	80	0.03824822	+
	旅游资源	旅游资源吸引力	—	极低	低	中	高	极高	0.03727475	+
	区位资源	道路距离	m	2300	1500	950	600	250	0.03958875	−
		水源距离	m	5000	3500	2500	1500	1000	0.03911021	−
	矿产资源	矿产资源价值	万元	极低	低	中	高	极高	0.05847725	+
环境承载力系统	生态环境	植被净初级生产力（NPP）	gC/（m²·a）	220	200	180	160	80	0.04201851	−
		生境质量	—	极高	高	中	低	极低	0.05191437	−
		产水量	mm	500	700	900	1100	1300	0.03327900	+
	水土流失环境	土壤保持量	t/（hm²·a）	300	800	1300	1800	2300	0.01865052	+
		石漠化程度	—	重度石漠化	中度石漠化	轻度石漠化	潜在石漠化	无石漠化	0.02821896	+
	水环境	地表水环境质量	—	V类水质	IV类水质	III类水质	II类水质	I类水质	0.01985961	+
		人均污水排放量	m³/人	0.021	0.017	0.013	0.009	0.005	0.00515664	−
	大气环境	二氧化硫（SO_2）	μg/m³	60	50	40	30	20	0.01902957	−
		二氧化氮（NO_2）	μg/m³	50	45	40	35	30	0.01954035	−
		PM_{10}	μg/m³	80	70	60	50	40	0.01933976	−

续表

子系统	一级指标	二级指标	单位	不可承载	低承载	中承载	高承载	理想承载	权重	属性
环境承载力系统	大气环境	一氧化碳（CO）	$\mu g/m^3$	5.0	4.5	4.0	3.5	3.0	0.01947984	-
		O_3-8h	$\mu g/m^3$	160	145	130	115	100	0.01929095	-
		$PM_{2.5}$	$\mu g/m^3$	35	30	25	20	15	0.01873378	-
	地质环境	地质灾害易发率	%	80	60	40	25	10	0.01884832	-
社会经济承载力系统	社会状况	城镇化率	%	20	30	40	50	60	0.08656283	+
		人均粮食占有量	kg/人	200	300	400	500	600	0.01868901	+
		劳动力比例	%	57	59	61	63	65	0.01964409	+
		人口密度	人/km²	600	500	400	300	200	0.01864468	-
	经济状况	GDP增长率	%	9	10	11	12	13	0.02286500	+
		第三产业占GDP比重	%	15	25	35	45	55	0.04670991	+
		居民可支配收入	万元	90000	125000	160000	195000	230000	0.03441826	+

1. 资源环境综合承载力评价结果分析

文山市2017年资源环境综合承载力在2.3572～4.0620，特征均值为3.0987，整体属于中承载水平。随着社会发展、科技水平提高和生态环境保护及治理，资源环境承载力水平还有较大的提升空间。从面积比例来看，中承载面积分布最大，达265015.62hm²，占土地总面积的89.38%，其次是高承载，面积为30348.18hm²，占10.23%，而低承载面积最小，为1153.71hm²，仅占到0.39%（图4-1）。

从空间分布来看，高承载主要集中分布在社会经济发达、环境良好和资源丰富的市中心（开化街道东部、新平街道北部和卧龙街道东南部），这里交通便利，城镇化水平较高，能很好地支撑喀斯特山区人类活动，是区域社会经济文化发展的重点区域，同时，市区周围部分区域条件较好的地方和西部坝心乡的中部处于高承载状态。市区周围易受市区辐射带动发展，区位优势明显，坝心乡虽然社会发展落后，但资源条件和环境状况良好，所以其资源环境综合承载力水平较高，这些区域是未来重点的发展方向；承载力较差的区域主要分布于西北部、东北部和东南部等石漠化明显、地形地貌复杂、资源环境条件较差和社会经济发展较落后的地方，应加大石漠化治理、水土保持和生态环境修复等工作力度，改善其生态环境状况，并提高资源开发利用率（谭琨等，2021b）；中承载水平广泛分布于市域中部、西南部和东部等资源、环境或社会经济条件一般的地区，受个别因素的限制，资源环境综合承载力一般，但区域具有较大的发展潜力，应在保护生态环境的前提下，适度开发，充分挖掘潜力，合理进行产业布局，促进社会经济发展，提高区域承载人类活动的能力（图4-1）。

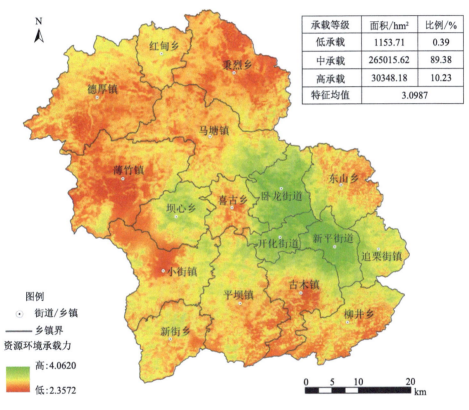

承载等级	面积/hm²	比例/%
低承载	1153.71	0.39
中承载	265015.62	89.38
高承载	30348.18	10.23
特征均值	3.0987	

图4-1　文山市2017年资源环境承载力评价结果

从各街道/乡镇承载力特征均值的状况来看，新平街道、开化街道和卧龙街道资源环境综合承载力最高，其特征均值分别达到3.7056、3.6571、3.6311，都处于高承载状态，其中新平街道承载力水平最好，其他两个街道相差不大；其次为追栗街镇、坝心乡、东山乡、古木镇、喜古乡、马塘镇、新街乡和平坝镇，特征均值分别为3.3118、3.2093、3.1389、3.1310、3.1015、3.0894、3.0860、3.0835，处于中承载偏上水平，其中追栗街镇、坝心乡、东山乡、古木镇和喜古乡的特征均值都大于3.0，高于中承载等级的特征值区间中值，说明其承载能力相对较高；柳井乡、小街镇、红甸乡、德厚镇、秉烈乡和薄竹镇综合承载力较低,其特征均值分别为 3.0835、3.0364、3.0639、2.9518、2.8997 和 2.8940,处于中承载偏下状态。

从各街道/乡镇承载等级面积比例看,新平街道、开化街道和卧龙街道以高承载等级为主,其余乡镇均以中承载等级为主,其中,新街乡和红甸乡全为中承载水平,无高承载和低承载区域,薄竹镇、秉烈乡、小街镇、德厚镇和古木镇部分区域有小面积低承载等级区域,其他乡镇街道均无低承载等级(图 4-2)。显而易见,新平街道、开化街道和卧龙街道承载力水平最高,该区域为文山市城区,具有良好的社会经济和资源环境条件,是文山市最主要的人类活动和产业集聚区域,

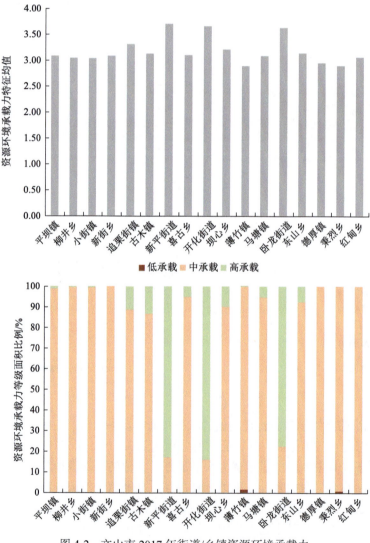

图 4-2 文山市 2017 年街道/乡镇资源环境承载力

应立足当地实际,以国土空间规划为引领,将其打造为都市综合功能发展区,增强其辐射带动和示范作用,激发其他乡镇的发展活力,从而带动整个市域的发展,提高文山市整体承载人类活动的能力;其余乡镇都以中承载水平为主,但具有较大的发展潜力,应合理利用水土资源,进行产业布局规划,促进产城融合,实现社会经济跨越式发展,从而提高区域资源环境综合承载力;部分区域存在低承载状况,应在注重生态环境治理的同时,加大对农村地区的产业扶持力度,促进农民脱贫致富,提高其承载人类活动的能力。

2. 子系统承载力评价结果分析

1)资源承载力评价结果分析

文山市 2017 年资源承载力在 1.7364~4.0424,特征均值为 2.8168,整体属于中承载水平,但还具有较大的发展空间。从各承载等级面积比例来看,中承载面积最大,达到 224972.82hm² ,占到全市总面积的 75.87%,为区域最主要的承载水平;其次为低承载,面积为 57980.70hm² ,占全市总面积的 19.55%;高承载面积最小,为 13563.99hm² ,仅占到总面积的 4.58%(图 4-3),表明文山市资源状况属于中承载偏下水平,应加快社会经济和技术发展,充分利用好有限的资源,提高资源潜在价值和利用效益,增强区域资源承载人类活动的能力。

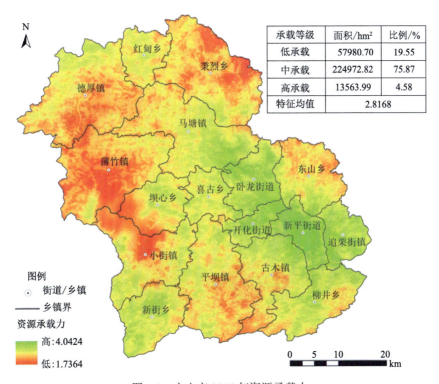

承载等级	面积/hm²	比例/%
低承载	57980.70	19.55
中承载	224972.82	75.87
高承载	13563.99	4.58
特征均值	2.8168	

图 4-3　文山市 2017 年资源承载力

从空间分布来看，承载力较高区域主要集中在市域东南部、中部、西南部和西北部，这些区域人均水资源量较多、耕地资源、建设用地资源和旅游资源较丰富、主要道路贯穿，区位优势明显，支撑人类活动的能力较强；市域西部、东北部和南部资源承载力较低，这些区域矿产资源等资源缺乏，土地资源质量低，应提高技术水平，增强资源勘查能力和利用效率，同时，改善水土资源状况，提高资源承载力水平；其余大部分区域处于中承载状态，具有较大的发展潜力，应加快挖掘少数民族文化资源、田园风光和特色建筑乡村旅游资源等的价值，促进生态旅游业的发展，缓解本身某些资源禀赋趋弱的问题（图4-3）。

从各街道/乡镇资源承载力特征均值的状况来看，文山市仅新平街道处于高承载状态，其特征均值为 3.5966；其次为开化街道、追栗街镇和卧龙街道，特征均值分别为 3.3380、3.3308 和 3.2836，接近中承载特征值区间值上限，属于中承载偏上水平；新街乡、喜古乡、柳井乡、古木镇、马塘镇和红甸乡的特征均值分别为 2.9981、2.9828、2.9714、2.9247、2.8907 和 2.8316，接近中承载特征值区间中值，表明其承载力在中承载水平中也相对较高；薄竹镇处于低承载状态，其特征均值为 2.4288；其他乡镇均属于中承载的一般水平，其特征均值在 2.5~2.8。从各街道/乡镇承载力等级面积比例看，新平街道以高承载等级为主，开化街道、追栗街镇和卧龙街道虽然以中承载等级为主，但是高承载等级面积相比其他乡镇占较大比例；薄竹镇以低承载等级为主，秉烈乡、德厚镇、小街镇和坝心乡虽然以中承载等级为主，但是低承载面积占较大比例；其余大部分乡镇都以中承载等级为主（图4-4）。总的来说，新平街道资源承载力水平最高，其次是开化街道、追栗街镇和卧龙街道，其承载力水平相对也较高，其余乡镇资源承载力都一般，应尽快建立健全道路和水利等基础设施，缓解喀斯特山区区位资源的劣势状况，并充分挖掘其地下水资源、喀斯特地貌景观旅游资源和矿产资源等潜力，提升资源开发利用水平和效益，促进区域资源承载力水平的提升。

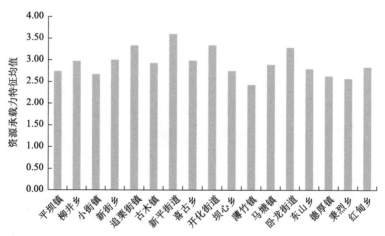

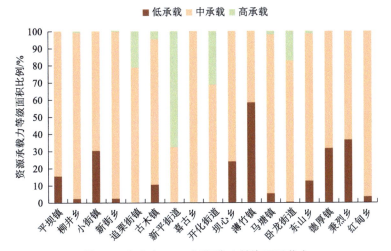

图 4-4　文山市 2017 年街道/乡镇资源承载力

2）环境承载力评价结果分析

文山市 2017 年环境承载力在 2.7920～4.7309，特征均值为 3.7690，整体属于高承载水平，表明文山市目前环境承载状况良好，具有较强的支撑人类活动和社会经济发展的能力。从各承载等级面积比例来看，高承载面积最大，达到 240761.40hm²，占到全市总面积的 81.20%；其次是中承载，面积为 53876.40hm²，占全市总面积的 18.17%；理想承载面积最小，为 1879.71hm²，仅占到全市总面积的 0.63%（图 4-5）。文山市环境承载力总体上处于高承载状态，无低承载，表明区域环境条件较好，能较好地满足生态环境保护与社会经济协调可持续发展的需要；但理想承载面积非常小，这与区域复杂的地形地貌、双层的地质结构和严重的石漠化及水土流失等状况有较大关系，应通过生态工程措施继续加强对石漠化的治理，减少水土流失，改善区域脆弱的生态环境，从而提升区域环境承载能力。

从空间分布来看，环境承载力较高的区域主要分布在市域北部、西南部和中部，这些区域大气环境、水环境、地质环境和水土资源条件都较好，尤其是无石漠化，水土流失强度小，是支撑喀斯特山区社会发展的重要区域；而市域东部、东南部和西中部的环境承载力能力相对较弱，对比石漠化分布图发现，这些区域基本上都处于石漠化区域，说明石漠化对文山市环境承载力有很大的影响，应通过退耕还林还草项目工程等措施加强对石漠化区域的治理、修复和管理力度，改善区域水土流失环境，减轻土地退化和土壤侵蚀带来的生态环境压力。同时，需要制定合理的水土资源利用模式和产业发展模式，既能缓解石漠化问题，又能促进区域环境承载能力的提升。

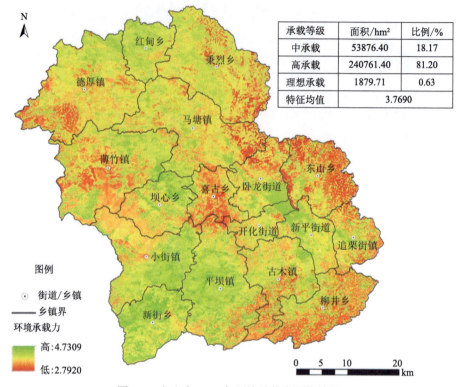

承载等级	面积/hm²	比例/%
中承载	53876.40	18.17
高承载	240761.40	81.20
理想承载	1879.71	0.63
特征均值	3.7690	

图 4-5 文山市 2017 年环境承载力评价结果

从各街道/乡镇环境承载力特征均值的状况来看，新街乡的环境承载力最强，其特征均值为 4.0143，略等于高承载区间值的中值，属高承载中上水平；其次是红甸乡、平坝镇、新平街道、小街镇、坝心乡和开化街道，其特征均值分别为 3.9122、3.8951、3.8729、3.8653、3.8417 和 3.8123，特征均值都大于 3.8，为高承载中承载力较高的地区；东山乡和喜古乡的环境承载力较低，其特征均值为 3.5514 和 3.5868，接近高承载区间值的下限，属高承载偏下水平；其余街道/乡镇都处于高承载水平，其中柳井乡的特征均值为 3.6249，其他街道/乡镇的特征均值都在 3.7 左右。从各街道/乡镇承载力等级面积比例看，新街乡和红甸乡高承载状态占绝对主导地位，中承载面积非常小，其中新街乡的理想承载占据一定比例，说明其环境承载能力非常强；平坝镇、坝心乡和小街镇也有一定的理想承载面积分布；东山乡高承载和中承载面积大约各占一半；柳井乡、喜古乡和追栗街镇虽然以高承载为主，但是中承载面积占据一定比例；其余街道/乡镇都以高承载为主（图 4-6）。总的来说，文山市环境承载力整体处于高承载状态，无低承载，但中承载占据一定的比例，应在继续保持环境承载良好势头的情况下，合理有效利用好各类资源，提高区域综合承载力。

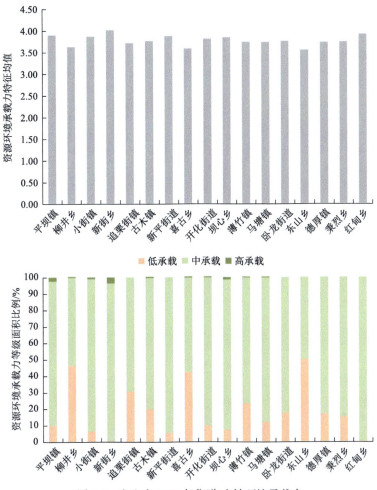

图 4-6　文山市 2017 年街道/乡镇环境承载力

3）社会经济承载力评价结果分析

文山市 2017 年社会经济承载力在 1.7687～4.3125，特征均值为 2.6722，整体属于中承载水平，略大于中承载区间值的下限值，表明文山市社会经济支撑人类活动的能力较差，但只要制定合适的喀斯特山区发展战略，仍具有较大的发展潜力。从各承载等级面积比例来看，低承载面积最大，为 151879.08hm²，占全市总面积的 51.22%，超过市域面积的一半；其次是中承载，面积为 111554.76hm²，占全市总面积的 37.62%；高承载面积最小，为 33083.67hm²，仅占全市总面积的 11.16%（图 4-7）。文山市社会经济承载力较低，贫富差距较大，这与文山市地理位置偏僻、交通便利度通达度差、可供利用的资源尤其是水土资源很少和产业发展及技术水平落后等具有较大关系，应加大招商引资力度，推进新兴创新型产业发展，并提高技术水平，但需注意在促进承载力较高的城区发展的同时，加大对广大农村地区的扶持力度，提高农业现代化水平，实现乡村振兴，缩小贫富差距，从而提升区域整体的社会经济承载能力，满足人类发展的需要。

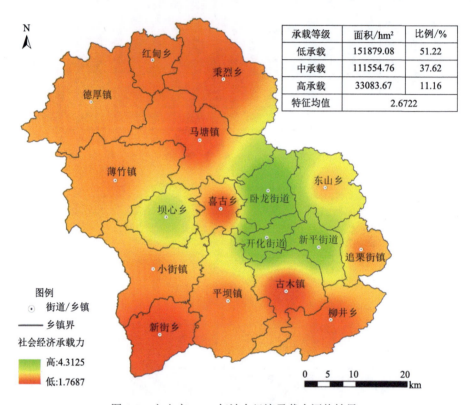

承载等级	面积/hm²	比例/%
低承载	151879.08	51.22
中承载	111554.76	37.62
高承载	33083.67	11.16
特征均值	2.6722	

图 4-7　文山市 2017 年社会经济承载力评价结果

从空间分布来看，社会经济承载力较高区域主要集中分布在市域中部和东部，其中市区的三个街道社会经济承载力最高，该区资源环境条件较好、交通发达、产业集聚，社会经济发达，承载人类活动的能力较强；市域北部、西南部和南部承载能力较弱，这些区域山多平地少，以传统农业为主，种植水平和农业产值较低，农户收入来源非常有限，社会经济发展滞后，但资源与环境条件较好，应充分利用区域优势资源，大力发展现代高原特色农业和生态旅游业，提高经济效益；其余部分区域社会经济承载力处于一般水平，这部分区域承载力提升的可能性最大，应加快对交通、水利、商业服务和文化教育等基础设施建设的步伐，为产业发展创造良好的基础条件，增强对企业和人才的吸引力，并向附近社会经济发展好的区域学习，在吸收成功经验的同时，形成自己特色的发展模式，促进区域社会经济发展（图 4-7）。

从各街道/乡镇社会经济承载力特征均值的状况来看，开化街道、卧龙街道和新平街道社会经济承载力最强，其特征均值分别为 2.9539、2.9382、2.7275，处于中承载状态，它们是文山市的市区所在地，为区域产业发展和社会经济发展的中心；东山乡、坝心乡、追栗街镇、喜古乡、古木镇、薄竹镇和小街镇的特征均值都在 1.5～2.5，处于低承载状态；其余乡镇的特征均值都低于 1.5，处于不可承载状态。从各街道/乡镇承载力等级面积比例看，开化街道、卧龙街道和新平街道的高承载面积比例最高；坝心乡、追栗街镇、东山乡、薄竹镇、喜古乡和小街镇中承载面积比例最高；其余乡镇的低承载面积比例最高，其中新街乡和红甸乡两个乡镇完全处于低承载状态（图 4-8）。总的来说，文山市所辖的三个街道社会经济

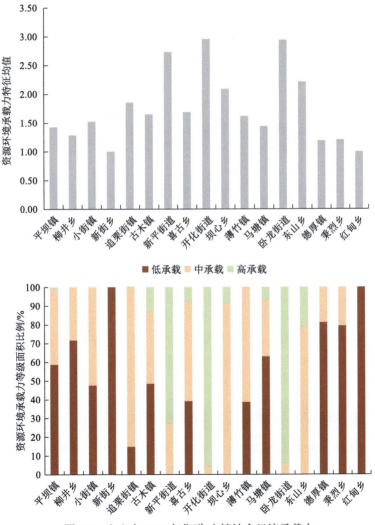

图 4-8 文山市 2017 年街道/乡镇社会经济承载力

承载能力最强,其他区域承载能力较弱,应在继续提高市区社会经济发展水平的同时,加强对周边区域和全市的引导,增强其辐射和示范带动作用,尤其要加大对特别贫困的乡镇的产业扶贫力度,并适当地发展乡镇企业,促进整个区域协同发展。

对比各街道/乡镇资源、环境和社会经济三个子系统承载力特征均值,可以看出,新平街道、开化街道和卧龙街道作为文山市的社会经济发展中心和行政中心,承载力在整个文山市处于最高水平,其中新平街道资源承载力和环境承载力都处于高承载状态,社会经济承载力相对较弱,处于中承载状态,说明其资源和环境状况较好,但社会经济发展相对落后,应充分开发其资源价值,提高社会经济效益;开化街道资源和环境承载力稍微低于新平街道,但社会经济承载力最强,为文山市的老城区,社会经济发达,需进一步提高资源开发利用水平和效益,加强环境保护和旧城改造,改善市区生态环境状况;卧龙街道资源和环境承载力均较低,但社会经济承载力高于新平街道,应提高资源开发利用效率,同时注意环境保护,从而提高区域综合承载力;新街乡的环境承载力最高,资源承载力较高,但社会经济承载力非常低,应利用其良好的环境条件,大力发展高原特色生态农业和生态旅游业等,促进社会经济发展;其余乡镇的资源承载力特征均值均低于环境承载力特征均值,环境承载力以高承载状态为主,资源和环境承载力特征均值都高于社会经济承载力的特征均值,表明其环境承载状况较好,但社会经济承载水平较低,应在继续保护生态环境的条件下,立足区域优势资源和条件,提出特色的发展模式,促进产业发展。总的来说,文山市各类承载力协调水平较低,应整合各类资源,提高技术水平和开发利用率,促使资源-环境-社会经济三个子系统协调发展,从而提升文山市资源环境综合承载力,更好地满足人类发展需要。

综上所述,文山市 2017 年资源环境综合承载力整体属于中承载水平;从资源、环境和社会经济三个子系统看,文山市环境承载力最好,其次为资源承载力,社会经济承载力最低,表明区域总体上环境承载能力较强,资源条件趋弱,社会经济发展落后。在未来的城市发展中,应充分挖掘资源潜在价值,提高对资源尤其是水土资源的开发利用水平和效率,并针对各区实际情况提出特色的发展模式,促进社会经济发展,增强区域综合实力,更好地为人们服务。

4.2.2 广南县资源环境承载力评价结果分析

根据前文中资源环境承载力综合评价的思路和原则,参考政府标准和已有研究,结合广南县实际情况,构建具有喀斯特山区特色的资源环境承载力评价指标及分级体系(表 4-17);根据已收集的基础资料,对资源环境承载力评价的 32 个指标进行分析、计算和插值等操作,得到各指标结果(图 4-9);根据熵权法求取指标权重，采用模糊综合评价法计算隶属度和特征值，最终得到资源环境承载力和各子系统承载力评价结果（图 4-10、图 4-11）。评价指标及结果图层的栅格单元均为 100m×100m，可满足实证研究的需求（Pu et al., 2020）。

表 4-17　广南县资源环境承载力评价指标及分级体系

目标	系统	指标	单位	趋向	理想承载	高承载	中承载	低承载	不可承载	权重
资源环境承载力	资源承载力	水资源	人均水资源量	m³/人	+	6500	5500	4500	3500	2500	0.08844039
			供水比例	%	+	9	7	5	3	1	0.03709897
			水资源供需比例	—	+	1.2	1.1	1.0	0.9	0.8	0.01846272
			节约用水状况	m³/万元	−	150	200	250	300	350	0.01730500
		土地资源	耕地资源	%	+	80	60	40	25	10	0.02068768
			建设用地资源	%	+	80	60	40	25	10	0.02952188
		矿产资源	查明矿产资源价值	万元	+	极高	高	中	低	极低	0.03843881
		旅游资源	旅游资源吸引力	—	+	极高	高	中	低	极低	0.07722853
		区位资源	交通设施	—	+	极高	高	中	低	极低	0.03680095
			水利设施	—	+	极高	高	中	低	极低	0.03356668
	环境承载力	生态环境	生态系统服务价值	元/hm²	−	0	2000	5000	15000	35000	0.03091440
		地理环境	地貌环境	%	+	80	60	40	25	10	0.05330341
			地质环境	%	+	80	60	40	25	10	0.01317466
		水土流失环境	土壤侵蚀状况	t/hm²	−	5	25	50	80	150	0.04876978
			石漠化程度	—	−	无石漠化	潜在石漠化	轻度石漠化	中度石漠化	重度石漠化	0.05447998
		水环境	地表水环境质量	—	+	I类水质	II类水质	III类水质	IV类水质	V类水质	0.03505549
			人均污水排放量	m³/人	−	10	15	20	25	30	0.01085138

续表

目标	系统		指标	单位	趋向	理想承载	高承载	中承载	低承载	不可承载	权重
资源环境承载力	环境承载力	大气环境	SO_2	μg/m³	−	20	30	40	50	60	0.00502682
			NO_2	μg/m³	−	30	35	40	45	50	0.00987004
			CO	mg/m³	−	3.0	3.5	4.0	4.5	5.0	0.01043214
			O_3	μg/m³	−	100	115	130	145	160	0.01053411
			PM_{10}	μg/m³	−	40	50	60	70	80	0.01059164
			$PM_{2.5}$	μg/m³	−	15	20	25	30	35	0.01097034
	社会经济承载力	社会承载力	人口密度	人/km²	−	80	100	120	140	160	0.01564225
			城镇化率	%	+	35	25	20	15	10	0.05496341
			劳动力比例	%	+	60	58	56	54	52	0.02345209
			人均粮食占有量	kg/人	+	410	395	380	365	350	0.02522719
		经济承载力	人均纯收入	元/人	+	10000	9500	9000	8500	8000	0.02429653
			人均GDP	元/人	+	15000	14000	13000	12000	11000	0.04629980
			第一产业同比增长值	万元	+	1300	1100	900	700	500	0.01607591
			第二产业同比增长值	万元	+	4000	3000	2000	1500	1000	0.03865873
			第三产业同比增长值	万元	+	5000	3000	2000	1500	1000	0.05385827

1. 资源环境综合承载力综合评价结果分析

根据评价结果（表 4-18）及承载力分级标准（表 4-17），广南县 2018 年资源环境承载力的特征均值为 2.7947，处于中承载等级。其中，低承载和中承载水平的面积最大，分别为 318783.33hm² 和 310002.38hm²，分别占全县总面积的 41.24%和 40.10%，两个水平相差不大；其次高承载水平面积为 136649.16hm²，占全县总面积的 17.68%；理想承载和不可承载水平的面积最小，分别为 7392.85hm² 和 182.27hm²，仅占全县总面积的 0.96%和 0.02%（表 4-18）。低、中、高承载水平的面积比例达到全县总面积的 99.02%，同时特征均值接近特征值区间的中值 3.0，说明广南县 2018 年资源环境承载能力处于中等水平，随着社会经济的发展和科技水平的进步，仍有提升的空间。

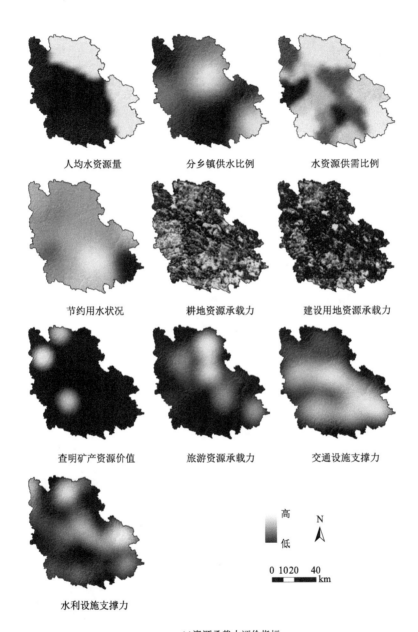

(a)资源承载力评价指标

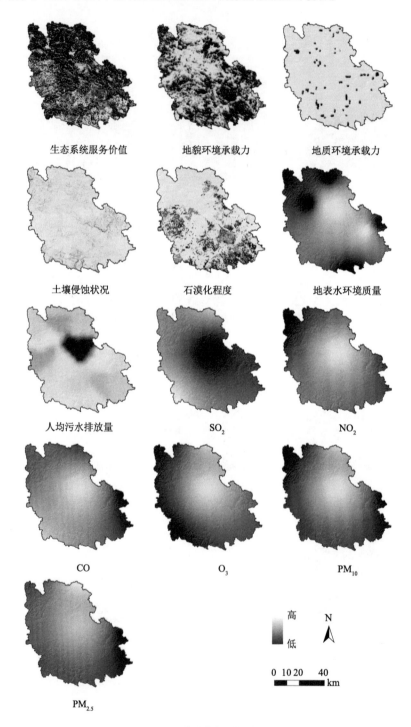

(b)环境承载力评价指标

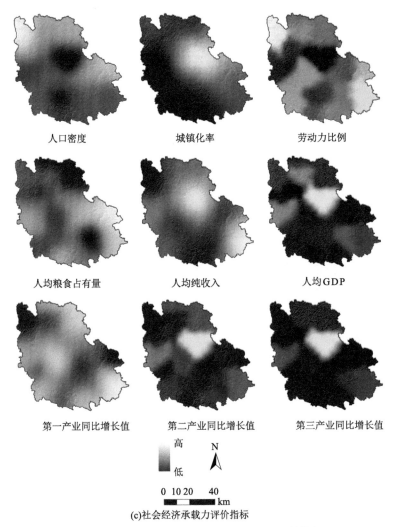

人口密度 城镇化率 劳动力比例

人均粮食占有量 人均纯收入 人均GDP

第一产业同比增长值 第二产业同比增长值 第三产业同比增长值

高
N
低

0 10 20 40
km
(c)社会经济承载力评价指标

图 4-9 广南县 2018 年资源环境承载力评价指标

表 4-18 广南县资源环境承载力评价结果表

承载等级	理想承载	高承载	中承载	低承载	不可承载	总计
面积/hm²	7392.85	136649.16	310002.38	318783.33	182.27	773009.99
比例/%	0.96	17.68	40.10	41.24	0.02	100.00
特征均值	2.7947					

从资源环境承载力的空间分布看,承载力高的区域主要分布于县域西北-东南线的北部地区,这些区域整体上资源丰富、环境良好、社会稳定、经济富足,能

为喀斯特山区人类活动提供良好的条件，适合人口和产业聚集，是城镇化发展的重要区域；而县域西北部、西南部和南部资源环境承载力相对较弱，这些区域地形起伏大、喀斯特地貌发育良好、石漠化程度明显、坝区范围较小、景观斑块破碎程度高，人居环境安全度较低，资源承载潜力小，难以承载大规模的人类活动，应加强土地整治、水土保持和生态修复等措施；县域内其余大部分区域的承载能力适中，主要位于者太-八宝（西北-东南）连线附近，这些区域或是资源禀赋一般、或是环境压力较大、抑或是社会经济状况较差，因而受到部分因素的限制，综合资源环境承载力不强，应适度开发，促进人口和产业发展，提升社会经济支撑能力，从而利用有限的资源和苛刻的环境实现对人类活动的高效、合理承载（图 4-10）。

从各乡镇资源环境承载力的特征均值看，莲城镇、八宝镇、底圩乡和坝美镇资源环境承载力最高，其中莲城镇特征均值达到 4.0355，其余三个乡镇也分别达到 3.5540、3.4195 和 3.4096，均处于或接近高承载等级；其次杨柳井乡、旧莫乡、董堡乡、珠琳镇和者兔乡较低，在 2.5～3.0；南屏镇、珠街镇、那洒镇五珠乡、者太乡、曙光乡、黑支果乡和篆角乡的资源环境承载力较低，仅为 2.4193、2.2913、2.2427、2.1797、2.1791、2.1724、2.1267 和 1.8420，处于低承载等级。从各乡镇资源环境承载等级的面积比例看，莲城镇和八宝镇以高承载水平为主，董堡乡、旧莫乡、杨柳井乡、板蚌乡、珠琳镇、者兔乡、底圩乡和坝美镇以中承载水平为主，南屏镇、曙光乡、黑支果乡、珠街镇、篆角乡、那洒镇、五珠乡和者太乡以低承载水平为主。可以看出，莲城镇、八宝镇、底圩乡和坝美镇资源、环境和社会经济状况整体较好，既有充实的资源禀赋、良好的环境状态，又有强大的社会经济发展支撑，是目前以及将来一段时期内广南县承载人类活动的重要区域，在规划时应着重发挥这四个乡镇的承载能力，并以其为核心和先导激发其他区域的资源环境承载潜力，带动全县的总体发展，提升广南县整体对人类活动和社会经济发展的承载能力；而其余乡镇应注重资源保护、环境治理和生态修复，通过社会经济的协调进步不断改善区域内资源环境现状，提升对于人类活动的支撑能力（图 4-10）。

2. 子系统承载力评价结果分析

1）资源承载力评价结果分析

广南县 2018 年资源承载力的特征均值为 2.4760，处于低承载等级，说明广南县整体资源承载状况趋弱。从各个承载等级的面积及比例来看，低承载水平的面积最大，为 365671.44hm²，接近全县总面积的一半，达到 47.31%；其次中承载和高承载水平的面积为 235491.40hm² 和 105776.73hm²，分别占全县总面积的 30.46% 和 13.68%；而不可承载和理想承载的面积较少，分别为 63526.41hm² 和 2544.01hm²，

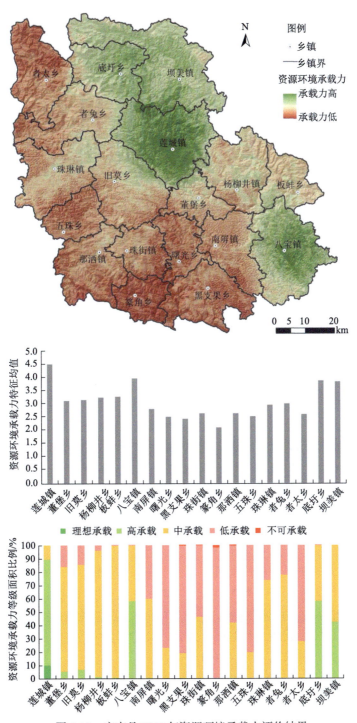

图 4-10　广南县 2018 年资源环境承载力评价结果

仅占全县总面积的8.22%和0.33%（表4-19）（Pu et al.，2020）。广南县大部分区域处于较低承载水平，说明县域内资源状况对人类活动的承载能力偏弱，需加快推动科学技术进步，资源优势转化为产业优势。

表4-19 广南县资源环境承载力子系统评价结果表

子系统	承载等级	理想承载	高承载	中承载	低承载	不可承载	总计
资源承载力子系统	面积/hm²	2544.01	105776.73	235491.40	365671.44	63526.41	773009.99
	比例/%	0.33	13.68	30.46	47.31	8.22	100.00
	特征均值			2.4760			
环境承载力子系统	面积/hm²	102114.62	448113.89	176478.18	46303.30	0.00	773009.99
	比例/%	13.21	57.97	22.83	5.99	0.00	100.00
	特征均值			3.5143			
社会经济承载力子系统	面积/hm²	53646.89	77842.11	221853.87	356744.11	62923.01	773009.99
	比例/%	6.94	10.07	28.70	46.15	8.14	100.00
	特征均值			2.5467			

从资源承载力的空间分布看，存在比较明显的分化特征，县域东北部和东部资源承载力较高，水源、土地、旅游和区位等资源条件较好，能满足目前以及将来一段时间内人类活动的需求；而其余区域资源承载力较低，尽管区位资源状况良好，广南县仅有的高速公路和国道均从县域南部经过，但人均水资源量较低、供水情况不容乐观[图4-11（a）]。

从各乡镇资源承载力的特征均值看，仅八宝镇特征均值处于高承载水平，为3.5127；其次底圩乡、坝美镇和莲城镇特征均值也较高，分别为3.3461、3.3030和3.2622；板蚌乡、杨柳井乡和董堡乡的资源承载力适中，分别为2.7391、2.6155和2.5590；大部分乡镇的资源承载力特征均值处于低承载水平，在1.5~2.5。从各乡镇资源承载等级的面积比例看，几乎所有的乡镇都以低承载或中承载等级为主，黑支果乡、篆角乡、那洒镇、五珠乡和者太乡有较大面积的不可承载区域[图4-11（b）]。整体上，广南县除八宝镇、底圩乡、坝美镇和莲城镇资源承载力较好外，其余乡镇的承载能力都偏低，为满足人类的有序活动，应适当开发这些区域的资源情况，如供水能力和旅游潜力等。

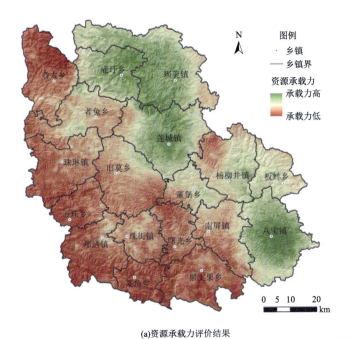

(a)资源承载力评价结果

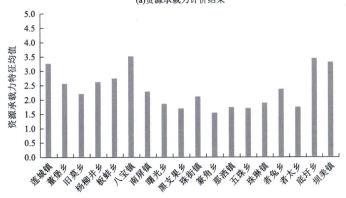

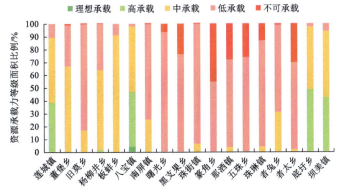

(b)各乡镇资源承载力状况

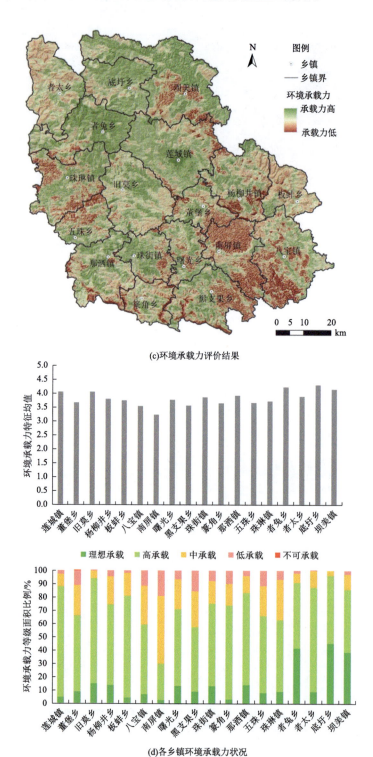

(c)环境承载力评价结果

(d)各乡镇环境承载力状况

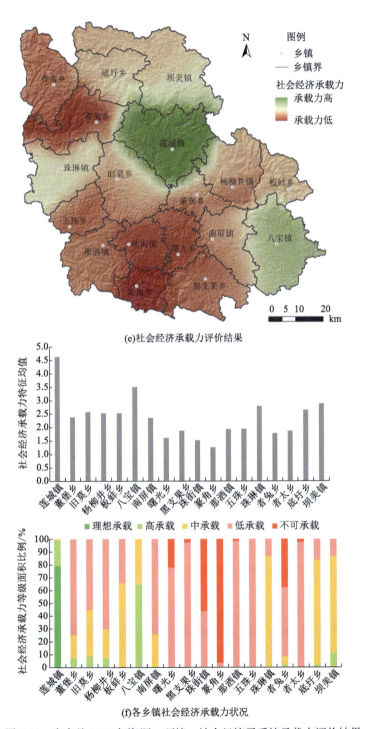

(e)社会经济承载力评价结果

(f)各乡镇社会经济承载力状况

图 4-11 广南县 2018 年资源、环境、社会经济子系统承载力评价结果

2）环境承载力评价结果分析

广南县 2018 年环境承载力的特征均值为 3.5143，处于高承载等级，说明广南县现状环境承载状况较好，能够在未来一段时间内较好地支撑人类和社会经济活动。从各个承载等级的面积及比例来看，高承载水平的面积最大，为448113.89hm²，占全县总面积的 57.97%；中承载水平的面积为 176478.18hm²，占全县总面积的22.83%；低承载力水平的面积为 102114.62hm²，占全县总面积的 13.21%；理想承载水平的面积最小，面积是 46303.30hm²，占全县总面积的 5.99%（表 4-19）。广南县大部分区域都隶属于高承载水平，说明这些区域目前整体环境较好，在管理得当、利用合理的情况下，能长时间为区域的社会经济发展提供良好环境条件；但同时，中承载和低承载水平的面积接近全县总面积的一半，情况也不容乐观，在广南县整体水环境、大气环境较好的情况下，这些区域仍处于较低的环境承载水平，说明地貌条件和地质条件较差，水土流失严重，石漠化状况突出，应加强这些区域的生态修复措施，保水保土，提升其生态功能，改善区域恶劣、脆弱的原有环境，为这些区域建立环境向好的趋势。

从环境承载力的空间分布看，县域中北部环境承载力较高，东南部环境承载力较低，空间特征复杂，主要由于其地形起伏大、喀斯特地貌多、水土流失多等多个因素导致。与环境承载力系统评价指标图对比可发现，其承载力较低的区域与地貌环境指标、水土流失量指标和石漠化程度指标的低承载区域极其吻合，说明这几个因素是喀斯特山区广南县环境承载的重要限制条件；而水环境、大气环境并不是喀斯特山区广南县环境承载力的主要限制条件，其自净能力较好，在合理治污、限制排污的情况下能长时期支撑区域的人类活动和社会经济发展[图 4-11（c）]。

从各乡镇环境承载力的特征均值看，所有乡镇都处于高承载和中承载等级，其中者兔乡、底圩乡、莲城镇、坝美镇、珠街镇、旧莫乡、那洒镇、曙光乡、珠琳镇和者太乡的特征均值都处于 3.5 以上，属于高承载等级，环境承载能力较强；其余乡镇的特征均值则在 3.0～3.5。从各乡镇环境承载等级的面积比例看，广南县大部分乡镇都有理想承载水平分布；莲城镇、旧莫乡、曙光乡、珠街镇、那洒镇、五珠乡、珠琳镇、者兔乡、底圩乡和坝美镇以高承载水平为主，其余乡镇以中承载水平为主；同时，各乡镇几乎没有不可承载水平分布[图 4-11（d）]。其中，结合乡镇情况和空间分布可看出，八宝镇部分区域的环境承载力较差，低承载和中承载的面积比例之和达到40.65%，而由于其资源承载力和社会经济承载力状况较好，八宝镇的资源环境综合承载力较强，能够适应一定强度的人类活动和社会经济发展，但在资源开发利用时也不应忽视地貌、水土流失的情况，应尊重其部分区域生态环境脆弱的实际状况，从保护环境的角度出发，合理、有效地利用现有资源。

3）社会经济承载力评价结果分析

广南县 2018 年社会经济承载力的特征均值为 2.5467，处于中承载水平，刚超过低承载等级阈值，说明作为以传统农业为主、人地关系紧张、技术水平落后、贫困问题突出的喀斯特山区县城，广南县的社会经济协调支撑能力仍有较大的提升空间。从各个承载等级的面积及比例看，低承载和中承载水平的面积较大，达到 578597.98hm²，占全县总面积的 74.85%，说明全县大部分区域并不能较好支撑人类活动，需加快推动科学技术进步，利用资源、环境条件带动社会经济发展，满足人类活动的高需求；高承载水平的面积为 77842.11hm²，占全县总面积的 10.07%；不可承载和理想承载水平的面积分别为 62923.01hm² 和 53656.89hm²，分别占全县总面积的 8.14% 和 6.94%（表 4-19）。可以看出，广南县社会经济发展过程中存在两极分化现象，贫富差距较大，社会经济的协调能力差异明显，在后续发展过程中，应在重点发展承载力高的区域的同时，注重引导承载力低的区域共同发展，推广新兴产业，提供就业机会，缩小贫富差距，加强社会保障，促进喀斯特山区的社会经济稳定、向好发展。

从社会经济承载力的空间分布看，由于评价数据以乡镇为单元进行统计，因此呈现出以乡镇区划为界线的空间分布特征，莲城镇和八宝镇社会经济条件较好，承载能力较高，者兔乡和篆角乡附近承载能力较低，其余区域的社会经济承载能力居中；同时，县域南部和西南部整体的社会经济承载力较弱，应重点发挥高速公路和国道等交通区位优势，利用区位资源加强基础设施建设和生态产业发展，打造具有喀斯特山区区域特色的自然景观、人文景观，提升竞争力，促进社会经济水平的进步[图 4-11（e）]。

从各乡镇社会经济承载力的特征均值看，莲城镇作为广南县县政府驻地，其特征均值高达 4.6238，处于理想承载等级，是广南县社会经济发展最好的区域；其次八宝镇的特征均值为 3.5130，处于高承载等级，社会经济发展状况也较为突出；坝美镇、珠琳镇、底圩乡、旧莫乡、板蚌乡和杨柳井乡的特征均值在 2.5～3.5，处于中承载等级；其余乡镇特征均值在 2.5 以下，尤其篆角乡低于 1.5，社会经济承载能力较弱。从各乡镇环境承载等级的面积比例看，莲城镇以理想承载水平为主；八宝镇以高承载水平为主；板蚌乡、珠琳镇、底圩乡和坝美镇以中承载水平为主；其余乡镇均以低承载或不可承载水平为主[图 4-11（f）]。整体上，广南县应注重莲城镇、八宝镇等乡镇的社会经济发展，强化已有优势，为人口和产业集群提供良好条件；同时也要扶持边远山区，提倡区域协调发展。

对比各乡镇的三个子系统承载力特征均值状况，可以得出，莲城镇作为广南县的政治、经济、文化中心，发展状况良好，社会经济承载力最高，其次排污情况严重、空气质量一般，环境承载力居中，而水资源、矿产资源条件薄弱，资源承载力最低，但莲城镇的三个承载力在广南县都处于较高水平，能为县域内人类活动提供较优的条件；八宝镇具有良好的农业和产业优势，社会经济承载力最高，其次水、矿产、旅游、区位等资源较好，资源承载力居中，而水土流失环境状况较差，环境承载力最低，但八宝镇的三个承载力在广南县也都处于较高水平；其余乡镇由于水、土、大气、地理等环境状况较好，都以环境承载力的特征均值最高，其中董堡乡、旧莫乡、杨柳井乡、板蚌乡、南屏镇、曙光乡、黑支果乡、篆角乡、那洒镇、五珠乡和者太乡的资源和社会经济两个子系统承载力的特征均值相差不大，条件均一般，而珠街镇、者兔乡、底圩乡和坝美镇的资源条件较优，资源承载力明显高于社会经济承载力，珠琳镇则相反，社会经济承载力明显高于资源承载力。整体上，广南县大部分乡镇的资源、环境和社会经济三个子系统承载力之间存在一定差距，协调程度较弱，今后还应注意资源整合、统筹发展，促进县域内资源环境承载力水平的全面提升。

4.3　本　章　小　结

4.3.1　喀斯特山区资源环境承载力评价方法

喀斯特山区的资源环境状况复杂，但是资源环境承载力的评价标准及方法仍未统一。本书根据资源、环境和社会经济三个承载力子系统，采用模糊综合评价法评价喀斯特山区资源环境的综合承载力，主要考虑其应用推广性较强，同时可以探究区域的资源、环境、社会经济各子系统承载力及综合承载力状况，并为有效衔接国土空间优化奠定基础。

在评价指标体系方面，综合考虑资源利用、环境保护和社会经济协调三大方面的内容，尤其对于喀斯特山区特殊的资源环境状况及历史上人类粗放利用资源、无序破坏环境的情况，从资源、环境和社会经济方面选取了三十多个关键指标建立评价指标体系，反映喀斯特山区资源环境承载力。

4.3.2　喀斯特山区资源环境承载力分异特征

1. 典型区文山市资源环境承载力分异特征

文山市 2017 年资源环境综合承载力属于中承载水平，各承载等级所占面积排序为中承载>高承载>低承载；高承载主要集中分布在社会经济发达、环境良好和资源丰富的市中心，以及市区周围部分地方，承载力较差的区域主要分布于西北部、东北部和东南部的石漠化明显、地形地貌复杂、资源环境条件较差和社会经济发展较落后的地方，中承载水平占主导地位，广泛分布于市域中部、西南部和东部的资源、环境或社会经济条件一般的地区；新平街道、开化街道和卧龙街道资源环境综合承载力最高，追粟街镇、坝心乡、东山乡、古木镇、喜古乡、马塘镇、新街乡和平坝镇，特征均值处于中承载偏上水平，柳井乡、小街镇、红甸乡、德厚镇、秉烈乡和薄竹镇综合承载力较低（Pu et al.，2020）。

2. 典型区广南县资源环境承载力分异特征

广南县 2018 年资源环境承载力处于中承载等级，各承载等级所占面积排序为低承载>中承载>高承载>理想承载>不可承载；承载力高的区域主要分布于县域西北-东南线的北部地区，这些区域整体上资源丰富、环境良好、社会稳定、经济富足，能为喀斯特山区人类活动提供良好的条件，适合人口和产业聚集，是城镇化发展的重要区域，而县域西北部、西南部和南部资源环境承载力相对较弱，这些区域地形起伏大、喀斯特地貌发育良好、石漠化程度明显，坝区范围较小且不集中、景观斑块破碎程度高，人居环境安全度较低，资源承载潜力小，难以承载大规模的人类活动，应加强土地整治、水土保持和生态修复等措施；县域内其余大部分区域的承载能力居中，这些区域应适度开发，促进人口和产业发展，提升社会经济支撑能力，从而利用有限的资源实现对人类活动的高效、合理承载；连城镇、八宝镇、底圩乡和坝美镇资源环境承载力最高，杨柳井乡、旧莫乡、董堡乡、珠琳镇、者兔乡、南屏镇、珠街镇、那洒镇、五珠乡、者太乡、曙光乡、黑支果乡和篆角乡的资源环境承载力较低。承载力较好的区域是广南县承载人类活动的重要区域，应着重发挥这四个乡镇的承载能力，以其为核心和先导激发其他区域的资源环境承载潜力，而其余乡镇应注重生态修复，提升对于人类活动的支撑能力（Pu et al.，2020）。

总体上，滇东南喀斯特山区 2017 年和 2018 年资源环境承载力均处于中承载水平，说明随着社会发展、科技水平提高和生态环境保护及治理，资源环境承载力水平仍具有较大的提升空间。从空间分布看，喀斯特山区资源环境高承载力主要集中分布在社会经济发达、环境良好和资源丰富的区域中心（如文山市市区及广南县县城等）及其周边范围，是未来重点发展的区域；承载力较差的区域多分布于石漠化明显、地形地貌复杂、资源环境条件较差和社会经济发展较落后的地方，应加大土地石漠化治理、水土保持和生态环境修复等工作力度，改善其生态环境状况，并提高资源开发利用率；中承载水平占主导地位，广泛分布于资源、环境或社会经济条件一般的地区，受到部分因素的限制，资源环境综合承载力一般，但区域具有较大的发展潜力，应在保护生态环境的前提下，适度开发，充分挖掘潜力，合理进行产业布局，促进社会经济发展，提高区域承载人类活动的能力。

第 5 章

云南典型喀斯特山区生态系统服务权衡与协同研究

生态系统为人类的生存、健康和福祉提供多种服务，人类的生存和发展离不开生态系统提供的服务（傅伯杰等，2009）。但人类在利用生态系统所提供服务的同时，也在强烈影响生态系统服务（Costanza et al., 2014）。20世纪以来，随着人口的快速增长和经济的加速发展，人类对自然资源的需求大大增加，生态系统受到严重破坏导致其功能呈不断退化趋势，亟须开展生态系统服务评估及相关研究。

千年生态系统评估从效用的角度将生态系统服务分为供给服务、调节服务、支持服务和文化服务四种服务类型（MA，2005）。生态系统服务之间存在着物质、能量、信息的流动与转化，形成了多种形式的交互作用，在人类与自然环境博弈的过程中，往往只注重一类生态系统服务而忽略了其他服务的重要性，导致这类服务的升高而其他生态系统服务下降。因此，生态系统服务之间此消彼长的权衡或同增同减的协同关系成为近年研究热点。因此，在区域资源条件有限的前提下，科学把握多种生态服务类型间的权衡与协同关系以及人类活动和自然因素对不同服务的影响，调控各类生态系统服务供给，对保障区域生态安全及可持续发展意义重大。喀斯特山区特殊的自然环境和气候条件，使得区域生态系统敏感性较强、抗干扰能力差。同时，特殊的资源环境条件也造就了喀斯特山区丰富多样的生态系统类型，为人类发展提供了食物供给、水源供给、气候调节、土壤保持和文化休闲等多种不可或缺的生态系统服务功能。研究喀斯特山区生态系统服务权衡与协同关系的变化特征、明确生态系统服务权衡与协同关系的空间分布形式，对揭示生态系统服务变化机制、开展喀斯特地区生态系统服务供需平衡研究显得尤为重要。

5.1 研 究 方 法

5.1.1 生态系统服务功能评估方法

本书评估的生态系统服务功能包括食物供给、产水量、土壤保持、固碳保持、生境质量、旅游文化 6 种服务类型（赵筱青等，2022），计算方法如下：

（1）食物供给（food provision，FP）服务评估方法。食物供给是生态系统服务中的一项供给服务，对人类的生存和发展至关重要。研究区食物供给主要来源于耕地，涉及粮食（小麦、稻谷、玉米、薯类、杂粮）、豆类（豌豆、蚕豆、大豆）、油料（花生、油菜）、蔬菜等。本书参考相关文献，按照《中国食物成分表（第 1 册）》中各类食物能量进行食物供给服务计算（Groten，1993；中国疾病预防控制中心营养与食品安全所，2009；潘竟虎和李真，2017）。

（2）产水量（water yield，WY）服务评估方法。InVEST 模型以区域水量平衡原理为基础，通过计算某像元内降雨量与蒸散量之差估算区域产水量，其值大小与区内降水、温度、土壤、土地利用类型等密切相关。本书中产水量服务基于 InVEST 模型，参照相关文献进行计算（Zhang et al.，2004；Donohue et al.，2012；苗培培等，2021）。

（3）土壤保持（soil conservation，SC）服务评估方法。土壤保持服务估算为潜在土壤侵蚀量与实际土壤侵蚀量之差。参照与喀斯特地区相关的类似研究，采用通用土壤流失方程（the universal soil loss equation，RUSLE）对研究区的土壤保持能力进行测算（周来等，2018；韩会庆等，2022）。

（4）固碳保持服务评估方法。固碳保持服务通过植被净初级生产力（net primary production，NPP）表示。NPP 对于维持区域大气循环、气候调节以及缓解区域温室效应均具有极大的促进作用。本书参考相关文献，通过 CASA 模型对 NPP 进行模拟估算，得到固碳保持服务价值（朱文泉等，2007；顾泽贤等，2018）。

（5）生境质量（quality habitat，QH）服务评估方法。通过 InVEST 模型生境质量的大小来评估生物多样性现状，其生境质量模块的原理是，利用不同土地利用类型或生境类型的威胁因子敏感度和外界威胁强度，基于各威胁因子的影响距离、空间权重类型等因素，计算出生境退化指数和生境质量指数，然后根据生境质量优劣和生境稀缺程度表征生物多样性的高低，生境质量好的地区，其生物多样性也高，反之亦然（王蓓等，2018）。参考基于 InVEST 模型计算生境质量的相关文献，进行本书中生境质量服务的计算（景晓玮和赵庆建，2021）。

（6）旅游文化（tourism culture，TC）服务评估方法。目前生态系统服务中的旅游文化服务研究尚未形成统一的方法。Eade 等的研究指出，在一定范围内，区域中某些特定像元的旅游服务价值要比其他像元高（Eade and Moran，1996）。而影响某一像元旅游服务的因素主要有两方面：景点可达性（距离）和景点的可见度。旅游文化服务随着距景点的距离增大而减少，随着景点的可见性增加而升高。基于此，本研究假定景点可达性与景点可见度所影响的旅游收入一致，通过 ArcGIS 对研究区景点进行缓冲区分析，根据缓冲区距离分配不同缓冲区的旅游收入，并计算各缓冲区内单个像元的平均旅游收入；将景点作为观察点，通过 DEM

进行可视性分析，计算每个像元对观察点的可见度，可见一个景点的像元赋值为1、两个像元的赋值为2，以此类推，再将景点可见度影响的旅游收入加权平均到各个像元；最终得到旅游文化服务评估结果。主要计算过程如下

$$V_t = V_t(a) + V_t(b) \tag{5-1}$$

$$V_t(a) = \sum_{i=1}^{i} P_i \tag{5-2}$$

$$V_t(b) = n \cdot C_i \tag{5-3}$$

式中，V_t 表示像元 t 处的旅游文化服务价值，$V_t(a)$ 表示像元 t 处景点可达性影响的旅游文化服务，$V_t(b)$ 表示像元 t 处景点可见性影响的旅游文化服务；P_i 为景点 i 在像元 t 处缓冲区的旅游收入平均值；C_i 为景点 i 在所有可见像元的旅游收入平均值；n 为像元 t 处可见景点数量。

5.1.2 生态系统服务权衡与协同分析方法

在像元尺度的喀斯特山区食物供给、产水量、固碳保持、土壤保持、生境质量和旅游文化 6 项生态系统服务评价结果的基础上，综合运用统计学方法和生态系统服务空间制图方法，对文山市和广南县生态系统服务间的权衡与协同相互关系的形式和强弱进行探讨，并分析其在空间上的表现形式。同时，通过空间相关分析，揭示喀斯特山区生态系统服务的空间聚集和分布特征。

1. 服务功能权衡与协同分析方法

相关系数能够简明、定量地描述变量间的相关性，比较其相互作用的强度和性质，是生态系统服务权衡与协同关系的常用研究方法。由于地理空间数据往往具有非线性、非正态性的特点，本研究选择不考虑变量总体分布形态及样本容量大小的 Spearman 相关系数，作为研究相关性评定的方法。研究基于 R 语言 3.6.1 平台，运用 corr.test 函数计算各类生态系统服务间的 Spearman 相关系数，并进行显著性检验。当某两种生态系统服务的相关系数为负，且通过 0.05 置信水平的显著性检验，则认为该两项生态系统服务间存在显著的权衡关系；反之则存在显著的协同关系。相关性强度则通过相关系数的绝对值高低来区分，分为四个等级：[0, 0.1) 为不相关、[0.1, 0.3) 为弱相关、[0.3, 0.5) 为中度相关、[0.5, 1] 为高相关。

相关系数能够从宏观层面掌握区域整体生态系统服务的权衡与协同关系，但其在空间上的表现形式仍不明晰，而基于像元的统计分析能够对生态系统服务权衡与协同关系进行空间上的量化。研究基于 Matlab 软件平台，以文山市

2000～2017 年食物供给、产水量、固碳保持、土壤保持、生境质量和旅游文化 6 项生态系统服务为基础，通过编程提取所有像元值，采用逐像元的时空统计方法在像元尺度上分析喀斯特山区生态系统服务间的权衡与协同关系，并对其进行空间制图。利用 t 检验方法，对计算结果进行显著性检验，并根据相关系数 r 值和显著性 P 值划分为 6 个等级：协同**（$r>0$, $P<0.05$）、协同*（$r>0$, $0.05<P<0.1$）、协同（$r>0$, $0.1<P$）、权衡（$r<0$, $0.1<P$）、权衡*（$r<0$, $0.05<P<0.1$）、权衡**（$r<0$, $P<0.05$）。

2. 服务功能空间自相关分析方法

在分析相关系数与相互关系空间制图的基础上，通过空间冷热点分析进一步识别喀斯特山区的生态系统服务提供能力较强的热点区和相对较弱的冷点区。生态系统服务热点与冷点制图方法以直接分类法和空间统计分析方法两类为主。前者由于缺乏划定热点临界值的信息，一般通过保护目标或生态系统服务模型评估结果来直接划定，主观性较强，并且这种方法没有考虑到生态系统服务在空间上的关联性。因此，研究选用空间统计方法来进行喀斯特山区的生态系统服务冷热点分析。

5.2　云南典型喀斯特山区生态系统服务权衡与协同分析

5.2.1　文山市生态系统服务功能权衡与协同时空分异特征

1. 文山市生态系统服务时空分异特征

1）食物供给服务

文山市食物供给服务空间分布及变化见图 5-1。文山市食物供给服务高值区集中在北部、中部和东南部的坝子和河谷地区，这些区域水土资源和耕作条件较好，适宜农业生产；低值区多集中在西部和西南部的林地分布区，以及东北部和中东部未利用地成片分布区。

从年际变化看，文山市食物供给服务年均值逐年提高，2000 年、2010 年和 2017 年的年平均食物供给分别为 1593.124MkJ/km^2、2010.858MkJ/km^2 和 2061.138MkJ/km^2（表 5-1），年均食物供给增加了 468.014MkJ/km^2；食物供给服务增加的区域分布较为零散，食物供给服务减少的区域集中在中部河谷盆地，主要原因是河谷地区人类建设活动强度大，耕地向建设用地转移使得食物供给服务减少。全区食物供给服务的整体上升与科技进步，以及耕地作物从传统的粮食作物转向特色经济作物这种农业生产结构调整有关（赵筱青等，2022）。

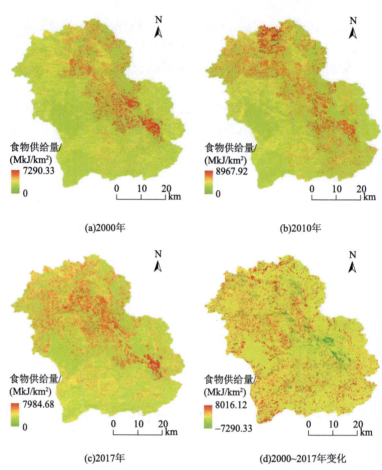

图 5-1   文山市 2000～2017 年食物供给服务空间分布及变化图

表 5-1   2000～2017 文山市生态系统服务年均值

生态系统服务类型	单位	2000 年	2010 年	2017 年	2000～2017 年变化
食物供给	MkJ/km²	1593.124	2010.858	2061.138	468.014
产水量	mm	397.970	349.961	681.177	283.207
固碳保持	gC/（m²·a）	874.210	963.202	922.829	48.619
土壤保持	t/（hm²·a）	429.009	473.157	848.706	419.697
生境质量	—	0.58800	0.56622	0.56052	−0.02748
旅游文化	元/m²	0.00253	0.02431	0.08032	0.07779

2）产水量服务

文山市产水量服务空间分布及变化见图 5-2。产水量的高低取决于气候、土壤、植被等多种因素，当区域整体降雨、温度差异不大时，产水量的高低与土地利用类型关系密切。2000 年，文山市产水量服务高值区分布较为零散，北部、南部及中部均有分布，而 2010 年和 2017 年产水量服务高值区集中于中部偏东的河谷地区，该地区也是文山市城区所在地，即建设用地的聚集区，在城区建设用地扩张的情况下，该地区产水量服务的增加趋势十分明显；在同等条件下，水域和植被覆盖度较高的地区蒸散量较大，往往产水量较低，因此，文山市中西部林地连片集中区和中部水库分布区是产水量服务低值区。

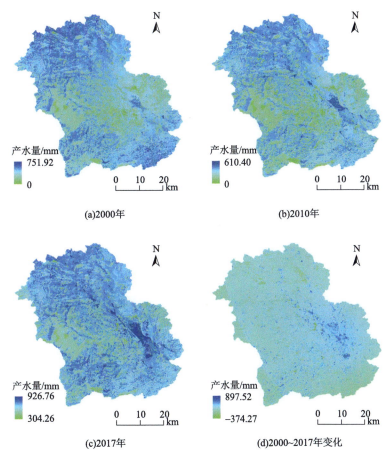

图 5-2　文山市 2000～2017 年产水量服务空间分布及变化图

从年际变化看（表 5-1），文山市 2000 年、2010 年和 2017 年分别为 397.970mm、349.961mm 和 681.177mm，呈先减后增趋势，且增加幅度较大。在年际变化上气象因素是决定产水量高低的关键因素，文山市 2017 年降雨量较往常年份显著升高，使得区域整体产水量呈上升趋势，同时从产水量变化的空间分布来看，中部偏东的河谷地区也是产水量升高最为明显的地区，主要是由于其他用地类型向建设用地转移，从而使得产水量显著升高。产水量降低最为显著区域也分布于文山市中部，主要由于此处 2008 年修建了暮底河水库，水域的蒸散量相比其他地类较大，产水量在年际变化上下降明显。

3）固碳保持服务

文山市固碳保持服务（NPP）空间分布及变化见图 5-3。NPP 的高值区域集中于文山市西部及南部，这些区域林地分布广，植被覆盖度较高；低值区主要集中于北部平坝、中部河谷及未利用地广泛分布的东北部等地区，这些地区因其他地类转为建设用地，林地转向其他地类等原因导致植被覆盖度下降（赵筱青等，2022）。

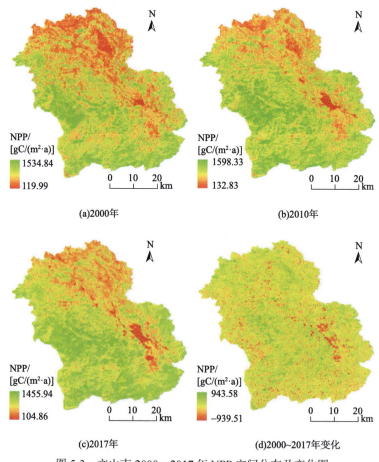

图 5-3　文山市 2000～2017 年 NPP 空间分布及变化图

文山市 2000 年、2010 年和 2017 年 NPP 年均值分别为 874.210gC/（m²·a）、963.202gC/（m²·a）和 922.829gC/（m²·a），整体呈升高趋势，波动较小，从 2000～

2017 年 NPP 年均值增加了 48.619gC/（$m^2 \cdot a$）（表 5-1）。NPP 降低区域主要为中心城区周围，其他地类向建设用地转移地区，以及东部林地外围，林地向其他地类转移地区，这些地区植被覆盖度下降是 NPP 降低的主要原因；NPP 升高的区域在全区较为分散。

4）土壤保持服务

文山市土壤保持服务空间分布及变化见图 5-4。土壤保持服务与地形、降雨、土地利用类型关系密切。一般来说，地形起伏大且降雨量高的地区更易发生土壤侵蚀，而当其土地利用类型为林地等植被生长较为茂盛或水土保持措施较好的人工表面时，其土壤保持服务就会较高。土壤保持服务的高值区主要分布于文山市的西部和南部，这些地区地形起伏大，林地面积大，植被对于水土保持的作用明显；低值区域分布面积较大，集中在西北部、东南部和中部，其中部分地区为植被覆盖度低且坡度较大的未利用地、耕地、草地，它们的土壤侵蚀能力较强，水土保持能力较弱。

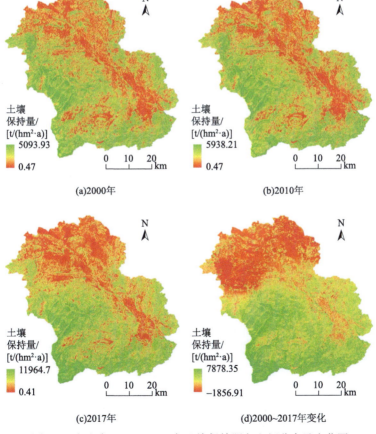

图 5-4　文山市 2000～2017 年土壤保持服务空间分布及变化图

文山市土壤保持量年均值从 2000 年的 429.009 t/（hm²·a）、2010 年的 473.157 t/（hm²·a），到 2017 年的 848.706 t/（hm²·a），呈逐渐上升趋势，且 2010～2017 年间的增幅较为明显（表 5-1）。在空间上，全区土壤保持量基本都有一定升高，特别是南部区域。而土壤保持量降低的区域面积较小，逐步缩小到北部。土壤保持量上升的主要原因是降雨量的升高，坡耕地退耕还林等生态修复工程对区域土壤保持服务起到了促进作用。

5）生境质量服务

文山市生境质量服务空间分布及变化见图 5-5。生境质量较好的地区主要分布于文山市西部、北部和东部，这些地区林地大面积分布，生态环境较好；低值区在南部、中部以及北部坝区分布较为集中，该区域植被覆盖度较低，说明生境质量服务的分布与植被覆盖度密切相关。

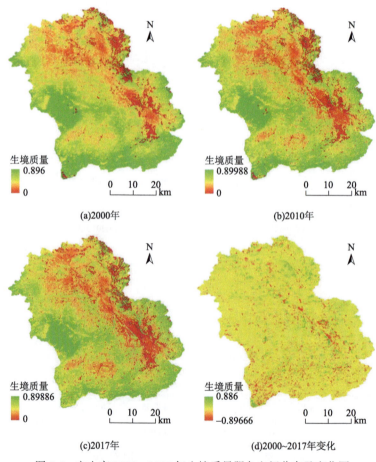

图 5-5　文山市 2000～2017 年生境质量服务空间分布及变化图

文山市 2000 年、2010 年和 2017 年生境质量年均值分别为 0.58800、0.56622 和 0.56052，整体呈降低趋势，波动较小，从 2000～2017 年生境质量年均值降低了 0.02748（表 5-1）。生境质量与地类自身的生境适宜性以及周边人类活动扰动关系密切，17 年间区域人类活动对生境质量造成了较大的影响。城区扩张在空间上使得该地区生境质量降低，同时耕地面积的增加，人类活动强度加大，地类破碎化也是引起区域整体生境质量下降的重要因素。

6）旅游文化服务

文山市旅游文化服务空间分布及变化见图 5-6。旅游文化服务是生态系统服务研究中较难以确定的一类服务，其美学、精神等方面的价值衡量较为困难，评判具有主观性。研究尝试性通过旅游收入与景点的位置可达性和空间可见度来评估栅格单元的旅游文化服务。文山市旅游文化服务的空间分布与风景区的分布基本保持一致，在西部和中部城区附近景点较密集，也是旅游文化服务的高值集中区，其他无景点区域旅游文化服务明显较低。

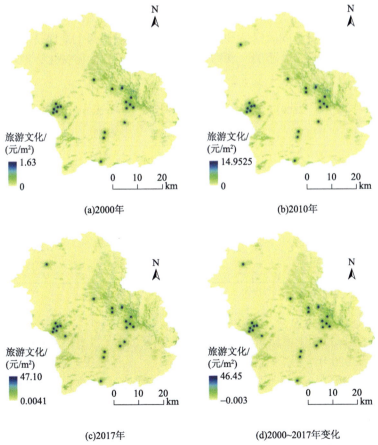

图 5-6　文山市 2000～2017 年旅游文化服务空间分布及变化图

文山市旅游文化年均值三年间呈持续上升趋势，分别为 0.00253 元/m² （2000 年）、0.02431 元/m² （2010 年）和 0.08032 元/m² （2017 年），增加值为 0.0779 元/m²，增加幅度约为 30.8%（表 5-1）。由于年旅游收入的增加，文山市全区旅游文化服务都呈增加趋势，在局部地区由于 2000～2017 年新增景点，周边的旅游文化服务提升较显著。

2. 文山市生态系统服务权衡与协同关系

1）生态系统服务权衡与协同时间变化

2000 年，文山市 6 种生态系统服务之间存在 12 组显著相关性，旅游文化与固碳保持、土壤保持和生境质量的关系在区域总体上呈现为不相关。12 组相关性中，4 组为正相关，8 组为负相关。食物供给与产水量为协同关系，与固碳保持、土壤保持、生境质量和旅游文化服务均呈权衡关系；产水量与固碳保持、土壤保持、生境质量和旅游文化服务均呈权衡关系；固碳保持与土壤保持和生境质量为协同关系；土壤保持和生境质量呈协同关系。从相关性强度来看，12 组相关性中，高相关 7 对，中度相关 1 对，弱相关 4 对。其中，食物供给与产水量、固碳保持和生境质量，产水量与固碳保持和生境质量，固碳保持与土壤保持为高相关；土壤保持与生境质量为中度相关；食物供给与土壤保持和旅游文化，产水量与土壤保持和旅游文化为弱相关（表 5-2）。

表 5-2　2000 年文山市生态系统服务间的 Spearman 相关系数

服务类型	食物供给	产水量	固碳保持	土壤保持	生境质量	旅游文化
食物供给	1	0.649**	−0.519**	−0.252**	−0.619**	−0.139**
产水量		1	−0.606**	−0.171**	−0.642**	−0.180**
固碳保持			1	0.550**	0.855**	0.036
土壤保持				1	0.457**	−0.059
生境质量					1	−0.003
旅游文化						1

注：**表示通过 0.01 水平的显著性检验。

2010 年，文山市 6 种生态系统服务之间存在 12 组显著相关，旅游文化与固碳保持、土壤保持和生境质量的关系在区域总体上呈现为不相关。12 组相关性的相关性质与 2000 年一致，但相关强度有所变化。具体来说，食物供给与产水量、固碳保持、土壤保持和旅游文化，产水量与固碳保持、土壤保持和生境质量，土壤保持与生境质量的相关强度有所加强；食物供给与生境质量，产水量与旅游文化，固碳保持与土壤保持的相关强度有所减弱；固碳保持与生境质量的相关强度无显著变化（表 5-3）。

表 5-3　2010 年文山市生态系统服务间的 Spearman 相关系数

服务类型	食物供给	产水量	固碳保持	土壤保持	生境质量	旅游文化
食物供给	1	0.712**	−0.521**	−0.257**	−0.587**	−0.143**
产水量		1	−0.705**	−0.258**	−0.706**	−0.141**
固碳保持			1	0.542**	0.855**	0.017
土壤保持				1	0.482**	−0.061
生境质量					1	−0.015
旅游文化						1

注：**表示通过 0.01 水平的显著性检验。

2017 年，文山市 6 种生态系统服务之间存在 11 组显著相关，减少的一组为产水量与旅游文化。对比 2010 年，相关性有所增强的共 6 组，分别为：食物供给与土壤保持、旅游文化，产水量与土壤保持、生境质量，固碳保持与土壤保持、土壤保持与生境质量；相关强度减弱的共 5 组，分别为：食物供给与产水量、固碳保持、生境质量，产水量与固碳保持，固碳保持与生境质量（表 5-4）。

表 5-4　2017 年文山市生态系统服务间的 Spearman 相关系数

服务类型	食物供给	产水量	固碳保持	土壤保持	生境质量	旅游文化
食物供给	1	0.663**	−0.484**	−0.284**	−0.570**	−0.152**
产水量		1	−0.655 **	−0.304**	−0.743**	−0.065
固碳保持			1	0.607**	0.831**	0.018
土壤保持				1	0.489**	0.015
生境质量					1	−0.032
旅游文化						1

注：**表示通过 0.01 水平的显著性检验。

当两项生态系统服务呈现绝对的同向增长同向减少时，二者的相关系数为 1，即绝对的协同关系；当变化趋势始终保持相反时，二者相关系数为−1，即绝对的权衡关系，而数据自身的波动则是影响相关性强弱的主要因素。结合 5.2.1 的文山市生态系统服务时空分异特征部分的研究成果及文山市土地资源现状可以发现，研究区食物供给服务由耕地提供，耕地本身的产水量在各地类中也属于中等偏高水平，而裸地、建设用地等产水量较低的地类食物供给服务为 0，这就导致了文山市食物供给与产水量呈现显著的高度协同关系，其他相关性较强的生态系统服务组合也都是源自此类原因。食物供给与固碳保持呈现较强的权衡关系，这是由于当研究对象不仅只限于耕地，而是将所有地类纳入考量时，耕地的 NDVI 值远远小于林地，其对权衡与协同关系的影响就会减小，而林地又是固碳保持最高的地类，导致了食物供给与固碳保持呈权衡关系，这也是食物供给与生境质量呈权衡关系的主要原因；食物供给与土壤保持的权衡关系较弱，主要是由于食物供给低的林地土壤保持量高，但食物供给低的未利用地土壤保持量极低，在一定程度上削弱了食物供给与土壤保持的逆向关系；同理，产水量与土壤保持之间也存在类似关系，如产水量低土壤保持量高的林地与两项生态系统服务均较高的未利用地；旅游文化与土地利用类型在空间分布上相关程度不如其他服务，导致旅游文化与其他生态系统服务的相关性均较低或是不相关，旅游文化高的土地利用类型主要为建设用地、水域及林地，而这些区域食物供给均为 0，使得旅游文化与食物供给呈现出权衡关系；随着在 2000～2017 年间建设用地逐渐扩张，旅游文化与产水量的逆向关系也逐渐被减弱，二者之间的权衡与协同关系也在 2017 年从较弱的权衡关系转变为不相关。

2）生态系统服务权衡与协同空间分异

文山市 6 项生态系统服务间两两组合，得到 15 种生态系统服务权衡与协同关系的空间分布格局（图 5-7、表 5-5）。2000～2017 年间，由于研究区食物供给与生境质量两项服务存在多年量值均为 0 的地区，需要在相关分析时将其视为常量进行剔除。因此，在涉及这两项生态系统服务的相关关系空间分布格局中用空白区域表示。统计各对生态系统服务权衡与协同像元在空间上的分布占比（表 5-5），可知空间上以权衡为主的生态系统服务共有 6 组，呈协同关系的生态系统服务共有 9 组。

从权衡像元占优势的 6 对生态系统服务来看：①旅游文化 TC 与生境质量 QH 呈权衡关系的像元占比为 91.17%，显著权衡关系在区域内呈多地区分散、小范围集中态势，其中以东北部、西南部及中部最为明显；②食物供给 FP 与生境质量 QH 在空间上权衡像元个数占比为 76.09%，显著权衡关系在区内分布广泛，没有明显的集中分布特征；③固碳保持 NPP 与产水量 WY 权衡区域占比为 53.24%，两者间的权衡关系在空间上分布广泛，显著与极显著权衡分布都较为分散，没有明显的集中分布特征；④固碳保持 NPP 与生境质量 QH 权衡关系的像元个数占比 62.02%，极显著权衡关系在区内分布广而零散，也没有明显的集中分布特征；⑤生境质量 QH 与土壤保持 SC 呈权衡关系的像元占 82.14%，显著权衡集中分布在北部、中部、西南部；⑥生境质量 QH 与产水量 WY 权衡关系像元占比 92.88%，极显著权衡关系中心城区周围分布较为集中（表 5-5）。

从协同像元占优势的 9 对生态系统服务来看：①食物供给 FP 与产水量 WY 在空间上协同像元个数占比为 72.48%，显著协同像元主要集中在文山市东南部；②食物供给 FP 与固碳保持 NPP 协同的像元个数占比为 64.83%，文山市北部、中部以协同关系为主，并在市中心周围呈现极显著协同关系；③食物供给 FP 与土壤保持 SC 呈协同关系的像元占 70.05%，协同关系在空间上分布规律不明显，呈

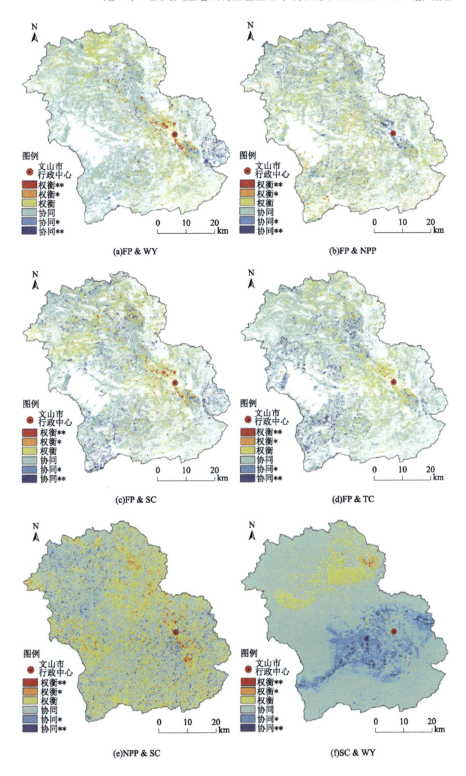

(a)FP & WY

(b)FP & NPP

(c)FP & SC

(d)FP & TC

(e)NPP & SC

(f)SC & WY

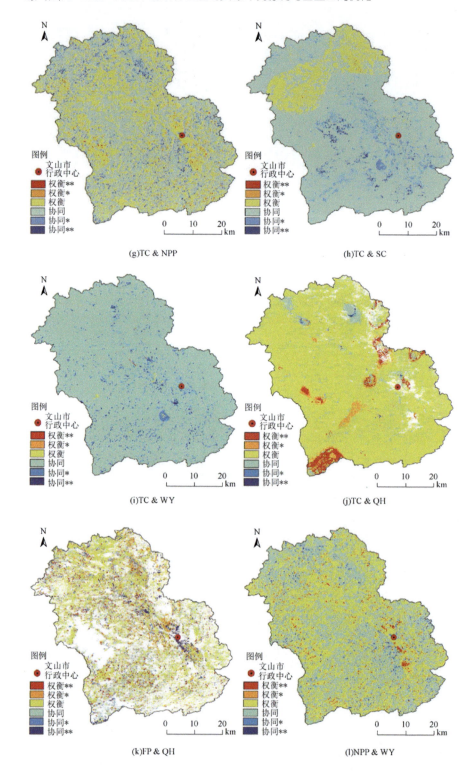

(g)TC & NPP

(h)TC & SC

(i)TC & WY

(j)TC & QH

(k)FP & QH

(l)NPP & WY

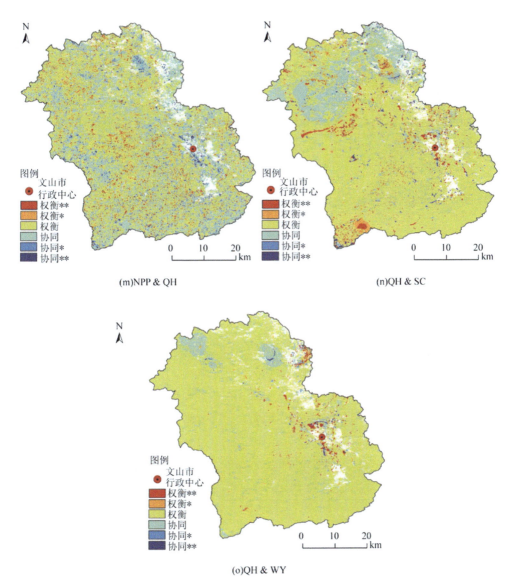

图 5-7　文山市 2000～2017 年生态系统服务权衡与协同关系的空间格局

零散分布；④食物供给 FP 与旅游文化 TC 呈协同关系的像元占 77.08%，极显著协同关系主要分布在西部及西南部；⑤固碳保持 NPP 与土壤保持 SC 协同的像元个数占比为 58.30%，显著协同像元在空间上分布广泛，无明显集聚特征；⑥土壤保持 SC 与产水量 WY 呈协同关系的像元占比为 90.60%，呈现出较强的规律性，显著和极显著协同关系集中分布于文山市中部偏南地区；⑦旅游文化 TC 与固碳保持 NPP 在空间上协同像元个数占比为 59.85%，显著协同像元集中分布于文山市北部；⑧旅游文化 TC 与土壤保持 SC 呈协同关系的像元个数占比为 87.33%，显著协同关系在全区广泛分布，无明显集聚特征；⑨旅游文化 TC 与产水量 WY 在全区基本上均呈协同关系，协同关系像元占比超过 99%，极显著协同关系在全区广泛分布（表 5-5）。

表 5-5　2000～2017 年文山市生态系统服务权衡与协同关系分布像元占比及分布范围

类型	权衡/%	主要分布范围	协同/%	主要分布范围
FP&WY	27.52	文山市城区周边、中北部	72.48	东南部
FP&NPP	35.17	南部	64.83	北部、中部
FP&SC	29.95	文山市城区周边、中北部	70.05	零散分布，特征不明显
FP&TC	22.92	文山市城区周边	77.08	西部、西南部
NPP&SC	41.70	东南部	58.30	零散分布，特征不明显
SC&WY	9.40	西北部	90.60	中部偏南
TC&NPP	40.15	零散分布，特征不明显	59.85	北部
TC&SC	12.67	北部	87.33	零散分布，特征不明显
TC&WY	0.42	零散分布，特征不明显	99.58	全区
TC&QH	91.17	东北部、西南部、中部	8.83	北部
FP&QH	76.09	零散分布，特征不明显	23.91	文山市城区周边及全区零散分布
NPP&WY	53.24	零散分布，特征不明显	46.76	西北部、东南部
NPP&QH	62.02	零散分布，特征不明显	37.98	东北部、西南部
QH&SC	82.14	西部、西南部	17.86	北部
QH&WY	92.88	文山市城区周边	7.12	西北部、东南部

注：主要分布范围依照具有显著性的区域分析（即在图 5-7 中带 "*" 号的权衡与协同区域）。

3. 文山市生态系统服务空间冷热点分析

根据 2000～2017 年 6 项生态系统服务的年均值数据，利用 G_i^* 热点分析工具（赵筱青等，2022），绘制得到的生态系统服务冷热点空间分布图（图 5-8）。6 项生态系统服务的冷热点区域空间分布有差异，但整体分布与相关系数的分析结果较为一致（表 5-6）。例如，呈显著协同的食物供给 FP 与产水量 WY，两者的冷热点区域在空间分布上基本一致，冷点区域主要分布于文山市西南部和东部，热点区域主要分布于文山市北部、中部和南部地区。但在局部地区有一定差异，如南部食物供给热点区主要分布在南部偏东，而南部产水量热点区主要分布在南部偏西；相互间两两协同的 NPP、土壤保持 SC 和生境质量 QH 的冷热点也有较为类似的空间分布，并且与食物供给 FP 和产水量 WY 的冷热点分布差异较大，

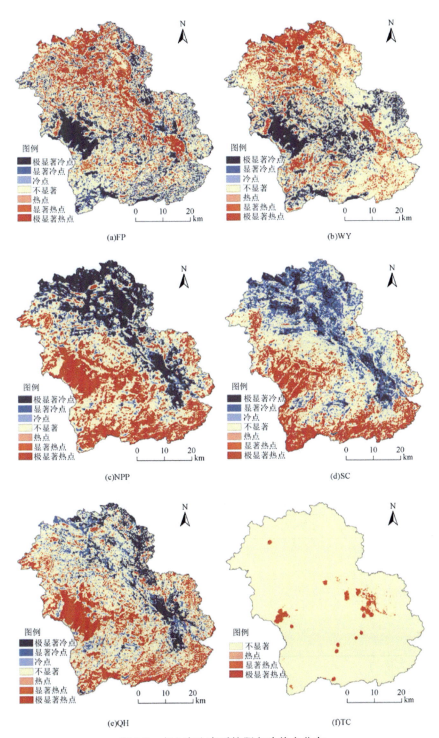

图 5-8   文山市生态系统服务冷热点分布

三者的热点地区主要集中于西部和南部,冷点地区则广泛分布于北部、中部偏东及东南部;旅游文化 TC 因其数据的特殊性,在空间上只有热点地区与不显著地区,无冷点分布,热点地区密集分布于西部风景区及中部城区景点周围,零星分布于南部地区。

表 5-6 文山市生态系统服务冷热点主要分布范围

类型	热点分布	冷点分布
FP	北部、中部、东南部	西部、南部、东北部
WY	北部、中部偏东、西部偏南	西部、西南部、东部、中部
NPP	西部、南部、中部	北部、中部偏东、东南部
SC	西部、南部	北部、中部偏东、东南部
QH	西部、南部、东部	东北部、中部偏东、东南部
TC	西部、中部偏东、南部	无冷点分布

根据表 5-7,从生态系统服务冷热点数量占比来看,除旅游文化服务外,其他 6 项生态系统服务的冷热点区域面积分布占比较为相似,冷点区面积占比从大到小排序为:土壤保持(31.56%)、固碳保持(30.50%)、食物供给(27.54%)、生境质量(22.51%)、产水量(22.11%),表明相比其他生态系统服务,土壤保持和固碳保持在空间上低值聚集区面积较大;热点区面积占比从大到小排序为:固碳保持(30.86%)、生境质量(26.97%)、产水量(24.19%)、食物供给(23.74%)、土壤保持(21.99%)、旅游文化(2.56%),表明相比其他生态系统服务,固碳保持和生境质量在空间上高值聚集区分布更广泛。

表 5-7 文山市生态系统服务冷热点数量占比   (单位:%)

类型	极显著冷点	显著冷点	冷点	不显著	热点	显著热点	极显著热点
FP	14.02	8.69	4.83	48.72	3.85	6.98	12.91
WY	14.20	4.93	2.98	53.70	5.28	8.94	9.97
NPP	20.40	6.58	3.52	38.64	3.42	6.48	20.96
SC	7.65	16.24	7.67	46.46	2.58	4.42	14.99
QH	10.35	8.16	4.00	50.52	4.29	8.07	14.61
TC				97.44	0.58	0.72	1.26

统计分析文山市不同土地利用类型中 6 类生态系统服务的冷热点面积占比(图 5-9),结果表明:在食物供给服务中,耕地的热点区分布比例最大,其次为水域和草地,未利用地中冷点区分布比例最大,林地和建设用地次之;在产水量

中，热点区域占比在建设用地中最大，其次为耕地和草地，而冷点区在水域内的分布比例最大；在固碳保持方面，林地热点区分布比例最大，其次为草地和耕地，而冷点区在水域、建设用地和未利用地中分布比例较大；在土壤保持方面，林地内热点区分布面积比例最大，其次为草地和耕地，冷点区分布比例在水域和建设用地中较大；在生境质量中，热点区在林地内分布比例最大，其次为草地和水域，

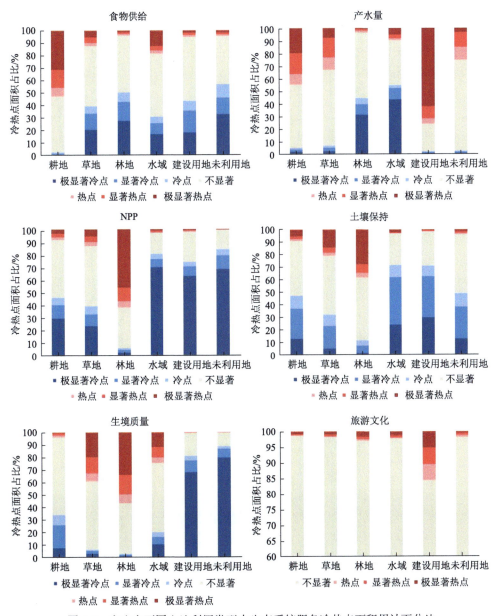

图 5-9　文山市不同土地利用类型中生态系统服务冷热点面积累计百分比

而未利用地和建设用地中的冷点区分布比例明显高于其他地类；旅游文化在建设用地中热点区占比明显高于其他地类，其次为林地和水域。

冷热点分布面积比例也在一定程度上反映了各土地利用类型中生态系统服务的强弱，从图 5-9 中可以看出，文山市林地的固碳保持、土壤保持和生境质量 3 项生态系统服务均比其他土地利用类型要高，而林地在食物供给和产水量方面明显偏低；耕地中食物供给服务在所有地类中最强，除食物供给、产水量外其他生态系统服务在耕地中都较弱；草地中产水量、生境质量较强，其他生态系统服务较弱；在水域中，除生境质量热点区面积稍占优势外，其他类型的生态系统服务都较弱；建设用地和未利用地较为相似，产水量较强而其他生态系统服务较弱。

根据以上分析，各项生态系统服务的冷热点分布区域在空间上具有重叠性，即某一区域同时是多项生态系统服务的热点区。为进一步分析研究区内各空间单元生态系统服务综合供给能力的大小，对 6 项生态系统服务的热点区进行叠加分析。结果表明，文山市同一空间单元内热点区重合的生态系统服务最多有 4 项，最少有 0 项（图 5-10）。其中热点数量为 2 的综合生态系统服务热点区分布面积最大，占全市总面积的 30.14%，主要服务类型为食物供给服务和产水服务，该区域分布广泛，集中在北部及中部城区范围；其次是无法提供综合生态系统服务（即热点数量为 0）的区域占全市总面积的 29.42%，主要分布在东部和南部，与未利用地的空间分布较为相似；只有 1 项生态系统服务呈高值的区域占总面积的 25.94%，主要服务类型是产水服务，集中于文山市北部及中部，与热点重合数为

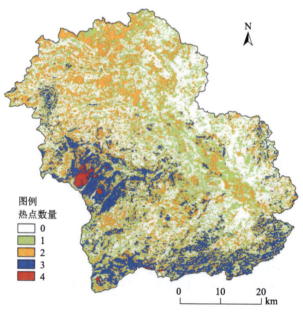

图 5-10　文山市多重生态系统服务热点空间分布

2 的区域交错分布；热点重合数量为 3 的区域较少，占总面积的 13.92%，该区域主要服务类型是固碳保持、土壤保持和生境质量服务，连片分布于西部及南部，以林地为主；4 项及以上高值生态系统服务重合的地区面积最少，仅占总面积的 0.58%，其主要服务类型是固碳保持（NPP）、土壤保持、生境质量和旅游文化服务，分布于文山市西部和西南部林地的核心区域。总之，文山市能够同时提供多项高值生态系统服务功能的区域较少，85.5%的区域只能提供两项及以下高值生态系统服务功能。

5.2.2　广南县生态系统服务功能权衡与协同特征及空间自相关分析

1. 广南县生态系统服务时空变化特征

1）食物供给

研究区 2000 年、2010 年和 2018 年的年平均食物供给量分别为 1.79t/hm^2、2.62t/hm^2 和 3.38t/hm^2。2000～2018 年的年均食物供给量呈现逐年增加的趋势，年平均增加 1.59t/hm^2（表 5-8）。其中，2000～2010 年和 2010～2018 年的年平均食物供给量分别增加 0.83t/hm^2 和 0.76t/hm^2。调研得知，研究区 2018 年农药和化肥每亩耕地平均施用量分别约为 2000 年和 2010 年的 12 倍和 4.7 倍，农药和化肥施用量的增加，一定程度对食物供给量的增加产生正向作用。

空间上食物供给量基本呈现中部、中南部和东南部增加较多，西部和东部减少较多的趋势。2000～2010 年食物供给量增加较多的区域分布在中部，为旧莫乡和莲城镇，食物供给量减少较多的区域分布在东部，为杨柳井乡和板蚌乡；2010～2018 年食物供给量增加较多的区域分布在东部和中南部，为板蚌乡、珠街镇、曙光乡和董堡乡。食物供给量减少较多的区域分布在西部，为珠琳镇；2000～2018 年食物供给量增加较多的区域分布在中部、中南部和东南部，为莲城镇、珠街镇、曙光乡和八宝镇。食物供给量减少较多的区域分布在西部及东部，为珠琳镇、杨柳井乡和板蚌乡（图 5-11）。

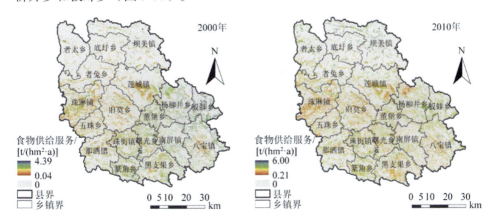

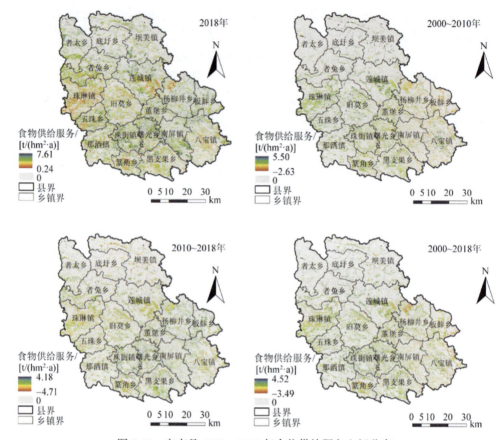

图 5-11   广南县 2000～2018 年食物供给服务空间分布

表 5-8   各生态系统服务时间变化特征

类型	2000 年	2010 年	2018 年	2000～2010 年	2010～2018 年	年均变化量
FP/（t/hm²）	1.79	2.62	3.38	0.83	0.76	1.59
WY/mm	763.68	685.94	780.71	−77.74	94.77	17.03
NPP/[元/（hm²·a）]	1578.71	1398.62	1494.3	−180.09	95.76	−84.33
SC/（t/hm²）	821.92	764.31	951.59	−57.61	187.28	129.67
QH	0.77	0.72	0.70	−0.05	−0.02	−0.07
TC/（元/cell）	4.88	5.84	9.49	0.94	3.65	4.61

注：cell 指像元，像元大小为 100m×100m。

2）产水量

研究区 2000 年、2010 年和 2018 年的年平均产水量分别为 763.68mm、685.94mm 和 780.71mm。2000～2018 年平均产水量值呈现先减少后增加的趋势，年平均增加 17.03mm（表 5-8）。其中，2000～2010 年的年平均产水量减少 77.74mm；2010～2018 年的年平均产水量增加 94.77mm。产水量的大小一定程度取决于降雨量和蒸散量。由于 2010 年年均降雨量均低于 2000 年和 2018 年，而 2010 年年均蒸散量均高于 2000 年和 2018 年，一定程度使得 2010 年产水量少于 2000 年和 2018 年。

　　空间上产水量基本呈现北部、中部和中南部增加较多，西北部、南部及东南部减少较多的趋势。2000～2010 年产水量增加较多的区域分布在西部和中南部，为珠琳镇、旧莫乡南部和珠街镇。产水量减少较多的区域分布在南部和东南部，为黑支果乡和南屏镇；2010～2018 年产水量增加较多的区域分布在北部、中部和中北部，为者太乡东部、者兔乡北部和莲城镇北部。产水量减少较多的区域分布在中部和东南部，为旧莫乡东南部和八宝镇南部；2000～2018 年产水量增加较多的区域分布在北部、中部和中南部，为者太乡东部、莲城镇和珠街镇。产水量减少较多的区域分布在西北部、南部和东南部，为者兔乡西南部、黑支果乡、篆角乡、南屏镇南部和八宝镇南部（图 5-12）。

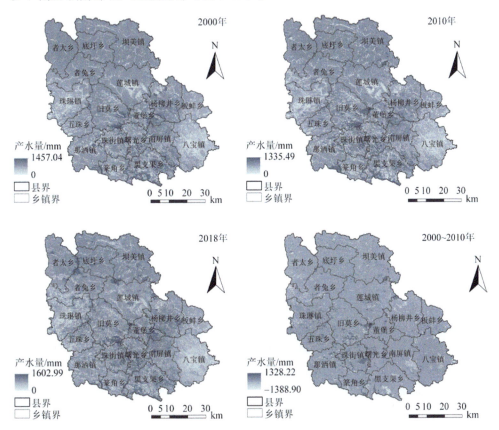

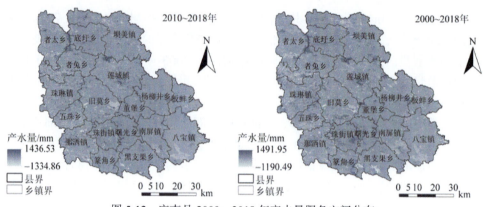

图 5-12 广南县 2000~2018 年产水量服务空间分布

3）土壤保持

研究区 2000 年、2010 年和 2018 年的年平均土壤保持量分别为 821.92t/（hm²·a）、764.31t/（hm²·a）和 951.59t/（hm²·a）。2000~2018 年的年平均土壤保持量值呈现先减少后增加的趋势，年平均增加 129.67t/（hm²·a）（表 5-8）。其中，2000~2010 年的年平均土壤保持量减少 57.61t/（hm²·a）；2010~2018 年的年平均土壤保持量增加 187.28t/（hm²·a）。由于 2000~2010 年退耕还林工程和坡改梯工程实施时间较短且实施量较少，产生效益较小。2010~2018 年随着退耕还林工程和坡改梯工程实施时间和实施量的增加，产生效益也随之增加。退耕还林工程和坡改梯工程实施效益的增加，一定程度对土壤保持服务的提高产生影响。

空间上土壤保持量基本呈现西北部和南部增加较多，东南部减少较多的趋势。2000~2010 年土壤保持量增加较多的区域分布在南部，为篆角乡、曙光乡和珠街镇。土壤保持量减少较多的区域分布在西北部和东南部，为者太乡、板蚌乡和八宝镇；2010~2018 年土壤保持量增加较多的区域分布在西北部、南部和中东部，为者太乡、篆角乡、董堡乡和杨柳井乡。土壤保持量减少较多的区域分布在北部、西部和中南部，为者兔乡、底圩乡、珠琳镇和曙光乡；2000~2018 年土壤保持量增加较多的区域分布在南部和西北部，为篆角乡和者太乡。土壤保持量减少较多的区域分布在东南部，为板蚌乡和八宝镇（图 5-13）。

4）固碳保持

研究区 2000 年、2010 年和 2018 年的年平均固碳价值量分别为 1578.71 元/（hm²·a）和 1398.62 元/（hm²·a）、1494.38 元/（hm²·a）。2000~2018 年的年平均固碳价值量呈现先减少后增加的趋势，年平均减少 84.33 元/（hm²·a）（表 5-8）。其中，2000~2010 年的年平均固碳价值量减少 180.09 元/（hm²·a）；2010~2018 年的年平均固碳价值量增加 95.76 元/（hm²·a）。固碳价值量的影响因子有降雨、气温、太阳辐射强度、NDVI、人类活动等，研究区 2010 年均降雨量、NDVI 均低于 2000 年和 2018 年，使得研究区 2010 年固碳价值量均低于 2000 年和 2018 年。

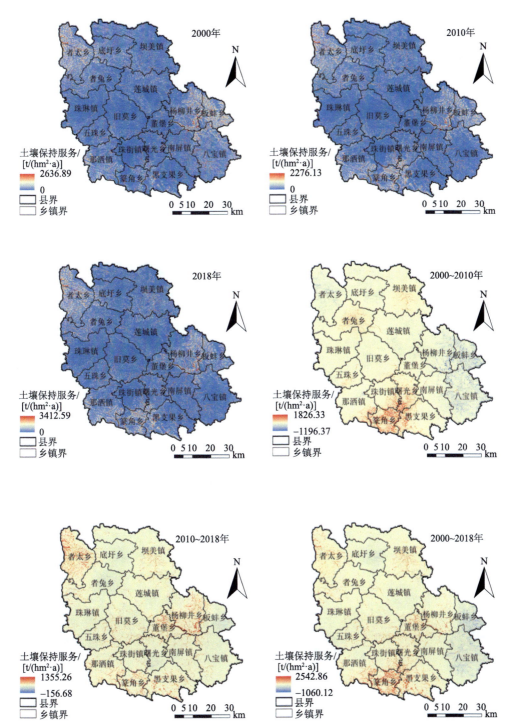

图 5-13 广南县 2000～2018 年土壤保持服务空间图

空间上固碳价值量基本呈现东部和西南部增加较多，西北部、中部和中南部减少较多的趋势。2000～2010 年固碳价值量增加较多的区域分布在东部、东北部和中北部，为板蚌乡、坝美镇和者兔乡，固碳价值量减少较多的区域分布在中部、中南和西北部，为旧莫乡、珠街镇和底圩乡；2010～2018 年固碳价值量增加较多的区域分布在西南部，为篆角乡、那洒镇和五珠乡，固碳价值量减少较多的区域分布在西部、中部和西北部，为珠琳镇、莲城镇和者兔乡；2000～2018 年固碳价值量增加较多的区域分布在西南部和东部，为那洒镇、篆角乡和八宝镇，固碳价值量减少较多的区域分布在西北部、中部和中南部，为者兔乡、底圩乡、莲城镇和珠街镇（图 5-14）。

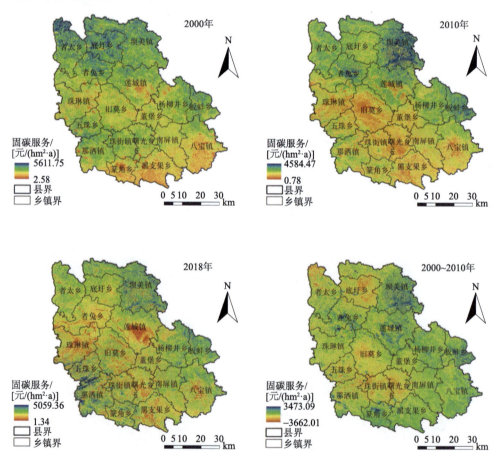

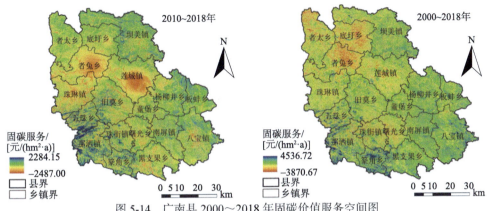

图 5-14 广南县 2000～2018 年固碳价值服务空间图

5）生境质量

研究区 2000 年、2010 年和 2018 年的年平均生境质量指数分别为 0.77、0.72和 0.70。2000～2018 年的年平均生境质量指数呈现逐年减少的趋势，年平均生境质量指数减少 0.07（表 5-8）。其中，2000～2010 年的年平均生境质量指数减少 0.05；2010～2018 年的年平均生境质量指数减少 0.02。2000～2018 年间，由于研究区城镇和农村建筑面积不断扩张，一定程度上对生境质量产生负面影响。而随着退耕还林等生态工程的实施量及实施效益不断增加，研究区的生境质量指数减少趋势放缓。

空间上生境质量指数基本呈现东部和东南部增加较多，西部和西北部减少较多的趋势。2000～2010 年生境质量指数增加较多的区域分布在东南部，为南屏镇和八宝镇，生境质量指数减少较多的区域分布在中部和中南部，为旧莫乡和珠街镇；2010～2018 年生境质量指数增加较多的区域分布在中部和东南部，为旧莫乡和八宝镇。生境质量指数减少较多的区域分布在西部和西北部，为珠琳镇、五珠乡、者太乡和者兔乡；2000～2018 年生境质量指数增加较多的区域分布在东部和东南部，为杨柳井乡北部、八宝镇和南屏镇，生境质量指数减少较多的区域分布在西部和西北部，为珠琳镇、五珠乡、者太乡和者兔乡（图 5-15）。

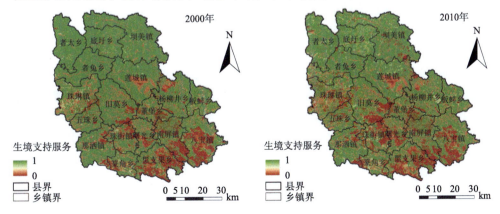

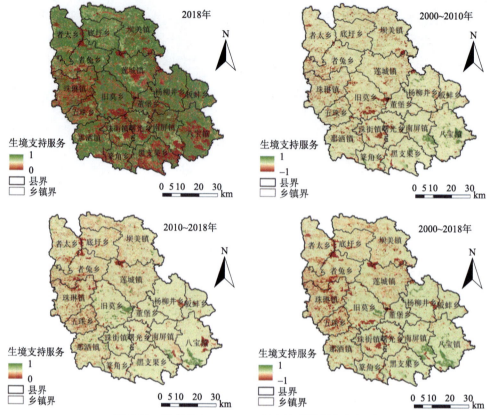

图 5-15 广南县 2000~2018 年生境质量服务空间图

6）旅游文化服务

研究区 2000 年、2010 年和 2018 年平均旅游文化服务价值量分别为 4.88 元/cell、5.84 元/cell 和 9.49 元/cell。2000~2018 年的年平均旅游文化服务价值量呈现逐渐增加的趋势，年平均增加 4.61 元/cell（表 5-8）。其中，2000~2010 年的年平均旅游文化服务价值量增加 0.94 元/cell；2010~2018 年的年平均旅游文化服务价值量增加 3.65 元/cell。随着研究区第三产业产值占比的不断增加，一定程度上对研究区旅游文化服务产生影响。

空间上旅游文化服务价值量基本呈现中部增加较多，西部和西北部减少较多的趋势。2000~2010 年旅游文化服务价值量除中部增加较多外，其余区域基本呈减少趋势；2010~2018 年旅游文化服务价值量增加较多的区域分布在中部、东南部和南部，为莲城镇、八宝镇和珠街镇，旅游文化服务价值量减少较多的区域分布在西部和西北部，为珠琳镇和者太乡；2000~2018 年旅游文化服务价值量增加较多的区域分布在中部、南部、东北部和东南部，为莲城镇、珠街镇、坝美镇和八宝镇，旅游文化服务价值量减少较多的区域分布在西部和西北部，为珠琳镇和者太乡（图 5-16）（苗培培等，2021）。

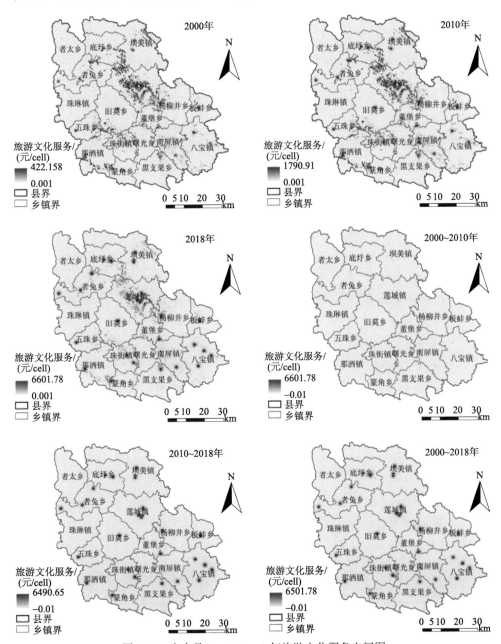

图 5-16　广南县 2000～2018 年旅游文化服务空间图

2. 广南县生态系统服务权衡与协同关系

2000 年、2010 年和 2018 年研究区生态系统服务间的生境质量-土壤保持、生境质量-固碳保持、土壤保持-固碳保持、旅游文化-固碳保持、产水量-食物供给等生态系统服务呈正相关性，具有一定的协同性。其中生境质量-固碳保持相关性系数分别为 0.517、0.462、0.469，为三期中相关性系数最高；食物供给-产水量相关性系数分别为 0.008、0.011、0.005，为三期中相关性系数最低；土壤保持-产水量、产水量-固碳保持、产水量-生境质量、产水量-旅游文化、食物供给-固碳保持、食物供给-土壤保持、食物供给-生境质量、食物供给-旅游文化、土壤保持-旅游文化、生境质量-旅游文化等生态系统服务呈负相关性，具有一定的权衡性。其中，食物供给-固碳保持相关性系数分别为 –0.018、–0.021、–0.056，为三期中相关性系数最高；食物供给-生境质量相关性系数分别为 –0.375、–0.301、–0.415，为三期中相关性系数最低（表 5-9）（苗培培等，2021）。

表 5-9 生态系统服务间的权衡与协同关系

服务类型	2000 年	2010 年	2018 年
食物供给-固碳保持	−0.018**	−0.012**	−0.056**
食物供给-土壤保持	−0.137**	−0.118**	−0.254**
食物供给-产水量	0.008*	0.011**	0.005*
食物供给-生境质量	−0.375**	−0.301**	−0.415**
食物供给-旅游文化	−0.084**	−0.076**	−0.101**
土壤保持-固碳保持	0.301**	0.327**	0.253**
土壤保持-产水量	−0.142**	−0.137**	−0.039**
土壤保持-生境质量	0.468**	0.451**	0.430**
土壤保持-旅游文化	−0.013	−0.021	−0.017
产水量-固碳保持	−0.034**	−0.026**	−0.019**
产水量-生境质量	−0.042**	−0.045**	−0.055**
产水量-旅游文化	−0.108	−0.116	−0.110
生境质量-固碳保持	0.517**	0.462**	0.469**
生境质量-旅游文化	−0.074	−0.054	−0.028
旅游文化-固碳保持	0.019**	0.024**	0.012**

注：*表示在置信度（双侧）为 0.05 时相关性显著；**表示在置信度（双侧）为 0.01 时相关性显著。

3. 广南县生态系统服务空间自相关关系

1）食物供给服务空间自相关关系

全局空间自相关可反映各生态系统服务在整个区域内空间相关性的总体趋

势，研究主要通过 Moran's I 指数来度量。全局 Moran's I 的取值为[-1, 1]，当 Moran's I 大于 0 时，表明存在正的空间自相关，即生态系统服务空间趋于集聚，且越接近 1 正相关性就越强，即空间聚集性越强；当 Moran's I 小于 0 时，表明存在负的空间自相关，即生态系统服务空间趋于分散，且越接近-1 负相关性就越明显，即越趋于空间分散。利用 GeoDa 软件，得出研究区 2000 年、2010 年和 2018 年食物供给服务的 Moran's I 散点图[图 5-17（a）]。研究区 2000 年、2010 年和 2018 年食物供给服务 Moran's I 指数值分别为 0.540、0.511 和 0.629，表明研究区食物供给服务呈一定的正相关关系，即空间分布上，食物供给服务存在集聚分布现象。2000～2018 年食物供给服务 Moran's I 指数整体呈现先减少后增加的变化趋势，但变化幅度较小。

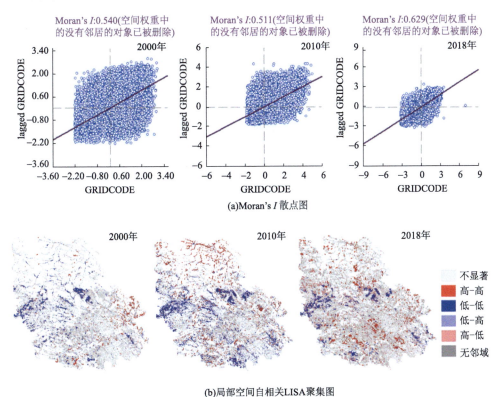

图 5-17　广南县食物供给服务 Moran's I 散点图及局部空间自相关 LISA 聚集图

全局 Moran's I 指数仅能反映生态系统服务整体空间分布模式，不能反映出局部区域空间关联模式，因此需要进一步研究局部区域生态系统服务空间关联格局。通过分析研究区生态系统食物供给服务局部区域空间关联格局得到 LISA 聚集图，并统计分析出不同时期研究区食物供给服务空间聚类类型占比（表 5-10）。其中，

LISA 聚集图中"不显著"区表示局部区域生态系统服务属性值和相邻区域的生态系统服务属性值无关联,"低-低"值区表示局部区域生态系统服务属性值随着相邻区域的生态系统服务属性值的降低而降低,"高-高"值区表示局部区域生态系统服务属性值随着相邻区域的生态系统服务属性值的升高而升高,"低-高"值区局部区域生态系统服务属性值随着相邻区域的生态系统服务属性值的降低而升高,"高-低"值区局部区域生态系统服务属性值随着相邻区域的生态系统服务属性值的升高而降低。

表 5-10　食物供给服务空间聚类类型占比表　　　（单位：%）

年份	高-高	高-低	低-高	低-低	不显著
2000	12.93	1.79	1.23	18.60	65.45
2010	10.93	1.62	1.60	16.01	69.84
2018	15.43	1.33	0.97	11.53	70.74

从表 5-10 中可以看出,研究区 2000 年、2010 年和 2018 年食物供给服务聚类类型主要以"不显著"区分布为主。从图 5-17（b）中可以看出,2000 年、2010 年和 2018 年食物供给服务空间分异特征主要以"不显著"区集群分布为主。其中,2000 年"低-低"值区主要分布在研究区西部和中部,为珠琳镇和莲城镇,占比 18.60%。"高-高"值区主要分布在研究区东部和东南部,为板蚌乡、南屏镇和杨柳井乡,占比 12.93%;2010 年食物供给服务相对于 2000 年"低-低"值区域范围减少,减少范围主要分布在东北部,为坝美镇,减少范围占比 2.59%。"高-高"值区域范围减少,减少范围主要分布在东部,为板蚌乡和杨柳井乡,减少范围占比 2.0%;2018 年食物供给服务相比于 2010 年"低-低"值区域范围不断减少,减少区域主要分布在中部和南部,为莲城镇和黑支果乡,减少范围占比 4.48%。"高-高"值区域范围增加,增加范围主要分布在东部和东南部,为板蚌乡、杨柳井乡、南屏镇和八宝镇,增加范围占比 4.5%。

2）产水量服务空间自相关关系

研究区 2000 年、2010 年和 2018 年产水量 Moran's I 指数值分别为 0.267、0.218和 0.262,表明研究区产水量服务呈一定的正相关关系,即空间分布上,产水量服务存在集聚分布现象。2000～2018 年产水量服务 Moran's I 指数整体呈现先减少后增加的趋势,但变化幅度不大[图 5-18（a）]。

从表 5-11 中可以看出,研究区 2000 年、2010 年和 2018 年产水量服务聚类类型主要以"不显著"区分布为主。其中,"高-高"值区和"高-低"值区变化较为明显,"高-高"值区呈逐渐增加趋势,"高-低"值区呈逐渐减少趋势。

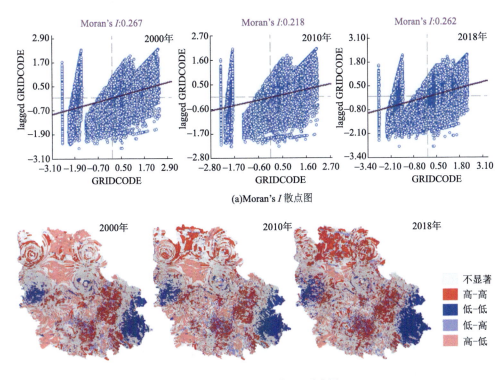

(a)Moran's *I* 散点图

(b)局部空间自相关LISA聚集图

图 5-18　广南县产水量服务 Moran's *I* 散点图及局部空间自相关 LISA 聚集图

从图 5-18（b）中可以看出，2000 年、2010 年和 2018 年产水量服务空间分异特征主要以"不显著"值区集群分布为主。其中，2000 年产水量服务"高-高"值区主要分布在研究区南部和中东部，为曙光乡和杨柳井乡，占比 14.73%。"高-低"值区主要分布在北部和西南部，为底圩乡、坝美镇和那洒镇，占比 26.80%；2010 年产水量服务相比 2000 年"高-高"值区域范围增加，增加范围主要分布在北部为底圩乡，增加范围占比 3.47%，"高-低"值区域范围减少，减少范围主要分布在北部为底圩乡，减少范围占比 7.13%；2018 年产水量服务相比 2010 年"高-高"值区域范围增加，增加范围主要分布在北部，为底圩乡和坝美镇，增加范围占比 7.8%，"高-低"值区域范围减少，减少范围主要分布在北部，为底圩乡和坝美镇，减少范围占比 11.25%。

表 5-11　产水量服务空间聚类类型占比表　　　　　　（单位：%）

年份	高-高	高-低	低-高	低-低	不显著
2000	14.73	26.80	1.70	10.77	46.00
2010	18.20	19.67	1.83	10.57	49.73
2018	26.00	8.42	1.47	11.81	52.30

3）土壤保持服务空间自相关关系

研究区 2000 年、2010 年和 2018 年土壤保持服务 Moran's I 指数值分别为 0.367、0.378 和 0.379，表明研究区土壤保持服务呈一定的正相关关系，即空间分布上，土壤保持服务存在集聚分布现象。研究区 2000～2018 年土壤保持服务 Moran's I 指数整体呈现增加趋势，但变化幅度不大[图 5-19（a）]。

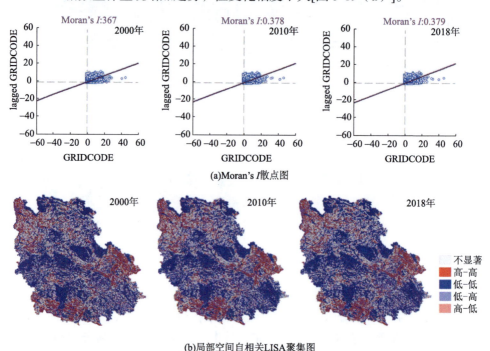

(a)Moran's I散点图

(b)局部空间自相关LISA聚集图

图 5-19　广南县土壤保持服务 Moran's I 散点图及局部空间自相关 LISA 聚集图

从表 5-12 中可以看出，研究区 2000 年、2010 年和 2018 年土壤保持服务聚类类型主要以"不显著"区和"低-低"值区分布为主。从图 5-19（b）中可以看出，2000 年、2010 年和 2018 年土壤保持服务空间分异特征主要以"不显著"区和"低-低"值区集群分布为主。其中，2000 年土壤保持服务"低-低"值区主要分布在研究区西部、中部和中南部，为珠琳镇、莲城镇和珠街镇，占比 27.01%。"高-高"值区主要分布在西北部、东部和西南部，为者太乡、杨柳井乡和那洒镇，占比 18.75%；2010 年产水量服务相比 2000 年"低-低"值区域范围增加，增加范围主要分布在东南部，为八宝镇，增加范围占比为 2.21%。"高-高"值区域区域基本不变；2018 年产水量服务相比 2010 年"低-低"区域基本不变，"高-高"值区域范围增加，增加范围主要分布在西南部，为那洒镇，增加范围占比 1.61%。

表 5-12　土壤保持服务空间聚类类型占比表　　　（单位：%）

年份	高-高	高-低	低-高	低-低	不显著
2000	18.75	1.01	1.47	27.01	51.76
2010	17.62	1.62	1.60	29.32	49.84
2018	19.23	1.33	1.97	28.53	48.94

4）固碳保持服务空间自相关关系

研究区 2000 年、2010 年和 2018 年固碳服务 Moran's I 指数值分别为 0.733、0.710 和 0.603，表明研究区固碳服务呈一定的正相关关系。即空间分布上，固碳服务在低值区域与低值区域相邻，不显著区域与不显著区域相邻，高值区域与高值区域相邻存在集群分布现象。但研究区 2000~2018 年固碳服务 Moran's I 指数整体呈现逐渐减少的趋势，使得固碳服务空间分布呈现离散化发展趋势[图 5-20（a）]。

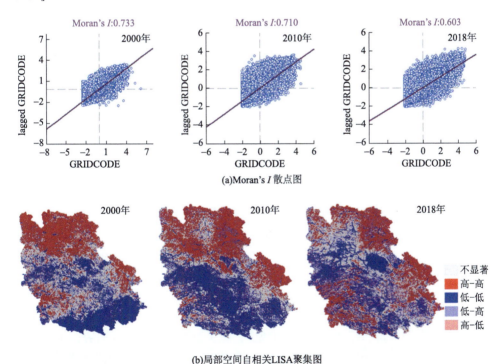

(a)Moran's I 散点图

(b)局部空间自相关LISA聚集图

图 5-20　广南县固碳保持服务 Moran's I 散点图及局部空间自相关 LISA 聚集图

从表 5-13 中可以看出，研究区 2000 年、2010 年和 2018 年固碳服务聚类类型主要以"不显著"区、"低-低"值区和"高-高"值区分布为主。其中，"高-

高"值区基本保持不变,"低-低"值区呈现先增加后减少的趋势,"不显著"区呈现先减少后增加的趋势。从图5-20(b)中可以看出,2000年、2010年和2018年固碳服务空间分异特征主要以"不显著"区、"低-低"值区和"高-高"值区集群分布为主。2000年固碳服务"低-低"值区,主要分布在研究区西部、南部和东南部,为珠琳镇、黑支果乡、篆角乡和八宝镇,占比25.24%。"不显著"区主要分布在中南部和东部,为曙光乡、董堡乡和杨柳井乡,占比38.36%;2010年固碳服务相比2000年"低-低"值区域范围增加,增加范围主要分布在中部和中南部,为旧莫乡和珠街镇,增加范围占比为10.19%。"不显著"区域范围减少,减少范围主要分布在中部和中南部,为旧莫乡和珠街镇,减少范围占比为9.14%;2018年固碳服务相比2010年"低-低"值区域范围减少,减少范围主要分布在中南部,为旧莫乡和珠街镇,减少范围占比为15.22%。"不显著"区域范围增加,增加范围主要分布在西北部,为者兔乡和者太乡,增加范围占比9.26%。

表 5-13 固碳服务空间聚类类型占比表 （单位：%）

年份	高-高	高-低	低-高	低-低	不显著
2000	31.24	3.93	1.23	25.24	38.36
2010	29.56	4.22	1.57	35.43	29.22
2018	30.95	7.62	2.74	20.21	38.48

5）生境质量服务空间自相关关系

研究区2000年、2010年和2018年生境质量服务 Moran's I 指数值分别为−0.108、−0.085和−0.040,表明研究区生境质量服务呈一定的负相关关系,即空间分布上,生境质量服务分布呈离散化状态。研究区2000~2018年生境质量服务 Moran's I 指数整体呈现增加趋势[图5-21(a)]。

从表5-14中可以看出,研究区2000年、2010年和2018年生境质量服务聚类类型主要以"高-低"值区分布为主。其中,"高-低"值区呈逐渐减少的趋势。从图5-21(b)可以看出,2000年、2010年和2018年生境质量服务空间分布特征主要以"高-低"值区集群分布为主。其中,2000年生境质量服务主要为"高-低"值区,主要分布在研究区北部、西南部和东部,占比84.71%;2010年生境质量服务相比2000年"高-低"值区域范围减少,减少范围主要分布在研究区中部,减少范围占比4.42%;2018年生境质量服务相比2010年"高-低"值区域范围减少,减少范围主要分布在研究区西部和北部,为珠琳镇、底圩乡和坝美镇,减少范围占比0.71%。

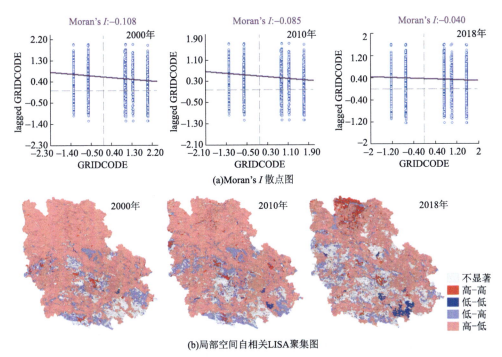

(a)Moran's I 散点图

(b)局部空间自相关LISA聚集图

图 5-21　广南县生境质量服务 Moran's I 散点图及局部空间自相关 LISA 聚集图

表 5-14　生境质量服务空间聚类类型占比表　　　（单位：%）

年份	高-高	高-低	低-高	低-低	不显著
2000	0.86	84.71	6.52	0.08	7.83
2010	1.49	80.29	9.59	0.32	8.31
2018	4.62	67.09	11.97	2.86	13.46

6）旅游文化服务空间自相关关系

研究区 2000 年、2010 年和 2018 年旅游文化服务 Moran's I 指数值分别为 0.188、0.249 和 0.260。表明研究区旅游文化服务呈一定的正相关关系，即空间分布上，旅游文化服务存在集群分布现象。2000～2018 年旅游文化服务 Moran's I 指数整体呈现增加趋势，但变化幅度较小[图 5-22（a）]。

从表 5-15 中可以看出，研究区 2000 年、2010 年和 2018 年旅游文化服务聚类类型主要以"低-低"值区分布为主。从图 5-22（b）中可以看出，2000 年、2010 年和 2018 年旅游文化服务空间分布特征主要以"低-低"值区集群分布为主。其中，2000 年旅游文化服务除中部外其余分布基本均为"低-低"值区，占比 89.02%；"高-高"值区分布范围较小，主要分布在中部为莲城镇，仅占比 0.04%；2010 年旅游文化服务相比 2000 年"低-低"值区域范围减少，减少区域主要分布在研究区中部和中南部，为莲城镇和南屏镇，减少占比 2.24%。"高-高"值区域范围基本不变；2018 年旅游文化服务相比 2010 年"低-低"区域范围增加，增加区域主要分布在研究区中部和中南部，为莲城镇和南屏镇，增加占比 0.63%。"高-高"值区域范围基本不变。

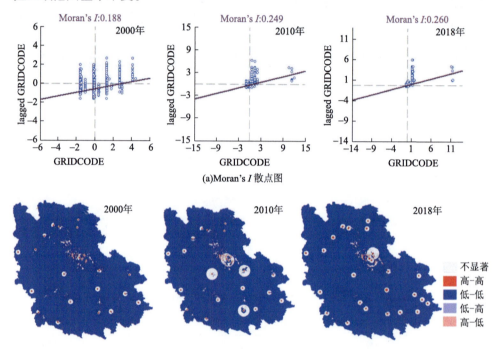

(a)Moran's *I* 散点图

(b)局部空间自相关LISA聚集图

图 5-22　广南县旅游文化服务 Moran's *I* 散点图及局部空间自相关 LISA 聚集图

表 5-15　旅游文化服务空间聚类类型占比表　　　（单位：%）

年份	高-高	高-低	低-高	低-低	不显著
2000	0.04	1.09	7.71	89.02	2.14
2010	0.48	1.16	7.38	86.78	4.20
2018	0.54	1.32	7.44	87.41	3.29

5.3　本章小结

5.3.1　喀斯特山区生态系统服务评估量化

1. 典型区文山市生态系统服务特征

2000～2017 年间文山市除生境质量外，其他生态系统服务的年均值均有一定程度的上升。在空间分布上，城区周围及林地周边地区是生态系统服务变化较明显的地区。各类生态系统服务空间分布有相似之处，但差异也较明显，除食物供给服务高值区广泛分布于文山市北部、中部外，其他生态系统服务均在西部林地呈高值区集中、中部建设用地低值区聚集，或呈现出与此相反的态势。

在生态系统服务的冷热点分布方面，各生态系统服务的空间分布有所差异；但除旅游文化服务外，其他生态系统服务的冷热点面积占比相差不大。在各地类中，生态系统服务冷热点比例差异较大，相比其他地类，文山市林地、草地和耕地中生态系统服务热点区更为集中。同时，文山市能够提供 3～4 类热点生态系统服务的地区较少，这些少部分区域与林地的空间分布高度重合，且 4 类热点集中区集中分布于西部面积较大林地的核心区，说明保护林地对维持喀斯特山区的生态系统服务有重要意义；而喀斯特山区生态系统的无热点区分布在石漠化重度区域，应继续采取相应的生态恢复措施来改善资源环境状况。

2. 典型区广南县生态系统服务特征

2000～2018 年，广南县年平均食物供给和旅游文化服务量呈现逐年增加趋势，年平均生境质量呈现逐年减少趋势，而年平均产水量、土壤保持和固碳保持呈现先减后增趋势。空间上，广南县食物供给呈现中部、中南部和东南部增加较多，西部和东部减少较多的趋势；产水量北部、中部和中南部增加较多，西北部、南部及东南部减少较多；土壤保持与产水量呈现大致相反的趋势；固碳保持呈现东部和西南部增加较多，西北部、中部和中南部减少较多的趋势；生境质量呈现东部和东南部增加较多，西部和西北部减少较多的趋势；旅游文化服务呈现中部增加较多，西部和西北部减少较多的趋势。

总体上，广南县各生态系统服务全局 Moran's I 指数大小依次为：固碳保持服务>食物供给服务>土壤保持服务>产水量服务>旅游文化服务>生境质量服务。在聚集性方面，各生态系统服务聚类类型及空间分布特征主要以"不显著"区和"低-低"值区集群分布为主，空间上主要分布在广南县西部、南部和东南部地区。

5.3.2 喀斯特山区生态系统服务权衡与协同

典型区文山市 2000～2017 年生态系统服务间相关关系的性质没有发生变化，但相关关系的强弱有所波动。在生态系统服务权衡与协同空间分布方面，文山市存在 6 组在空间上以权衡像元为主的生态系统服务，而呈协同关系像元占优势的生态系统服务共有 9 组；典型区广南县的生境质量-土壤保持、生境质量-固碳保持、土壤保持-固碳保持、旅游文化-固碳保持、产水量-食物供给等生态系统服务之间呈协同关系，而产水量-土壤保持、产水量-固碳保持、产水量-生境质量、产水量-旅游文化、固碳保持-食物供给、土壤保持-食物供给、生境质量-食物供给、旅游文化-食物供给等生态系统服务之间呈权衡关系。

总体上,根据两个典型区域生态系统服务权衡与协同分析结果,从供给服务、支持服务、调节服务、文化服务 4 大生态系统服务分类上看,喀斯特山区的供给服务内部、支持服务内部,以及调节服务与支持服务、文化服务之间都呈现出协同的关系,且相互的作用关系较强;而供给服务与支持服务、调节服务、文化服务之间呈现出权衡关系。

第三篇

云南喀斯特山区产业发展模式与国土空间优化管控研究

喀斯特山区经济发展滞后、少数民族聚居，传统的掠夺式水土资源利用模式和不合理的社会经济发展模式导致山区生态环境恶化，阻碍乡村发展与振兴。目前，区域的水土资源利用效率仍然低下，需要构建兼顾经济发展协调和生态保护治理的可持续道路，为喀斯特山区水土资源合理利用、产业发展规划和生态环境保护提供方案。同时，近年来喀斯特山区城乡建设用地的快速扩张导致国土空间开发格局混乱，不同功能类型的国土空间严重冲突，造成区域发展的不平衡，引发更严重的生态环境和可能的返贫困问题。亟须针对喀斯特山区的资源环境和社会经济状况，提出行之有效的国土空间优化方案和管控建议。

　　基于上述问题，本篇旨在完成三方面的研究：①构建面向乡村振兴的文山市水土资源分区和生态系统服务功能分区调控框架，从促进产业发展、提高水土资源利用效率和保护生态环境等视角提出喀斯特山区的发展模式，从生态系统服务簇的供给、保护、调节、生产等方面提出喀斯特山区的发展导向，以推动喀斯特山区的乡村振兴进程；②通过查阅相关文献和实地调研，综合考虑喀斯特山区的生态环境脆弱性，对典型区广南县产业发展基础和产业结构合理性进行评价，并对全县产业结构进行优化，提出不同生态脆弱区的产业发展模式；③分析典型喀斯特山区国土空间功能现状，构建国土空间优化体系，实现喀斯特山区国土空间优化，并探讨国土空间的管控路径。研究为缓解喀斯特山区资源过度开发、环境急剧恶化的压力，以及实现乡村振兴和可持续发展提供新的思路。

第 6 章

云南典型喀斯特山区功能分区与发展模式研究

　　我国目前正处于社会经济快速发展阶段，水土资源利用程度不断提高。但社会经济的腾飞已过度消耗自然资源，特别是水土资源为代价，导致水土资源短缺、土地退化、环境恶化等一系列问题（Wang and Li，2019；Wen et al.，2019；Tan et al.，2021）。云南省喀斯特山区面积范围广，石漠化问题突出（Hu and Lan，2020；Yan et al.，2020），传统的水土资源利用模式效率低下，区域生态环境恶化的趋势更加明显（Zhang et al.，2021）。

　　云南省喀斯特山区经济发展以农业为主，这种单纯依赖农业发展的水土资源调配极不合理，使当地陷入"农户经济来源受限—自然资源开发无序—贫困与生态问题双重叠加"的恶性循环中（赵筱青等，2020a；Tan et al.，2021）。喀斯特山区合理利用水土资源是打破恶性循环、巩固脱贫攻坚成果的关键。因此，要巩固喀斯特山区的脱贫成果，必须提出创新的水土资源利用政策和发展模式，提高水土资源调配和利用效率，从而促进乡村振兴。

　　同时，生态系统服务功能分区是实施生态系统管理、构建区域生态安全格局的前提条件。生态系统服务的空间异质性是指由于自然资源禀赋和气候条件的不同，人类的土地利用方式有所区别，造成生态系统服务在空间分布上的差异，这种差异包括生态系统服务本身的量值高低，也包括与其他生态系统服务在空间上的相互关系。而生态系统功能分区方案多为定性研究，将生态系统服务权衡与协同关系纳入考量的较少。因此，基于生态系统服务在空间上的完整性和独立性、区内相似性、区间差异性等原则，识别生态系统服务的特定组合，进行合理分区并提出相应的管理意见和建议，具有重要参考价值。

6.1　喀斯特山区功能分区与发展模式研究方法

　　水土资源系统是一个综合而复杂的系统（姜磊等，2017）。通过水土资源分区调控，安排土地利用、产业布局、水资源管理和基础设施配置，是水土资源利用政策非常重要的空间决策工具，需要考虑区域的水土资源耦合协调度与资源环境承载力状况。水土资源耦合协调度可以反映区域水土资源系统的协调程度，资源环境承载力可以反映区域承载人类活动的能力（普军伟，2019），两者为水土资源分区调控和发展模式提供理论依据和实际指导。

目前关于水土资源分区调控的研究较少，对喀斯特山区的研究尚未见报道。云南省的典型喀斯特山区文山市石漠化严重，水土流失、土地退化和水资源短缺，亟须进行水土资源利用与管控研究，提出既能提高水土资源的利用效率，又能促进社会经济发展和生态环境保护的发展模式，以摆脱目前生态环境脆弱、资源利用效率低下、发展模式混乱且脱贫成效不稳固的局面，更好地将脱贫攻坚成果与乡村振兴有效对接。因此，以云南省典型喀斯特山区文山市为实践案例区，开展水土资源分区调控与发展模式研究具有重要意义。

6.1.1　喀斯特山区水土资源分区调控与发展模式研究方法

研究方法分为两个部分。第一部分是水土资源分区调控方法，主要依据 3.5.1节文山市水土资源耦合协调度评价结果（谭琨等，2021a）和 4.2.1 节文山市资源环境承载力评价结果（谭琨等，2021b），将两个评价结果进行空间叠加组合后，对文山市水土资源进行分区；第二部分为水土资源发展模式研究思路（图 6-1），主要按照水土资源分区结果，从协调各产业发展、提高水土资源利用效率、保护生态环境等角度，提出文山市各水土资源分区的发展模式，促进乡村振兴（Tan et al., 2021）。

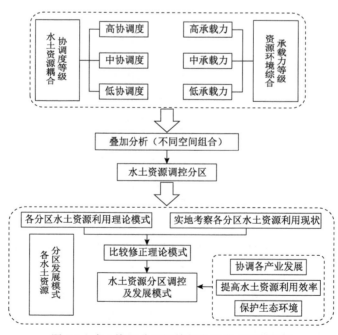

图 6-1　水土资源分区调控与发展模式研究思路

1. 水土资源分区调控方法

研究在充分考虑水土资源系统内部协调状况，以及区域资源、环境和社会经济承载状态的基础上，根据水土资源耦合协调度等级与资源环境综合承载力等级的空间叠加组合，对水土资源进行分区（图 6-1）。

将水土资源耦合协调度与资源环境综合承载力进行空间叠加后，得到高协调度-高承载力、中协调度-高承载力、低协调度-高承载力、中协调度-中承载力、高协调度-中承载力、高协调度-低承载力、中协调度-低承载力、低协调度-中承载力、低协调度-低承载力共 9 空间组合结果。根据各组合结果的特征，设置如下水土资源分区方法（表 6-1）：

（1）将水土资源耦合协调度和资源环境承载力都最好的区域划为Ⅰ区，包含高协调度-高承载力区共 1 类区域；

（2）将水土资源协调度较差但资源环境承载力高的区域划为Ⅱ区，包含中协调度-高承载力区、低协调度-高承载力区共 2 类区域；

（3）将水土资源耦合协调度和资源环境承载力都一般的区域划为Ⅲ区，包含中协调度-中承载力区共 1 类区域；

（4）将水土资源耦合协调度良好但资源环境承载能力较差的区域划为Ⅳ区，包含高协调度-中承载力区、高协调度-低承载力区、中协调度-低承载力区共 3 类区域；

（5）将水土资源耦合协调度差且资源环境承载力一般的区域划为Ⅴ区，包含低协调度-中承载力区共 1 类区域；

（6）将水土资源耦合协调度最差且资源环境承载力最低的区域划为Ⅵ区，包含低协调度-低承载力区共 1 类区域。

表 6-1　文山市水土资源分区调控体系

分区	组合
Ⅰ区	高协调度-高承载力
Ⅱ区	中协调度-高承载力、低协调度-高承载力
Ⅲ区	中协调度-中承载力
Ⅳ区	高协调度-中承载力、高协调度-低承载力、中协调度-低承载力
Ⅴ区	低协调度-中承载力
Ⅵ区	低协调度-低承载力

2. 水土资源发展模式研究思路

基于以上六个分区的水土资源利用理论模式探讨，以及实地考察各个分区的水土资源利用现状，比较修正水土资源利用的理论模式，从各产业发展协调、水土资源利用效率提高、生态环境保护等方面，对每个分区提出相应的发展模式（图6-1）。其中，对各分区的发展模式基础导向与理念构想设置如下：

（1）I区水土资源耦合协调度和资源环境承载力都非常好，制定发展模式时要注重生态环境保护与社会经济协调发展；

（2）II区水土资源协调性较差但资源环境承载力高，制定发展模式时要重点调控水土资源协调性，从而提高区域整体支撑人类活动的能力；

（3）III区水土资源耦合协调度和资源环境承载力都一般，制定发展模式时要同时调控水土资源耦合协调度和资源环境承载力。由于该区不论水土资源耦合协调、还是资源环境承载状态的发展潜力都最大，是所有分区中最重要的调控区；

（4）IV区水土资源耦合协调度良好但资源环境承载能力较差，制定发展模式时要重点从资源、环境和社会经济等方面进行调控，提高区域资源环境综合承载能力；

（5）V区水土资源耦合协调度差且资源环境承载力一般，制定发展模式时要重点对水土资源协调状况进行调控，同时注意资源环境承载力的提高、生态环境的保护与修复，从而提升区域综合发展潜力；

（6）VI区水土资源耦合协调度最差且资源环境承载力最低，由于该区无法支撑人类活动，所以应划为重点保护区，制定发展模式时要增强保护力度，改善生态环境状况。

6.1.2 喀斯特山区生态系统服务功能分区与发展导向研究方法

生态系统服务簇是通过衡量不同生态系统服务之间的相似性，把具有较高相似度的空间单元划分至同一生态系统服务簇，较高相异度的空间单元划分为不同生态系统服务簇，进行生态系统服务功能分区（李慧蕾等，2017）。

生态系统服务功能分区是实施生态系统管理、构建区域生态安全格局的前提条件。前文的分析结果能够很好地解释生态系统服务之间的权衡与协同关系，以及多种生态系统服务在空间上的分布规律，但由于各服务间的组合较多，如何识别不同区域生态系统的主导服务类型是生态系统功能分区需解决的首要问题，进行生态系统服务及其权衡与协同关系的空间异质性分区划定具有重要意义。生态系统服务的空间异质性是指由于自然资源禀赋和气候条件的不同，人类的土地利用方式有所区别，造成的生态系统服务在空间分布上的差异，这种差异包括生态系统服务本身的量值高低，不同类型生态系统服务之间在空间上的相互关系。目前生态系统功能分区方案多为定性研究，将生态系统服务权衡与协同关系纳入考量的较少。本章基于生态系统服务在空间上的完整性和独立性、区内相似性、区间差异性等原则，识别生态系统服务的特定组合，进行合理分区并提出相应的管理意见和建议。

1. 生态系统服务功能分区方法

基于栅格的分区，破坏了区域的完整性，而基于行政单元的分区可以有效地将生态系统服务管理与地方发展规划相结合，使管理措施更为实际可行。因此，本研究基于行政村对生态系统进行功能分区。研究区文山市内共 139 个行政村，可看作 139 个生态系统服务簇，它们在空间上具有潜在联系，需通过进一步的聚类分析，划分为区内相似、区间差异的不同类别。

生态系统服务簇的聚类方法主要有层次聚类、K-means 聚类、自组织特征映射网络聚类、随机森林聚类等（Vermaat et al., 2016；毛祺等，2019；李淑娟和高琳，2020）。其中，K-means 聚类方法具有数据处理迅速、处理结果简明清晰等特点，是处理连续性数据时最常用的一种聚类方法。K-means 聚类的主要运行步骤为：从数据集中选出 k 个对象作为初始聚类起始点，每个起始点即代表一个聚类；计算所有数据与每个聚类起始点的距离并将其归类至与它距离最近的起始点；重新计算归类后的每组数据平均值，将其作为新的聚类起始点；重复上述过程直至没有新的起始点出现，至此聚类完成。本研究基于 R3.6.1 平台，运用 K-means 函数实现生态系统服务簇的空间聚类，进行生态系统服务功能分区。K-means 聚类通过样本的属性值计算距离，所以需要对数据进行标准化，以便于数据进行比较分析，排除量纲不一致对计算结果产生的影响。

2. 生态系统服务功能区发展导向探究思路

生态系统服务研究的目的最终是落实到区域发展实践中，为区域可持续发展以及提升居民福祉提供助力。生态系统为人类提供的服务是有限的，而人类在经济、社会和环境等方面的需求又具有多样性，因此决定了对生态系统的管理必须向复合性、差异性的方向发展。在影响生态系统服务的众多因素中，气候、地形、资源等先天条件难以进行改变，但人类活动导致的土地利用方式发生的变化是可以控制的。因此，生态系统服务管理，是为了满足不同群体对生态系统的需求，充分考虑生态系统服务机理及其与土地利用之间的相互关系，通过采取合理管理方式，来调控和管理生态系统格局、过程和功能。在认识和了解文山市土地利用、生态系统服务权衡与协同关系时空变化特征的基础上，结合文山市社会经济发展情况，参考相关研究，提出相应的管理意见和建议。

6.2 典型区文山市水土资源分区调控与发展模式研究

6.2.1 文山市水土资源分区调控

根据喀斯特山区水土资源分区调控体系（图 6-1、表 6-1），将水土资源耦合协调度[图 3-11（c）]和资源环境承载力（图 4-1）进行叠加分析，划分文山市水土资源调控分区（图 6-2）。

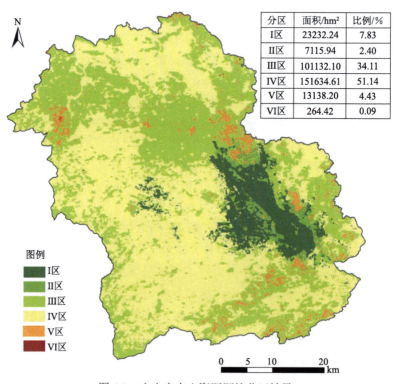

分区	面积/hm²	比例/%
I区	23232.24	7.83
II区	7115.94	2.40
III区	101132.10	34.11
IV区	151634.61	51.14
V区	13138.20	4.43
VI区	264.42	0.09

图 6-2 文山市水土资源调控分区结果

从分区面积上看，I区、II区、III区、IV区、V区、VI区的面积分别为 23232.24hm²、7115.94hm²、101132.10hm²、151634.61hm²、13138.20hm²、264.42hm²，分别占文山市总面积的 7.83%、2.40%、34.11%、51.14%、4.43%、0.09%。

从分区空间上看，I区（高协调度-高承载力区）主要分布在文山市的中东部的建成区及周边区域，这些区域水土资源耦合协调度非常好、承载人类活动的能力最强，今后也可以继续承载人类的高强度活动；II区（中协调度-高承载力区、低协调度-高承载力区）主要集中分布在I区的附近，范围不大，承载人类活动的能力较强，但是水土资源耦合协调度较差，起到了I区与III区之间的过渡作用；III区（中协调度-中承载力区）主要分布在文山市的中北部、西北部、东南部，以及边缘区域，这些区域社会经济较发达，水土资源耦合协调度和承载人类活动的能力都一般；IV区（高协调度-中承载力、高协调度-低承载力、中协调度-低承载力）是分布范围最广的区域，主要分布在文山市的西部、中部、南部和北部，这些区域社会经济欠发达，承载人类开展活动的能力较差，但主要是林地、草地等生态用地分布区，水土资源耦合协调度良好；V区（低协调度-中承载力区）主要分布在文山市的西北部、东北部和东南部，这些区域石漠化面积比例较高，主要是裸露的土地，水土资源耦合协调度差，承载人类活动的能力一般；VI区（低协调度-低承载力区）范围最小，零星分布于文山市的西北部和东北部的石漠化严重区域，水土资源耦合协调度很差，区内无承载人类活动的能力，需划为重点生态功能保护区，进行人为修复或自然修复，重点开展该区域及周边范围的生态保护，提升承载力及水土资源协调程度。

根据实地调查分析，文山市山多地少、水土资源短缺、社会经济差距明显，主要以第一产业为主，第二、三产业发展薄弱。在发展模式研究中，一方面，文山市作为喀斯特山区，农村地区的发展至关重要。按照乡村振兴要求，农村产业发展必须以农业为基础，水土资源管控的发展模式要集中在农业方面，通过水土资源系统中各要素之间的耦合不断提升区域的承载能力，从而推动农村转型和发展；另一方面，文山市喀斯特地貌分布广泛，喀斯特地貌景观具有独特的旅游价值，生态旅游开发可以提高资源利用效率，实现石漠化自然景观的经济价值转变，水土资源管控的发展模式也要注重旅游业方面。因此，文山市的水土资源调控发展模式主要围绕农业和生态旅游业探讨。

6.2.2 文山市水土资源发展模式

根据喀斯特山区水土资源发展模式研究思路（6.1.1 节的 1.部分），基于不同的水土资源耦合评估结果，结合区域资源环境的实际情况，着眼于水土资源的合理利用，从提高水土资源利用效率、保护生态环境等方面，针对各分区提出具有不同水土资源利用策略和产业发展方向的综合发展模式（Tan et al.，2021）。

1. I区——都市综合功能发展+复合开发利用模式

该区主要分布在东部的市中心，承载人类活动的能力最强、水土资源耦合协调度非常好，需注重生态环境保护和社会经济协调发展。该区水土资源开发利用程度高，人口和产业高度集聚，基础设施完善，交通便利，应促进产业升级改造，形成区域发展中心，集商贸、会展、休闲娱乐、运动养生、度假和特色文化旅游于一体的都市综合功能发展区，提升区域城镇品质，增强其示范和辐射带动作用，促进周边区域共同发展。另外，该区除了具有优质的建设用地资源外，还有较多优质的耕地资源，应利用资源和社会经济优势发展现代化精细化农业，改善排灌系统，实现精细灌溉，确保粮食安全，形成耕地和建设用地复合开发利用的发展模式。但同时需注意不能过度开发，应在现行国土空间规划下划定城镇开发边界，严守基本农田边界和生态保护红线，以"三界"约束城市发展空间，确保优质耕地、自然保护地等区域的面积不减少。

2. II区——特色休闲农业+现代都市农业模式

该区主要分布在东部的市中心周围，承载人类活动的能力较强，但是水土资源耦合协调度较差，区域内有一定面积的石漠化分布，需重点提高水土资源协调水平。该区应充分利用区位优势和良好的社会经济条件，大力发展稻田养鱼和红果葡萄种植等特色休闲农业和现代都市农业。

稻田养鱼。充分利用区域优质的耕地资源和有利的社会经济条件，完善农田沟渠等水利设施建设，对田间水资源进行综合管理，发展稻田养鱼等节水特色休闲农业，实现水资源的高效利用。在稻田养鱼规模化经营的基础上，充分挖掘潜在价值，将其建设为集田园风光、垂钓、技术传播、自然教育、特色餐饮和休闲娱乐于一体的生态休闲农业度假区，实现生态效益与社会经济效益的统一。

红果葡萄种植。统一规范化红果葡萄种植的管理，实现规模化、专业化发展。通过种植技术培训、测土配方、喷灌滴灌等措施，实现水肥一体化，生产绿色生态产品。在规模化经营的基础上，将红果葡萄种植基地建设为集观光采摘、娱乐游憩、徒步休闲、葡萄文化传播、农产品加工和地方特色餐饮等于一体的现代农业庄园田园综合体，促进乡村产业振兴。

现代都市农业。该区在农业科技引入、农业基础设施现代化建设和农业资本投入方面具有较大的优势，应发展现代都市农业，把传统水土资源利用效率低下的旱作农业向现代化节水高效型农业转化，制定科学合理的农业用水计划，并进行用水总量控制和定额管理，提高水土资源利用效率，增强水土资源耦合协调度。在规模化和集约化经营的基础上，大力开发质量好的绿色农产品及喀斯特山区野菜类等具有稀缺性、独有性的高附加值农产品，采用现代生产和加工技术，使用农业、物理、生物方法防治病虫害，为人们提供优质、安全、多样化的农产品。此外，都市农业不仅具有提供生、鲜、加工产品等生产功能和保护城镇生态环境功能，还具有提供田园风光、休闲娱乐的功能，有利于促进农业发展方式的转变，提高农业发展水平。随着都市农业生产水平的提高，可以出口农副产品，实现创汇，促进社会经济又好又快发展。

3. III区——高原特色经果林+粮食作物+产业园区品牌模式

该区分散分布于北部、西部和东南部社会经济较发达处，承载人类活动的能力和水土资源耦合协调度都一般，区域存在轻度的石漠化，需同时提高资源环境承载力和水土资源协调水平。该区发展潜力较大，农业和工业均较为发达，需水量较大。中国西南喀斯特山区地下水资源丰富，应勘查开发地下水资源，建设地下河水引渠等地下水提水工程，提高对地下水资源的开发利用率，满足农业和工业生产用水。同时，提高对过境水资源的利用率，增强水资源的供应能力。加快建立健全完善的水利工程系统，用管道输水替代渠道输水，减少有限水资源的浪费，促进水土资源耦合协调水平的提升。

区域土壤比较肥沃，气候条件较好，非常适宜香脆李和石榴红桃等特色经果林的种植。在种植园内修建蓄水池和水窖等蓄水设施收集雨水，安装喷灌、滴灌等灌溉设备，用收集的雨水进行农业灌溉，实现水资源的合理利用。合理规划各类经果林布局，把高原特色经果林产业发展与精准扶贫有机结合，为农户提供就业机会，实现土地集约高效利用，减少石漠化面积。

该区为粮食主产区，为确保粮食安全，应对优质耕地资源进行科技投入，培育优质耐旱高产品种，增施农家肥、有机肥，提高水稻和玉米等粮食作物的产量。同时，粮食作物生产需水较多，应加快建立健全水利设施，完善农业灌溉设施，为粮食生产提供充足的水源，并利用渠道防渗技术，加强渠道防渗工程建设，减少地表水在输水过程中的漏失，加快输水速度，逐步提高水土资源利用效率。

充分利用区域资源优势，建立"三七产业园"和"铝业工业园"等园区品牌，促进社会经济发展，提高支撑人类活动的能力。文山市不仅是中国最大的三七原料生产示范基地和生产企业集聚地，还是中国乃至全球规模最大的三七交易集散中心，被命名为"中国三七之乡"。应充分利用独特的三七资源优势进行中药材产业规模化发展，建立药品、保健品、化妆品、日用化工品等三七系列产品，形成以科研、加工、交易、展示为一体的三七产学研一体化发展模式。同时，加强三七养生和药膳等"三七饮食文化"和"三七文化创意园"的开发，形成"三七产业园区"品牌。三七种植中引进高效低毒、低残留的新型生物农药，开发抗旱、节水的排灌滴灌技术；运用区域特有的"铝"资源优势，建立"氧化铝"生产和"铝业工业园区"品牌。利用工业园区内的屋顶和硬化路面等修建集雨工程，在雨季时充分利用雨水资源进行工业生产，且实施用水定额管理，减少用水量，并逐步淘汰高耗水、低效益的工艺、技术和设备，促进工艺流程节水，减少水资源的消耗量。对园区内的生活污水和工业废水进行集中处理，用于工艺循环用水和绿化用水，提高水资源利用效率，利用现代技术对矿渣进行科学有效处理，避免土地污染，实现社会经济和生态环境保护协调发展。

4. Ⅳ区—高原山地林果药菌立体开发+经济作物+绿色优质水稻

该区主要分布于西部、南部和东北部及社会经济欠发达区，承载人类活动的能力较差，但水土资源耦合协调度良好，需在继续保护水土资源的前提下，重点提高资源环境承载能力。高原喀斯特山区独特的地理环境造就多样的立地条件和特殊的立体气候，非常适宜种植中草药和人工菌，林果树冠下的高湿度、弱光照为其提供了良好的生长环境，所以在林果树或退耕还林树下种植喜阴、喜湿的中药材和食用菌，逐步形成"山顶林、山腰山脚果药菌、地上粮桑"的立体生态发展模式，有助于提高土地资源利用效率。

区域海拔较高，气温较低，属冷凉半山区，为高原特色经济作物的种植提供了独特的气候条件。依据气温、降水、光照和热量等自然条件和农业产业基础，发展高原特色经济作物的种植，建立规模化的产业发展基地，为农户提供更多的就业岗位，增加农户收入，提高区域承载能力。同时，应注意引进农产品加工企业，提高经济作物产品附加值，增加农业生产效益。但种植经济作物需水量较大，应建立健全水利设施，并在有条件的区域利用膜上喷灌和膜下滴灌等节水灌溉技术，实现水肥一体化，增加作物产量，同时，把作物秸秆覆盖在耕地表面，减少土壤水分蒸发和地表径流，起到蓄水保墒的作用，提高水土资源利用效率。

优质水稻种植。在具有优质水稻种植资源的地方，推广水稻生产集成技术，发展绿色优质水稻种植，确保粮食安全。建立完善的农田排灌系统，发展自流引水工程和井渠双灌，更新改造田间水利设施，增强自然灾害的抵抗能力。加强技术培训，由技术人员对水稻种植区采土样进行养分分析，生产优质水稻专用复混肥供其使用，进行测土配方施肥，减少化肥和农药施用。在水稻田安装太阳能杀虫灯，减轻病虫害的发生，并充分利用无人机和遥感监测等现代技术，对种植区实时动态监测病虫害发生趋势，及时组织农户进行病虫害防治，实现水稻精细化种植与管理。

5. V区—庭园生态经济+石漠化景观式种植及生态旅游+生态养殖模式

该区主要分布在西北部、东北部和东南部的石漠化较严重区域，承载人类活动的能力一般，水土资源耦合协调度差，需提高水土资源协调水平和资源环境承载能力。该区石漠化较严重，土地资源非常紧缺，而农村社区庭院和农户住宅前后闲置了大量水土条件和光热条件较好的空地，应利用这些闲散的土地资源发展庭院种植和养殖业，将种、养、加工有效地结合起来，增加农民的经济收入。

喀斯特山区缺水问题成为影响庭园生态经济发展的关键因素，因此要建设合理的集雨工程，缓解水资源短缺问题。中国西南喀斯特山区雨季具有丰富的雨水资源，可利用人工修建屋面集雨工程，由屋顶集雨面+输水管道+水池水窖组成，用水管将收集在水池水窖内的雨水运输到屋内，供生活和庭园种植养殖用水。

区域坡耕地较多，水土资源条件较差，坡地改为梯田是水土保持和生态环境保护的有效手段。石漠化现状一时难以改变，可将耕地中出露的石头分拣出来，用石头修建梯田，形成特色的"石漠化景观式种植"（图 6-3），既能获取较好的土地资源以方便种植，又能保水保土，还能形成一定景观，提高区域支持人类活动的能力。在坡耕地上建设坡面集雨工程，由集雨坡、输水沟道、沉沙地、过滤池及蓄水池构成。雨水由集雨坡、经输水沟道、沉沙、过滤，进入蓄水池，供农业灌溉使用。梯田内还可以修建小水塘和鱼鳞坑等储水设施，尽最大可能性存蓄雨水资源，调控水土资源时空分布不均，缓解水土资源短缺问题。喀斯特地貌具有独特的观赏价值，有石林、峰林、洼地和洞穴等，以及加上水的因素形成的瀑布、水帘洞和泉水口等景观，与地表的植被、动物、土壤等要素一起构成了独特的喀斯特景观，可合理利用喀斯特资源，进行喀斯特景观生态旅游开发利用，以旅游业带动相关产业发展，既能提高水土资源利用效率，又能保护生态环境，还能缓解区域传统农业的压力、提高区域承载能力。

图 6-3　石漠化景观式种植

　　生态养殖业相对于传统养殖业更加先进和绿色生态环保。建设无污染、纯天然和生态循环的绿色生态养殖场和加工厂，选育优良品种，利用先进的饲养技术、饲料技术和防疫技术实现规模化养殖，并对畜牧产品进行深加工，提高产品附加值和经济效益。同时，对农户进行科技培训，实现现代化饲养和科学管理。在养殖场内建立健全无害化处理生物安全设施设备和污水处理设施，把粪便发酵处理为肥料或建立沼气池，这样既能充分利用资源，又能保护生态环境，凸显生态养殖的优势。此外，该策略可以提高水土资源利用效率，促进乡村振兴。

　　6. VI区——生态修复和保护模式

　　该区零星分布于西北部和东北部的石漠化严重区域，无承载人类活动的能力，水土资源耦合协调度很差，需划为重点生态功能保护区，进行自然修复和生态修复。依据中国云南省《云南省主体功能区规划》中对文山市功能定位，文山市是国家级重点生态功能区，是中国西南重要的生态功能、生态敏感区和脆弱区，具有特殊的生态系统，土地退化问题异常突出，石漠化面积大，水土流失严重，生态修复重建难度极大，需严守生态保护红线和空间管控边界，实施退耕还林还草和封山育林等生态工程，提高森林覆盖率，充分发挥森林生态系统水土保持和调控水土资源的功能，从而提高水土资源耦合协调度和资源环境承载力。

6.3 典型区文山市生态系统服务功能分区与发展导向研究

6.3.1 文山市生态系统服务功能分区

1. 生态系统服务簇分类结果

在 K-means 聚类分析中，初始 k 值的选择对聚类结果至关重要，需要预先给定。前人对 k 值的确定一般基于相关研究或既往经验，具有很大的不确定性。用于解释 K-means 算法聚类效果的指标之一是组内误差平方和，k 值的增大始终会减少该指标，样本的划分结果也会更加细致，生态系统服务簇之间的差异性也会更加明显。当 k 值小于最佳聚类数时，随着 k 值的增加，组内误差平方和会迅速减小，而当 k 值一旦超过最佳聚类数，组内误差平方和的下降速度会大幅度减小。所以，通过组内误差平方和的曲线斜率可以得到数据的最佳聚类数。本研究调用 R 软件 fviz_nbcluster 函数绘制组内平方和变化曲线[图 6-4（a）]，结果表明，初始 k 值为 4 时，组内平方和曲线拐点效应较为明显，大于 4 时曲线趋于平缓。

将文山市 139 个行政村的 6 项生态系统服务年均值进行 K-means 聚类分析（赵筱青等，2022），生态系统服务簇聚类数主要由生态系统服务的组内平方和变化曲线加以确定。由图 6-4（a）可知，当初始 k 值为 4 时，组内平方和曲线拐点效应较为明显。因此将生态系统服务划分为 4 个聚类区，聚类结果均通过了显著性检验。通过进一步 K-means 聚类分析和数据标准化处理后，各类生态系统服务的平均值为 0，大于 0 的数值表示该服务簇下相应的生态系统服务高于区域平均水平，反之则低于区域平均水平，4 类生态系统服务簇差异见图 6-4（b）。

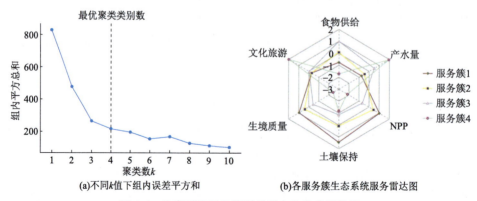

(a)不同 k 值下组内误差平方和　　　　(b)各服务簇生态系统服务雷达图

图 6-4　生态系统服务簇误差平方和及分类结果

2. 生态系统服务功能分区

由图 6-4（b）可知服务簇 1 中土壤保持（1.4433）、固碳保持（NPP）（1.0309）和生境质量（0.9542）均为最高值，这些服务对于喀斯特山区生态系统保护与修复十分重要。从空间分布来看，服务簇主要集中于西部林地与南部丘陵地带，如区域内植被遭受破坏，会对生态系统造成难以逆转的损害，故将服务簇 1 划分为生态保护区（图 6-5）；服务簇 2 中除旅游文化和产水量服务外，其他生态系统服务均处于区域平均水平以上，且空间分布上为服务簇 1 至服务簇 3 的过渡地带，故将服务簇 2 划分为生态过渡区（图 6-5）；服务簇 3 中食物供给服务最高（0.9997），产水量服务也较好（0.5159），且空间位于文山市粮食生产的主要集中区域，多为平坝、河谷地形地貌，是确保全市粮食安全的重要区域，故将其划分为农业主产区（图 6-5）；服务簇 4 中旅游文化服务最突出（1.9834），其次为产水量（1.9436），均为 4 个服务簇中的最高值，但其他 4 项生态系统服务均为全区最低值，难以发挥生态保护与粮食生产安全功能，且在空间分布上主要集中分布于文山市城区范围，适宜生产生活，故将其划分为人类生产生活区（图 6-5）。

依据同一生态系统服务簇在地理空间上具有集聚效应的性质，按照文山市 4 个生态系统服务簇的具体特征和主导生态系统服务功能划定区域生态系统服务功能区：生态保护区、生态过渡区、农业主产区和人类生产生活区（图 6-5）。

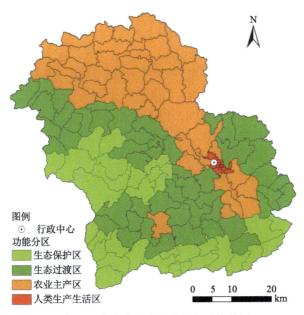

图 6-5　文山市生态系统服务功能分区

6.3.2 文山市各生态系统服务功能区发展导向

1. 生态保护区

生态保护区包含 33 个行政村，占文山市行政村总数的 23.74%，集中分布于文山市西部和南部（图 6-5）。其中西部片区是文山市境内海拔最高的区域，以山地地形为主，也是土壤侵蚀的潜在高发区，区内林地面积占比较大、完整性好，对维持生物多样性具有重要意义；南部片区林地则十分破碎，人类活动较为频繁。该功能区的管理目标以土壤保持，调节气候和维持区域生物多样性为主。其中，西部的生态保护片区与老君山国家自然保护区空间分布一致，受人类活动干扰较小但敏感度高，一旦受到破坏，生态系统服务将遭受损失且恢复困难。因此西部片区应严格限制农业生产或基础设施建设活动，减少对自然植被的破坏，积极实施退耕还林等政策和老君山生态移民工程，加强自然保护区的建设与管理，完善生态补偿机制，转变粗放型农业生产方式，提高土壤保持、固碳保持（NPP）和生境质量等生态系统服务能力；南部的生态保护片区受人为干扰较强，应着力提升当地居民的林地保护意识，注重生态廊道构建，提升林地斑块的完整性和连接度，保障区域内生物物种的扩散和交流，维持区域内生态安全。

2. 生态过渡区

生态过渡区规模最大，包含 50 个行政村，占文山市行政村总数的 35.97%，主要集中于中南部和中北部片区，少数分布在东部片区（图 6-5）。区域内海拔较生态保护区低，人类对自然生态系统的干扰增强，形成了耕地、林地交错分布的土地利用格局。作为生态扩张与城镇建设用地扩张的交界地带，区域内生态保护、农业生产和城镇建设矛盾较为突出。该功能区应以维持生态系统服务稳定为前提，适当提升耕地生产能力为管理目标。在城镇扩张过程中，要以保护生态用地完整性为前提，合理控制新增建设空间，促进建设用地的组团布局；在生产活动中应注重水土保持，结合退耕还林和石漠化综合治理等重点生态工程建设，发展以核桃、油茶、八角、漆树、红豆杉等为重点的特色经济林，合理发展林下草果和中药材种植；根据区域农林结合的特点，自然景观与乡村田园交错的天然优势，因地制宜发展乡村观光农业，研发具有文山特色的农业产品，提高区域农民经济收入。

3. 农业主产区

农业主产区包含 43 个行政村，占文山市行政村总数的 30.94%，主要集中分布于北部和中东部平坝、河谷地区，从西北至东南呈带状分布（图 6-5）。农业主产区是关系研究区食物供给安全的重要区域，区域内地形平坦，土壤肥力高、灌溉设施较完善，耕作条件较好。基本农田保护，保障区域粮食生产安全是农业主产区的生态系统主要管理目标。该功能区应积极推进高标准基本农田建设，全面提升农业基础设施，保证稳定的种植面积，促进粮食增产增收；严格控制建设占用，建立耕地保护经济补偿机制，增强农民耕地保护意识；实施农田改造提质，提升耕地生产能力和生产效率；优化农业产业结构，生产具有地区特色的农业产品，挖掘喀斯特山区的地域及民族文化内涵，推动农业有序、高效发展。

4. 人类生产生活区

人类生产生活区包含 13 个行政村，在各功能区中规模最小，仅占文山市行政村总数的 9.35%，集中分布于中部河谷地区，即中心城区及周边区域（图 6-5）。该区是文山市人口密集区，也是经济活动、开发建设突出地区。区内应以打造宜人景观设施，加强污染防治，改善人居环境等为管理目标。应注重土地集约利用，推行节地型和紧凑型城区建设，完善城乡公共基础设施，营造舒畅、宜人的公共开放空间；加强污染治理，实施盘龙河沿岸截污体系建设，保障流域水资源安全；推进城市生态绿化体系建设，打造城市生态绿色景观带，为区域生物流动提供支持；适当扩大绿地公园建设，打造园林城市，构建以城郊游憩带、城市公园、市民广场为主的城市休闲体系，提升游客满意度，增强其与周边旅游景区的通达度。

6.4　本 章 小 结

6.4.1　喀斯特山区水土资源分区与发展模式

为探讨土地退化严重、水土资源短缺、水土资源利用效率低和社会经济发展落后的喀斯特贫困山区水土资源分区调控及发展模式问题，研究从文山市水土资源利用、水土资源协调状况和资源环境承载能力入手，依据水土资源耦合协调度与资源环境承载力的高、低程度匹配结果，划分了I～VI区共 6 个水土资源调控分区，并从协调各产业发展、提高水土资源利用效率、保护生态环境等角度提出各个分区相应的发展模式。

I区占全市总面积的 7.83%，主要分布在东部的市中心，承载人类活动的能力最强、水土资源耦合协调度非常好，为"都市综合功能发展+复合开发利用模式"；II区占全市总面积的 2.40%，主要分布在东部的市中心周围，承载人类活动的能力较强，但是水土资源耦合协调度较差，为"特色休闲农业+现代都市农业模式"；III区占全市总面积的 34.11%，分散分布于北部、西部和东南部社会经济较发达处，承载人类活动的能力和水土资源耦合协调度都一般，为"高原特色经果林+粮食作物+产业园区品牌模式"；IV区占全市总面积的 51.14%，主要分布于西部、南部和东北部及社会经济欠发达区，承载人类活动的能力较差，但水土资源耦合协调度良好，为"高原山地林果药菌立体开发+经济作物+绿色优质水稻"；V区占全市总面积的 4.43%，主要分布在西北部、东北部和东南部的石漠化较严重区域，承载人类活动的能力一般，水土资源耦合协调度差，为"庭园生态经济+石漠化景观式种植及生态旅游+生态养殖模式"；VI区占全市总面积的 0.09%，零星分布于西北部和东北部的石漠化严重区域，无承载人类活动的能力，水土资源耦合协调度很差，需划为重点生态功能保护区，进行自然修复和生态修复，为"生态修复和保护模式"。六种发展模式有利于水土资源利用效率的提高和生态环境的保护，促进社会经济发展和增强承载人类活动的能力，对喀斯特贫困山区水土资源调控方法和途径的研究具有重要的参考价值。

6.4.2　喀斯特山区生态系统服务功能分区与发展导向

生态系统服务功能分区综合考虑供给、支持、调节及文化等各项服务功能，采用定量化的方式在栅格单元上形成生态保护区、生态过渡区、农业主产区和人类生产生活区等 4 种不同类型的生态系统服务功能区，分区多角度揭示了生态系统的空间差异性及主导服务功能，提出了各分区的管理建议，使各项生态系统服务功能效益达到最优化，对实现区域国土空间资源精细化管理具有重要意义。

生态保护区位于文山市西部及南部，区内最突出的生态系统服务为土壤保持，保护目标以土壤保持、调节气候、维持区域生物多样性为主；生态过渡区在空间上可分为西南片区和东部片区，区内各类生态系统服务适中，以维持生态系统服务稳定，提升耕地的生产能力为管理目标；农业主产区分布于文山市北部及东南部，并与文山市平坝、河谷地区在空间上分布一致，区内以食物供给服务为主导，管理目标为基本农田保护、保障区域粮食安全；人类生产生活区分布于文山市中部河谷地区，区内最突出的生态系统服务为旅游文化，以加强污染治理、改善人居环境、打造宜人景观为管理目标。

第 7 章

云南典型喀斯特山区产业结构优化与发展模式研究

随着人类社会的不断发展，人类活动对地球表层系统的影响越来越剧烈，当人类活动干扰较大时，会加剧地理环境的脆弱性（陆大道，2002），生态修复的难度也随之增大。人地关系地域系统是由人类及其活动与地理环境相互作用形成的关系系统（李扬和汤青，2018），如何协调人地关系成为 21 世纪社会经济快速发展背景下亟待解决的关键问题。人地关系的研究主要围绕系统单要素承载力及与人类活动的相互作用、人地系统的耦合发展、人地系统的供需协调、人地系统的脆弱性评价等展开（樊杰，2018）。

由于喀斯特自然基底脆弱性和人类活动干扰，生态系统自然恢复速度慢、难度大（兰安军等，2003），水土流失、石漠化、生态系统服务功能下降、人民生活困难等脆弱性特征明显，易形成"脆弱生态-经济落后-生态破坏-生态进一步恶化"恶性循环（Cheng et al.，2019b），造成区域"生态贫困"现象。同时，在喀斯特区域，经济发展很大程度上依赖于农业生产，由于缺乏经济增长点，农民被迫继续在脆弱的生态系统上开展农业生产活动，且以玉米、水稻等传统作物种植为主。传统农业对地表扰动较大，是喀斯特区域土壤侵蚀和养分流失的主要根源（Li et al.，2021a），威胁区域生态环境及粮食安全，产生的经济效益也相对有限。面对喀斯特区域农业农村的发展要求，产业振兴成为实现喀斯特区乡村振兴的重要抓手。协调乡村地区的人地关系，优化产业发展模式，可以为农业农村的发展指明方向（刘彦随，2020）。

为协调喀斯特区域乡村地域系统，实现生态脆弱区农业农村经济的可持续发展，学者们提出了不同的农业发展模式。研究者认为喀斯特区域首要任务是恢复地表植被；同时，脆弱的生态环境使农民生活相对困难，农户生计应成为关注的重点。目前，喀斯特区产业发展模式更多针对不同等级石漠化进行分区治理，以生态重建和产业发展为目标，考虑生态恢复、经济发展以及生态文明建设（王德光和胡宝清，2011）。虽然有学者从农户生计角度开展石漠化治理的产业发展模式研究（陈洪松等，2018），但是对农户意愿的重视度不够，并且很少同时考虑生态、经济、资源以及农户意愿等条件。因此，研究以云南省典型喀斯特山区广南县为案例区，通过划分生态脆弱区，以生态修复和产业发展为目标，综合考虑生态、经济、资源以及农户意愿等产业发展条件，构建各区产业发展模式，促进喀斯特区域可持续发展。

7.1　喀斯特山区产业结构优化与发展模式研究方法

通过查阅相关文献和实地调研，对广南县产业发展基础和产业结构合理性进行评价；基于生态、经济、社会三大效益对广南县三次产业结构进行优化；结合产业发展条件评价及结构优化结果，提出广南县不同生态脆弱区的产业结构优化与发展模式（图 7-1）。

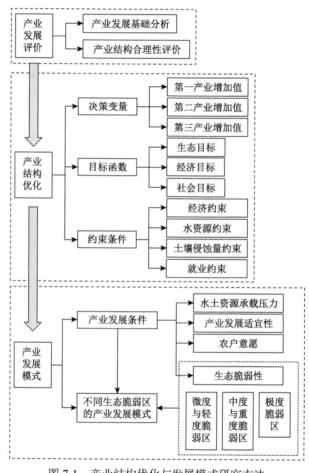

图 7-1　产业结构优化与发展模式研究方法

7.1.1　社会经济发展水平评价方法

社会经济发展直接影响区域发展的方向与潜力，其发展水平可以表示区域目前的发展状况（孙晶晶等，2017）。

1. 社会经济发展水平评价指标体系

通过文献资料查阅和典型区广南县实地调研，研究从社会、经济两个系统角度构建喀斯特山区社会经济发展水平评价指标体系（表 7-1）。其中，社会系统包括城镇化水平、文化旅游、道路条件、就业结构和贫困情况等 5 个方面。在喀斯特山区脱贫攻坚与乡村振兴进程中，社会发展必然促进城镇化发展，城镇是社会进步的产物，城镇化水平的提高有利于社会文明的进步；云南省喀斯特山区少数民族众多、文化丰富，旅游规划多围绕民族文化展开，旅游景点密度可反映区域文化旅游水平；"要致富，先修路"，道路基础设施建设是社会发展水平提高的必然结果；社会发展过程中，就业结构不断变化，通常非农业的就业比重越大，区域发展水平越高；贫困人口数量越多，贫困发生率越高，说明区域的社会发展水平越落后。

表 7-1　社会经济发展水平指标体系

系统	维度	指标	属性	计算方式	权重
社会	城镇化水平	人口城镇化率	+	城镇人口/总人口	0.075
	文化旅游	旅游景点密度	+	旅游景点面积/土地面积	0.099
	道路条件	道路网密度	+	道路长度/区域面积	0.097
	就业结构	非农就业比	+	第二和第三产业就业人员数/总就业人数	0.108
	贫困情况	贫困发生率	−	贫困人口/总人口	0.111
经济	经济水平	人均 GDP	+	GDP/人口数	0.097
	农地产出水平	地均经济作物产量	+	经济作物产量/土地面积	0.096
	产业结构	第二产业比重	+	第二产业增加值/GDP	0.109
		第三产业比重	+	第三产业增加值/GDP	0.102
	居民收入	农村居民人均纯收入	+	IDW 插值	0.105

注："+"为正向指标、"−"为负向指标。

经济系统包括经济水平、农地产出水平、产业结构、居民收入等 4 个方面。区域人均地区生产总值越高，经济发展水平越好；经济作物是谋求经济利润、产生经济效益而种植的作物，喀斯特山区土层浅薄、地力条件差，地均经济作物产量可以反映农地的效益产出水平；产业结构通过第二产业和第三产业的比重反映，第二、三产业比重越高，区域的经济发展水平越高；广南县是农业大县，农村经济对全县经济发展具有较大推动作用，农村居民人均纯收入增加，说明可用于支配的财产越多，可有效提升区域消费水平。

2. 社会经济发展水平评价模型

通过熵权法确定指标权重，采用综合评价法进行社会经济发展水平评价。同时，运用自然断点法进行社会经济发展水平分级。

7.1.2 产业发展水平评价方法

区域的产业发展水平评价一般从产业发展基础和产业结构合理性两个方面开展（吴殿廷和吴昊，2018）。本研究通过广南县的产业发展规律、产业结构相似度、产业结构变动度总体评价产业发展基础，采用偏离份额法探讨全县产业结构的合理性水平。

1. 产业结构相似度计算方法

开展第一、二、三产业类型划分是分析产业结构的基础。参考广南县经济工作手册，第一产业包括农林牧渔；第二产业包括采矿业、制造业、建筑业、电力、热力、燃气及水生产和供应业；其他产业则为第三产业。

产业结构相似度可以反映区域产业结构的趋同情况，一般通过产业结构相似度系数（S）表示（金凤君等，2021）为

$$S_{ab} = \frac{\sum_{i=1}^{3} S_{ai} S_{bi}}{\sqrt{\sum_{i=1}^{3} S_{ai}^2 \sum_{i=1}^{3} S_{bi}^2}} \tag{7-1}$$

式中，S_{ab} 表示区域 a 和区域 b 之间的产业结构相似度指数；S_{ai} 和 S_{bi} 分别表示区域 a 和区域 b 中第 i 产业增加值在生产总值中所占的比重。

2. 产业结构变动度计算方法

产业结构变动伴随经济周期与技术进步产生，是产业间比值及产业结构等发生的变化，可以反映产业结构的完善程度（查婷俊，2019）为

$$K = \sum_{j}^{3} \left| r_{i,t} - r_{i,0} \right| \tag{7-2}$$

式中，K 表示产业结构变动度；$r_{i,t}$ 和 $r_{i,0}$ 分别表示区域 i 第 j 产业增加值在[0, t]时

间段占生产总值的比重。

3. 产业结构合理性评价方法

将区域产业结构看作动态演变过程，以经济总量或就业数据为标准，以所在大区为参照进行计算。广南县是典型的喀斯特山区农业县，生态保护与经济发展面临挑战。因此，根据地理邻近性及地质条件相似性，以云南、广西和全国平均水平为参照大区，以产业增加值作为基础数据（Goschin，2014），采用偏离份额法探讨广南县产业结构合理性。

偏离份额法多运用于产业结构的研究（葛懿夫等，2020），其假设研究区在 $[0, t]$ 时间段内产业结构发生了变化，然后计算产业的份额分量、结构分量、竞争力分量，用以反映区域产业发展的相对竞争力（王晓蕊和李江苏，2017）。

第一步，计算份额分量：

$$N_{ij} = z'_{ij} \times B_{ij} \left(\text{其中：} z'_{ij} = \frac{z_{ij,0} \times Z_{ij,0}}{Z_0}, \quad B_{ij} = \frac{Z_{ij,t} - Z_{ij,0}}{Z_{ij,0}}, \quad b_{ij} = \frac{z_{ij,t} - z_{ij,0}}{z_{ij,0}}\right) \quad (7\text{-}3)$$

第二步，计算结构分量：

$$P_{ij} = \left(z_{ij,0} - z'_{ij}\right) \times B_j \quad (7\text{-}4)$$

第三步，计算竞争力分量：

$$D_{ij} = z_{ij,0} \times \left(b_{ij} - B_j\right) \quad (7\text{-}5)$$

第四步，经济增长 G_{ij} 是 N_{ij}、P_{ij}，以及 D_{ij} 之和。L 为相对增长率，是结果效果指数（W）和竞争效果指数（U）的乘积：

$$W = \frac{\dfrac{\sum\limits_{j=1}^{n} T_{j,0} \times Z_{j,t}}{\sum\limits_{j=1}^{n} T_{j,0} \times Z_{j,0}}}{\dfrac{\sum\limits_{j=1}^{n} Z_{j,t}}{\sum\limits_{j=1}^{n} Z_{j,0}}} \quad \left(T_{j,0} = \frac{z_{ij,0}}{Z_{ij,0}}, \quad T_{j,t} = \frac{z_{ij,t}}{Z_{ij,t}}\right), \quad U = \frac{\sum\limits_{j=1}^{n} T_{j,t} \times Z_{j,t}}{\sum\limits_{j=1}^{n} T_{j,0} \times Z_{j,t}} \quad (7\text{-}6)$$

式中，N_{ij} 表示研究区对应参照区生产总值应达到的增加额；P_{ij} 表示区域 i 随参照大区产业结构发展变化情况；D_{ij} 表示区域 i 第 j 产业的竞争优劣势；P_{ij} 与 D_{ij} 之和表示为偏离分量；W 表示结果效果指数；U 表示竞争效果指数；$T_{j,0}$ 与 $T_{j,t}$ 表示区

域 i 第 j 产业在[0, t]时段内占相应参照区的比重；$z_{ij,0}$ 与 $z_{ij,t}$ 表示区域 i 第 j 产业基期与终期增加值；$Z_{ij,0}$ 与 $Z_{ij,t}$ 表示参照区基期与终期增加值；b_{ij} 表示区域 i 第 j 产业的变化率；B_{ij} 表示参照大区的变化率；z'_{ij} 表示标准化值。

7.1.3 产业结构优化研究方案

以 2035 年作为远景目标，采用多目标线性规划模型对广南县产业结构进行优化，决策变量为一、二、三产业增加值。

（1）目标函数。为协调区域经济、生态，以及社会发展，选择经济效益最大化、土壤侵蚀量最小化、社会就业最大化为目标函数。

①经济效益最大化：

$$\text{Max} \sum_{i=1}^{3} X_i \tag{7-7}$$

②土壤侵蚀量最小化：

$$\text{Min} \sum_{i=1}^{3} e_i X_i \tag{7-8}$$

③社会就业最大化：

$$\text{Max} \sum_{i=1}^{3} p_i X_i \tag{7-9}$$

式中，X_i 表示规划期第 i 产业增加值（单位：万元）；i 表示第一、二、三产业；e、p 分别表示万元土壤侵蚀量和万元就业系数。

（2）约束条件。考虑到喀斯特地区土层浅薄，地表覆被物流失极易导致石漠化等生态问题；碳酸岩发育，地表水资源匮乏，水土资源共同制约区域产业发展；生态问题突出，使社会经济发展滞后。因此，研究从经济、水资源、土壤侵蚀量、就业等方面设置约束条件。

①经济总量约束：

$$\text{VGDP}_{\text{min}} \leqslant \text{Max} \sum_{i=1}^{3} X_i \leqslant \text{VGDP}_{\text{max}} \tag{7-10}$$

②产业规模约束：

$$V_{1\text{min}} \leqslant X_1 \leqslant V_{1\text{max}} \tag{7-11}$$

$$V_{2\min} \leqslant X_2 \leqslant V_{2\max} \qquad (7\text{-}12)$$

$$V_{3\min} \leqslant X_3 \leqslant V_{3\max} \qquad (7\text{-}13)$$

式中，$\text{VGDP}_{\min}$ 和 $\text{VGDP}_{\max}$ 表示经济总量的约束；$V_{i\min}$ 和 $V_{i\max}$ 为第 i 产业规模的约束。根据经济发展规律，过快或过慢的经济增长会引发经济总量的失控。因此，参考学者们对经济增长的约束条件（潘香君，2017），以 2014～2018 年广南县经济总量的年均增长率为约束下限值、最大增长率为约束上限值。

③水资源总量约束：

$$\sum_{i=1}^{3} w_i X_i \leqslant W \qquad (7\text{-}14)$$

④土壤侵蚀量约束：

$$\text{Min}\sum_{i=1}^{3} e_i X_i \leqslant E \qquad (7\text{-}15)$$

⑤就业约束：

$$\sum_{i=1}^{3} p_i X_i \geqslant P_{\min} \qquad (7\text{-}16)$$

式中，X_i 表示规划期第 i 产业增加值（单位：万元）；i 表示第一、二、三产业；e 和 p 分别表示万元土壤侵蚀量和万元就业系数；w_i 为第 i 产业万元用水量系数；W 表示规划期用水量；E 表示规划期土壤侵蚀量的上限值；$P_{\min}$ 表示规划期最小就业人数，以此保证区域最低就业数。

7.1.4　产业发展模式研究思路

区域产业发展模式与诸多因素相关，因此需要对产业发展的基本条件进行评价。研究将喀斯特山区产业发展条件评价分为生态脆弱性评价、水土资源承载压力评价、产业发展适宜性评价和农户意愿调查等 4 个方面（Zhao et al.，2022）。

1. 生态脆弱性评价结果分区方法

本书 3.3.4 节已经开展了喀斯特典型区广南县的生态脆弱性评价(environment vulnerability index，EVI)和时空分异特征分析。在此，对评价结果进行分区和整体指数测算，分析其空间集聚特征，以便为产业发展模式的制定提供基础依据。

参考已有研究（郭泽呈等，2019），利用极差标准化对生态脆弱性结果进行归一化处理，采用自然断点法进行分区（表 7-2），并运用生态脆弱性整体指数（ecological vulnerability body index，EVBI）分析生态脆弱性的整体变化情况，公式如下：

$$EVBI = \sum_{a=1}^{5} P_a \frac{A_a}{S} \qquad (7\text{-}17)$$

式中，EVBI 表示生态脆弱性整体指数；P_a 表示第 a 类生态脆弱等级值；A_a 表示第 a 类脆弱等级面积；S 表示研究区总面积。

空间统计分析可以很好地识别出生态脆弱性主要发生区域，生态脆弱性热点面积越大，相应区域就越脆弱。利用 ArcGIS 所提供的冷热点分析工具进行空间统计，在空间上反映生态脆弱性热点区与冷点区的集聚情况（王壮壮等，2019）。

表 7-2　生态脆弱区划分标准

EVI(生态脆弱性指数)	分区	含义
0<EVI≤0.2	微度脆弱区	生态脆弱性低，支持社会经济活动的能力很强
0.2<EVI≤0.35	轻度脆弱区	生态脆弱性较低，支持社会经济活动的能力较强，但仍需要注意生态保护
0.35<EVI≤0.45	中度脆弱区	生态脆弱性处于中等水平，支持社会经济活动的能力一般，结合生态工程，进行保护性开发
0.45<EVI≤0.6	重度脆弱区	生态脆弱性较高，支持人类活动的能力较差，需要注意生态保护
EVI>0.6	极度脆弱区	生态脆弱性极高，支持人类活动的能力极差，需要加大保护力度和生态修复

2. 水土资源承载压力评价方法

资源环境承载力是承载人类生活和生产的能力（Pu et al.，2020）。区域资源是否满足社会发展需求，除取决于资源拥有量外，还取决于社会经济发展对资源的需求压力。因此，资源环境承载压力可以衡量区域资源的供给与需求状况：

$$ECC = P \times (R_S / R_p)^{-1} \qquad (7\text{-}18)$$

式中，ECC 表示资源承载压力度或承压度；R_S 表示资源 R 实有量；R_P 表示标准人均资源 R 占有量；P 表示人口数。其中，当 ECC>1 时，资源承载超负荷；ECC<1 时，资源承载低负荷；ECC=1 时，资源承载压力平衡。

3. 产业发展适宜性评价方法

通过实地调研和查阅参考文献，研究主要从农业发展、区位条件、地质条件、政策管控 4 个方面建立广南县产业发展适宜性评价指标体系（表 7-3）。尽管农业对地表扰动较大，但其发展对喀斯特区生态保护和经济发展具有重要意义（李思楠等，2020）。社会经济产业发展主要在现有建设用地及周边范围开展，且距离现有建设用地越近，越利于产业发展；交通网络越发达，产业发展条件越好；广南县矿产资源丰富，采矿业是支撑其发展的主要产业部门；旅游景点较为丰富，旅游资源的开发可以促进第三产业的发展。因此，研究选取距建制镇距离、距县城距离、距交通线距离、矿山占用地、旅游景点为区位条件指标体系；地质灾害易发区不利于产业布局，是产业发展的限制性条件；同时产业活动的开展必须严格控制在生态红线以外。

表 7-3　产业发展适宜性评价指标体系

	具体指标	指标性质	单位	不适宜	比较适宜	适宜	最适宜
农业发展	农业开发适宜性	+	—	不适宜区	比较适宜区	适宜区	最适宜区
区位条件	距建制镇距离	—	m	2000	1500	1000	0
	距县城距离	—	m	3000	2000	1000	0
	距交通线的距离	—	m	2000	1500	1000	0
	矿山占用区	+	—	—	—	—	矿山占用区
	旅游景点	+	—	—	县级景区	县级主要景区	国家 AAA 级景区
地质条件	地质灾害易发区	—	—	地质灾害易发区	—	—	—
政策管控	生态保护红线	—	—	生态保护红线内	—	—	—

注："+"为正向指标、"−"为负向指标。

4. 农户意愿研究方法

1）调查目的

广南县位于云南省东南部喀斯特生态脆弱区，脆弱的生态环境对经济发展产生了不利影响。易陷入"生态脆弱−土地生产力低下−低收入−过度开垦−生态脆弱"恶性循环。农户是产业发展的主体之一，农户意愿体现了他们的实际需求，根据农户意愿引导农户选择种植作物、养殖畜牧业等，有利于调动农户产业发展积极性，推广产业发展模式，实现生态保护与农户收入的双重效益。因此，农户意愿可以为区域产业发展模式提供重要参考。

2）问卷抽样

农户意愿主要通过对不同生态脆弱区开展问卷调查获取信息。生态脆弱性越高的乡镇，设计问卷数越多；农户意愿更多涉及第一产业，且农业组织活动开展对农户意愿的影响较为强烈，因此农业用地较多的乡镇、成立农业组织活动的村庄设计问卷数多；同时，为全面了解农户的产业发展意愿，产业多样化的村庄设计问卷数多，产业单一的村庄问卷数少。

通过问卷调查法收集农户种植、养殖及乡村旅游业发展意愿。调查对象为每个村的村委会成员、村委会主任和村民，调查问卷总样本量为 400 份。其中，村干部问卷为 80 份，村民问卷为 320 份。剔除无效问卷，有效问卷 387 份，其中村干部问卷 80 份，村民问卷 307 份，有效问卷数达 96.75%。第一产业是广南县创收的主要部门，但对生态系统的扰动也较大。因此，重点调查了正在从事种植业的农户。农户问卷由个人及家庭情况、农业合作组织情况、产业发展意愿三部分组成，作为探讨农户种植意愿影响因素的基础数据。

3）农户意愿原因分析

采用多项 Logistic 回归回归模型探讨影响农户种植意愿的因素（田媛等，2012），具体因变量条件概率 P 和与此对应的 Logistic 回归回归模型为

$$P(y=k/x) = \frac{\exp(Y_j)}{1 + \sum_{i=1}^{n-1} \exp(Y_i)} (j=0,1,2,\cdots,n-1) \qquad （7\text{-}19）$$

$$Y_k = \ln \frac{p(y=k/x)}{p(y=0/x)} = \beta_{0k} + \beta_{1k}x_1 + \cdots + \beta_{pk}x_p \qquad （7\text{-}20）$$

式中，P 表示因变量条件概率，因变量为种植意愿，包括无（没有种植想法的农户）、药材、果树、土地流转、其他（花椒、茶、油茶、油桐、蒜头果、杉木、旱冬瓜）等；农户种植意愿 Y 有 n 类，$k=0, 1, 2, \cdots, n$，设定种植意愿"无"为参照组，显然 $Y_0=0$；自变量 $x=(x_1, x_2, \cdots, x_p)$；发生比率 $\exp(\beta)$ 是 β 系数的以 e 为底的自然幂指数，是衡量解释变量对因变量影响程度的重要指标，是事件的发生频数与不发生频数之间的比值。

5. 产业发展模式设计思路

喀斯特区域人-地关系地域系统的发展演化由喀斯特自然环境和人类社会共同组成。喀斯特区域岩溶作用强烈，成土速率低，土层浅薄，地表水蓄积效率低，影响地表覆被系统；区域水土流失、石漠化现象显著，整体资源环境承载力低，具有明显的生态脆弱性特征。传统农作物的种植、制造业，以及旅游业的发展不足使得社会经济发展滞后。当自然环境和人类社会相互作用时，易产生生态与社会经济发展问题，制约喀斯特生态系统承载力及相关活动的开展（Guo et al.，2018；周扬等，2018）。通过识别生态退化及社会经济发展问题，以生态修复和产业发展为目标，构建产业发展模式，推动喀斯特区域人-地关系地域系统的可持续发展（图 7-2）（Zhao et al.，2022）。

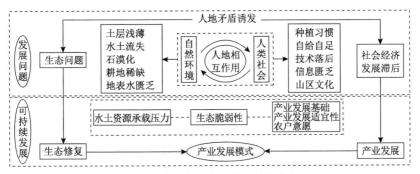

图 7-2　喀斯特生态系统可持续发展

1）生态修复目标

自然环境是区域可持续发展的基础。喀斯特区域独特的地形、地质基础，导致成土速率低下、土层浅薄、耕地资源匮乏；湿热的气候条件推动喀斯特地貌发育，形成地上地下二元格局径流系统，并导致地表水缺乏；喀斯特山区地表起伏较大，为水土流失等地质灾害提供势能；贫瘠的土壤条件造就喜钙、耐旱的植被生长，生物多样性相对较低；不合理的人类活动，导致生态功能恢复极其困难。总之，地、气、水、土、生、人等要素的相互作用，使喀斯特地区生态问题突出。因此，协调区域水土资源，有效治理石漠化，成为生态修复的主要工作内容。

2）产业发展目标

利用喀斯特区域原有生态基础，促进产业发展，产生经济效益，实现乡村振兴。根据喀斯特山区水土资源条件与传统作物种植模式，在坡耕地实现退耕还林还草，引进农业技术，提高粮食作物产量，保障区域生态与粮食安全。结合山区地形地势条件，在坝区实施作物套种、经果林的栽种以发展立体农业。由政府牵头，引入公司、企业，依托电商平台，解决农产品销售问题。大力发展加工制造业，促进制造业的转型升级；依托喀斯特地貌，打造山水田园景观，结合少数民族文化，打造生态旅游业。

3）产业发展模式构建

喀斯特地域系统的可持续发展注重生态恢复与产业发展的协调，其中生态恢复是产业发展的基础，而产业发展为生态恢复提供资金、技术支持。喀斯特地域系统具有脆弱性，其资源环境是社会经济活动开展的前提，而产业发展是关键；发展产业需要考虑原有产业发展基础、产业发展适宜性等条件，同时要考虑农户意愿。因此，针对不同脆弱区特点，分析其产业发展基础、水土资源承载压力、产业发展适宜性，结合农户意愿构建产业发展模式，实现喀斯特区协调发展。

7.2 典型区广南县经济发展水平评价

7.2.1 社会经济发展背景

改革开放以来,广南县经济保持快速增长的趋势,实现了经济总量成倍增长、经济实力不断增强的目标。2000 年后,在国家实施西部大开发战略的积极推动下,第二、三产业发展潜力得到释放,国民经济进一步发展。在今后的社会经济发展与产业规划布局中,还应从全县的人口结构、文化底蕴、交通区位、资源环境等方面考虑,明确社会经济发展背景,了解支撑广南县未来产业发展模式构架的基础信息。

人口结构方面。根据第七次人口普查数据,截至 2020 年 11 月 1 日零时,广南县常住人口为 771948 人(文山壮族苗族自治州人民政府和文山壮族苗族自治州统计局,2021);根据统计年鉴数据,截至 2018 年底,广南县城镇化率为 34.58%(李思楠等,2020),城镇化水平偏低。境内有汉族、壮族、苗族、彝族、瑶族、回族、白族、傣族、蒙古族、布依族和仡佬族 11 个民族。

文化底蕴方面。广南县是西汉时期的"句町古国",是云南八大神秘古国之一。悠久的历史和独特的民风民俗孕育了句町文化、稻作文化、铜鼓舞、花街节等民族文化,留下了许多国家级文物保护古迹,使广南成为中国铜鼓之乡、全国武术之乡、重要农业文化遗产地、云南历史文化名城,是支撑全县发展文化服务或旅游产业的重要文化资源。

交通区位方面。广南县是云南(滇)、广西(桂)、贵州(黔)三省通衢,区位优势明显。广昆高速铁路建成通车后,广南是云南通往广西、广东的主要通道节点,有望成为重要交通枢纽中心、物流集散中心、产业集聚中心,为全县发展高端产业提供基础条件。

资源环境方面。广南县矿产资源储量丰富,共发现各类矿产 24 种,可以支持工矿产业的发展;全县森林覆盖率、空气质量优良率均较高,气候宜居宜游、宜商宜业,适合以生态景观、民族文化为主的多元化、差异化、地域化旅游资源开发;广南是全国油茶基地县、八宝贡米之乡、蒜头果主要原产地、广南铁皮石斛之乡和云南高原特色农业示范县,有高峰牛、底圩茶、八宝贡米、广南铁皮石斛等国家级地理标志保护产品,以绿色、生态、健康为主的高原特色农业产业发展前景广阔。

但是,广南县仍然面临严峻的发展瓶颈。广南县属于典型的喀斯特山区,虽然资源禀赋良好,但是生态环境脆弱,石漠化、水土流失等问题突出,发展产业过程中必须考虑区域承载力、脆弱性状况,进行长期协调、可持续的产业规划与布局；同时，广南县集偏远落后地区、经济贫困地区、少数民族地区、红色革命老区等特征于一体，各种原因导致改革开放较晚，社会经济发展相对落后，在 2020 年前曾是国家重点扶贫县之一。目前虽已整体脱贫，但局部地区的相对贫困和返贫风险依然存在，与发达区域相比，需要推动第二、三产业的进一步发展。

7.2.2　社会经济发展水平现状

根据式（7-1）对广南县 2018 年社会经济发展水平进行评价，得到广南县 18 个乡镇的社会经济发展水平状况，并将其划分为高水平发展、较高水平发展、较低水平发展和低水平发展四个等级（图 7-3）。

广南县 2018 年社会经济发展水平在空间上存在较大差异。首先，莲城镇作为县城中心，各方面的资源条件较好，在广南县属于社会经济高发展水平。其次，坝美镇、八宝镇、珠琳镇、旧莫乡、五珠乡 5 个乡镇处于较高发展水平，坝美镇和八宝镇因近年来广南县高度重视旅游业发展，大力投资坝美世外桃源、八宝山水田园等旅游景观，支撑当地社会经济发展。珠琳镇因高铁修建并设置站点，极大改善了当地的交通状况，为其社会经济发展带来契机。旧莫乡紧邻莲城镇，建设了夕板工业园区，促进其社会经济发展。再次，南屏镇、珠街镇、那洒镇、董堡乡、曙光乡、黑支果乡、杨柳井乡、者兔乡、底圩乡 9 个乡镇的社会经济发展水平较低，这些乡镇主要位于广南县的喀斯特区域（图 3-1），石漠化发育明显，社会经济发展过程中需要重点考虑生态环境的保护。例如，根据喀斯特地理环境条件，重点实施退耕还林还草、培育乡土植物，或通过坡耕地改梯田等措施，减少农业活动造成的水土流失。生态环境条件的制约及生态工程与项目的实施，不可避免地影响当地农业生产，限制当地整体社会经济发展。最后，者太乡、板蚌乡和篆角乡在广南县中的社会经济发展水平最低，处于广南县边界地区，资源分配较少，社会经济发展较缓慢（图 7-3）。

总体上看，广南全县的社会经济发展水平较低，在空间上呈现不平衡状态，除莲城、坝美、八宝、旧莫、珠琳、五珠等乡镇发展水平相对较高外，其他乡镇都处于相对较低的发展水平，社会经济发展问题突出，亟须通过研究探讨未来的产业发展方向与规划。

在规划广南县的产业发展模式时，需要注意发展水平较低的区域主要与生态脆弱地区相重合（图 7-3、图 3-8），考虑资源环境存在的问题，在综合研究广南县产业发展现状、产业结构合理性、产业结构优化与发展模式的基础上，进行产业规划与布局，才能达到促进典型喀斯特山区广南县产业结构合理设置、社会经济与生态环境协调发展的终极目标。

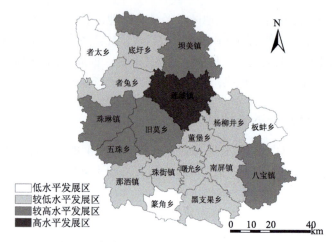

图 7-3　广南县社会经济发展水平评价结果图

7.3　典型区广南县产业发展水平评价

7.3.1　广南县产业发展现状分析

产业发展是区域经济增长最直接的体现，近年来广南县三次产业结构不断调整，但各产业发展仍不均衡。在政府的扶持与引导下，2000~2018 年，第一产业规模在缩减，第二、三产业规模有所扩大。截至 2018 年底，广南县三次产业结构为 30.53：29.06：40.41。参考工业化不同阶段的划分标准（陈佳贵等，2006），广南县处于工业化的初期阶段。虽然近年来第二、三产业不断发展壮大，成为今后发展的主要着力点，但三次产业的就业人员比例为 56.60：3.61：39.79，说明广南县社会经济发展在人力配备、产业结构等方面依旧存在问题，需要进一步调整与完善（图 7-4）。

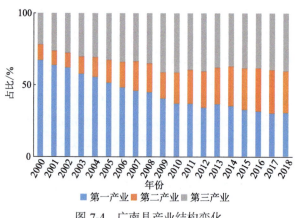

图 7-4　广南县产业结构变化

（1）以种养业为主的第一产业，多元化程度较低。

多年来广南县第一产业结构以农牧业为主,农、牧、林、渔比例为 57.85∶34.83∶5.28∶2.04,农业和牧业占比较大;2016 年以来牧业占比不断下降,而林业、渔业占比较低,波动较小。一方面,广南县位于喀斯特区域,水土资源条件相对恶劣,林业和渔业发展相对困难;另一方面,农产品结构较单一,市场需求不高,农业效率低,仍处于较为粗放的农牧经济阶段(图 7-5)。

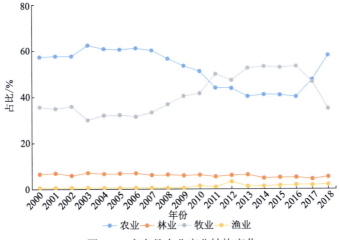

图 7-5　广南县农业产业结构变化

农业种植业中,2018 年粮食作物播种面积占比 63.11%(图 7-6),近年来播种面积有所减少,但大多属于自给自足型种植,商品化程度较低。粮食作物以玉米和水稻为主,且玉米的播种面积不断增加;经济作物播种面积近年来持续增加,2018 年占比为 36.89%,其中以油料作物和辣椒为主。传统的农作物种植方式对土地扰动较大,且经济收入有限,特别是旱作玉米的种植,易造成区域水土流失、石漠化加剧等生态问题。

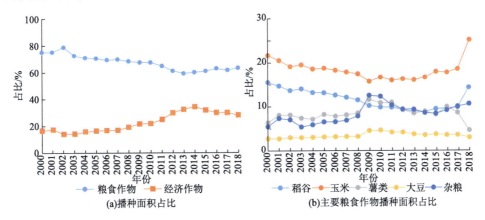

(a)播种面积占比　　　　(b)主要粮食作物播种面积占比

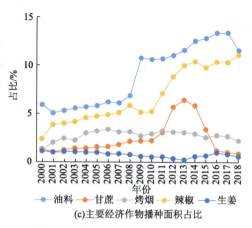

(c)主要经济作物播种面积占比

图 7-6　广南县农作物种植结构变化

随着近年来生态文明建设及脱贫攻坚战略实施，广南县以培育高原特色优势产业作为突破口，大力发展八宝贡米、茶叶、蔬菜、水果、油菜等农产业，以及中草药、甘蔗、花椒等其他产业，打造现代农业科技示范园、智慧农业示范园等带动种植业发展。另外，在牧业方面主要围绕高峰牛与生猪产业发展养殖畜牧业，进一步推动广南县特色经济的发展。但目前产业项目仍需进一步开发、推广与实践，形成规模效应，进而成为带动广南县经济发展的主要力量。

（2）工业基础薄弱，重工业占比较大，制造业发展趋弱。

由于广南县矿产资源丰富但科学技术薄弱，目前的工业结构仍以重工业为主且占比不断增加，而轻工业占比较少且不断减小，2018 年重、轻工业比例为 83.83∶16.17。在重工业中，采矿业占重工业比值的 50%以上，而加工工业比较薄弱；在轻工业中，茶叶、蔗糖等制造业及农副产品加工业是发展重点。虽然近年来广南县工业取得了一定发展进步，但仍处于工业化初期阶段，发展水平滞后，需要继续寻找机遇，促进制造业及加工业的良性发展（图 7-7）。

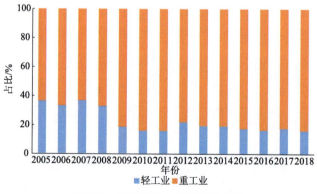

图 7-7　广南县工业产业结构变化

（3）第三产业不断发展，主要开发旅游项目，但缺乏合理规划与管理。

广南县第三产业规模不断扩大，2018 年第三产业规模达到 456723 万元，是 2000 年的 18.35 倍。其中旅游开发、基础设施建设等是主要的发展项目。广南县当地文化、特有生物、少数民族村寨、喀斯特田园风光等旅游景观丰富，近年来通过完善旅游要素、规划旅游空间，旅游业得到发展，旅游收入占第三产业收入的 78.82%，成为第三产业的主要产业（图 7-8）。在 2000~2018 年间旅游人数由 2.5 万人次增加到 360.0 万人次，旅游收入增加了 359650 万元（图 7-9）。虽然高速铁路、高速公路以及县乡道等基础设施逐渐完善，但广南县旅游资源并未得到充分的开发与规划，各景点间的联系及旅游业协作不紧密。同时，旅游开发项目需协调各方利益，特别是保障本地居民的利益，是未来广南县旅游业发展的主要困难。

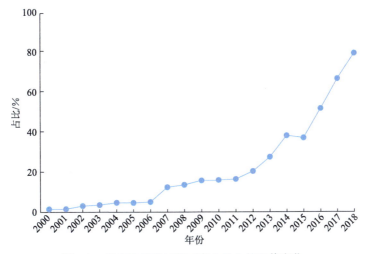

图 7-8　广南县旅游与第三产业收入的比值变化

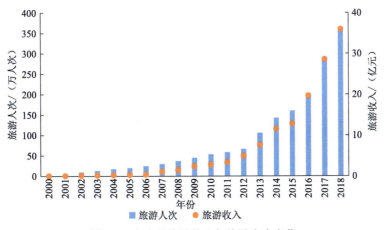

图 7-9　广南县旅游收入与旅游人次变化

（4）区域间产业结构同构现象突出。

对广南县所隶属的文山州而言，境内产业结构相似度高。其中，广南县与丘北县、富宁县、西畴县的产业结构相似度最高，相似系数达到 0.997、0.992、0.988；广南县与马关县、砚山县、麻栗坡县，以及文山市的相似度也较高，相似系数均在 0.9 以上；同时广南县与云南省、全国平均水平相比相似度也较高，说明特色产业发展不足。因此，需要找准产业发展方向，充分发挥区域优势，实现当地特色经济的快速增长（图 7-10）。

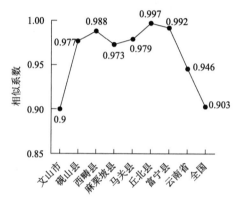

图 7-10　广南县 2018 年产业结构相似系数对比图

（5）产业结构变动度相对较高，产业结构正在不断完善。

与云南省和全国的平均水平相比，广南县产业结构转型的变动度处于较高水平，产业结构处于不断完善的过程中。主要变动期在 2000~2010 年时间段，广南县产业结构变动度是云南省和全国平均水平的五倍左右。2010~2018 年期间，广南县产业结构变动度与云南省和全国平均水平相差不大（表 7-4）。

表 7-4　广南县 2000~2018 年产业结构变动度

产业结构变动阶段	广南县	云南省平均水平	全国平均水平
2000~2010 年	0.60	0.12	0.11
2010~2018 年	0.15	0.14	0.16
2000~2018 年	0.74	0.20	0.25

7.3.2　广南县产业结构合理性评价

根据式（7-3）至式（7-6），以广南县 2000~2018 年三次产业的增加值作为评价基础数据，以广南县隶属的云南省、地理背景相似且空间位置邻近的广西壮族自治区，以及全国总体平均水平为参照，分 2000～2010 年（T_1）和 2010～2018 年（T_2）两个时间段探讨广南县产业结构的合理性（Zhao et al.，2022）。

从总经济增长量看，随着建设"工业强县""生态广南"等策略的提出，广南县的经济不断增长，与云南省、广西壮族自治区和全国相比都有较明显的增长量（表 7-5）。

表 7-5　广南县三次产业的偏离份额分析计算结果

时间段		以云南省为参照区			以广西壮族自治区为参照区			以全国为参照区		
		第一产业	第二产业	第三产业	第一产业	第二产业	第三产业	第一产业	第二产业	第三产业
N_{ij}	T_1	2.57	1.48	2.66	4.23	2.28	3.19	1.80	1.81	3.53
	T_2	3.05	4.79	13.55	2.22	3.46	10.86	1.01	3.92	12.35
P_{ij}	T_1	9.39	2.09	4.50	11.84	3.97	5.38	10.49	2.17	5.34
	T_2	16.84	5.95	20.30	10.45	3.89	19.82	9.84	4.51	15.60
D_{ij}	T_1	−3.73	4.46	8.05	−7.84	1.78	6.64	−4.06	4.05	6.34
	T_2	−1.23	12.84	−5.87	6.00	16.23	−2.70	7.81	15.14	0.03
G_{ij}	T_1	8.23	8.03	15.21	8.23	8.03	15.21	8.23	8.03	15.21
	T_2	18.66	23.58	27.98	18.66	23.58	27.98	18.66	23.58	27.98

注：N_{ij} 表示份额分量；P_{ij} 表示结构分量；D_{ij} 表示竞争力分量；G_{ij} 表示总经济增量；T_1 表示 2000～2010 年时间段；T_2 表示 2010～2018 年时间段。

以云南为参照区，T_2 期广南县三次产业份额分量较 T_1 期有所增加，尤其第三产业增加较大。从结构偏离分量看，第一产业与第三产业依旧是驱动广南县经济发展的主要力量。其中第三产业在 T_2 期的结构偏离分量是 T_1 期的 4.51 倍，第一产业 T_2 期是 T_1 期的 1.79 倍，第三产业逐渐成为广南县经济增长的核心力量。从竞争力偏离分量看，广南县针对区域发展，实施"工业强县"战略，推进工业园区建立，通过建设"一园五片"，即广南特色产品加工及物流产业园区（一园）和莲城特色产品加工片区、火车站商贸物流片区、夕板特色生物资源加工片区、珠琳农特产品加工和物流片区、八宝产业转移农业片区（五片），以特色产品加工业以及物流产业为突破口，促使第二产业竞争力一直保持正值上升。第一产业竞争力偏移分量为负值，但 T_2 期比 T_1 期有所增加，虽在云南整体发展中处于劣势，但发展势头较好。为满足特色产品加工业的发展，需要围绕高附加值农特产品，提升其竞争力。第三产业竞争力在不断下降，在云南省中处于劣势，今后结合广南独特的自然景观与人文风俗，大力发展旅游业，积极发挥广南县第三产业的竞争优势，实现区域经济的协调发展（表 7-5）。

以广西为参照区，T_2 期广南县份额分量中第一产业较 T_1 期减少，第二、三产业较有所增加，说明广南县与广西壮族自治区相比第二、三产业发展较快；从结构偏离分量看，第三产业 T_2 期的结构偏离分量是 T_1 期的 3.68 倍；从竞争力偏离分量看，广南县第一、二产业的竞争力在不断增加，但第三产业的竞争力趋弱（表 7-5）。

以全国为参照区，从份额分量看，T_2 期广南县除第一产业在减少外，第二、三产业份额分量较 T_1 期有所增加，且第三产业增加了 3.5 倍，表明就全国而言，广南县第一产业发展减慢，第二、三产业发展较快；从结构偏离分量看，T_2 期广南县由 T_1 期的第一产业驱动发展转向第三产业带动区域发展；从竞争力偏离分量看，广南县第一、二产业的竞争力在不断增加，而第三产业竞争力与全国平均水平相比并不突出（表 7-5）。

从广南县三次产业结构总体评价结果看，2018 年广南县生产总值为 113.03 亿元，相对于云南、广西与全国的经济增长率 L 分别为 1.12、1.002、1.11，总结构偏离分量 P 分别为 50.14、50.94、43.01，说明广南县产业发展总体速度略高于云南、广西以及全国平均水平，整体而言具有较大的发展潜力。竞争力效果指数 U 分别为 1.98、1.31 和 1.55，总竞争力偏离分量 D 分别为 30.40、26.76 和 40.21，表明相较于云南、广西，以及全国平均水平，广南县各产业总增长势头较好，总体竞争能力比较强，地位在不断上升。就产业发展类型而言，广南县结构效果指数 W 均小于 1，产业发展势头较好但产业结构需要进一步调整（表 7-6）。

表 7-6 2000～2018 年广南县三次产业结构总体评价结果

参照区	G	L	W	U	N	P	D	PD
云南省	101.67	1.12	0.56	1.98	21.13	50.14	30.40	80.54
广西壮族自治区	101.67	1.002	0.76	1.31	23.97	50.94	26.76	77.70
全国	101.67	1.11	0.71	1.55	18.44	43.01	40.21	83.22

注：G 表示总经济增量；L 表示相对增长率；W 表示结构效果指数；U 表示竞争力效果指数；N 表示总份额分量；P 表示总结构分量；D 表示总竞争力偏离分量；PD 表示总偏离分量。

7.4 典型区广南县产业结构优化研究

产业发展是一个长期的过程，根据广南县产业结构合理性评价结果可知，尽管广南县产业结构在近年来逐步完善，但仍存在第三产业竞争力不足等问题，在未来还需要不断进行产业结构调整与优化。同时，当前广南县第一、二产业发展对土地覆被的扰动较大，尤其在喀斯特生态脆弱区，极易导致地表植被的破坏，加剧水土流失、岩石裸露以及石漠化的严重程度。因此，研究以 2018 年为基期年，采用多目标线性规划模型对广南县 2035 年产业结构进行优化，旨在保护生态环境的同时引导当地产业发展，促进区域社会经济与资源环境相协调。

其中，产业结构的多目标线性规划的主要内容包括：①目标函数构建；②约束条件设置；③模型预测优化，得到与实际条件相符的产业结构发展区间范围，为广南县未来产业发展提供参考（Zhao et al.，2022）。

7.4.1　产业结构优化目标函数构建

产业生产总值可以直观反映区域产业发展情况及经济规模，是区域产业发展最直接的体现。研究将第一产业增加值（X_1）、第二产业增加值（X_2）、第三产业增加值（X_3）作为决策变量进行产业结构优化，单位均为万元。

产业结构是人类活动作用于生态系统的主要体现，其组合形态决定生态胁迫、资源利用和经济效益（任丽军和尚金城，2005）。考虑喀斯特区域的生态系统特征、产业发展条件，设定产业结构优化的经济效益目标为经济最大化、生态效益目标为土壤侵蚀量最小化、社会效益目标为社会就业最大化，并根据实地调研结果及社会经济统计数据构建目标函数。

1. 经济效益目标函数

广南县经济发展较为落后，需要实现经济快速增长，表现为经济收入的最大化。经济增长作为产业结构优化的重要目标，以地区生产总值为参照，反映区域经济效益增长的总体规模（李春林等，2012）。因此，根据式（7-7），得到经济效益最大化目标函数为

$$\text{Max}Z1 = \sum_{i=1}^{3} X_i \tag{7-21}$$

2. 生态效益目标函数

喀斯特山区最主要的生态问题是水土流失，在自然与人为因素的影响下，极易导致岩石裸露，呈现石漠化景观，造成生态系统的不稳定（Li et al.，2021b）。通过 RUSLE 模型计算得到广南县土壤侵蚀量数据，以土地利用类型数据作为划分基础（李思楠等，2020），将土壤侵蚀量数据划分到各个产业（X_1、X_2、X_3）中，统计不同产业的土壤侵蚀量（表 7-7）。然后，根据式（7-8），生态效益目标体现为土壤侵蚀量最小化：

$$\text{Min}Z2 = \sum_{i=1}^{3} e_i X_i \tag{7-22}$$

产业名称	土地分类	土壤侵蚀量
第一产业	水田、旱地、园地、草地、林地以及水域	708.19
第二产业	建制镇、村庄	189.40
第三产业	建制镇、村庄	189.40

表 7-7 不同产业的土壤侵蚀量 （单位：t/km^2）

3. 社会效益目标函数

从产业发展的角度看，充分就业是体现社会效益的重要指标。就业率上升促使整体收入增加，进而带动消费、拉活经济。保障喀斯特山区就业率，有助于解决区域相对贫困问题，实现区域均衡发展。较为合理的产业结构，可以实现就业量最大化，促进区域的稳定与发展。因此，根据式（7-9），社会效益目标函数体现为就业最大化：

$$MaxZ3 = \sum_{i=1}^{3} p_i X_i \quad\quad （7-23）$$

7.4.2 产业结构优化约束条件设置

为体现"生态广南"建设导向，研究从经济约束、水资源约束、土壤侵蚀量约束、就业约束等方面设置 7 个约束条件，构建相应的约束条件方程式。

1. 经济约束

广南县基期年（2018 年）经济总量为 1130315 万元，其中三次产业增加值分别为 345124 万元、328468 万元、456723 万元。2014～2018 年间，经济总量及三次产业增加值平均增速分别为 6.57%、3.55%、7.51%、8.49%，最大增速分别为 10.58%、6.25%、15.49%、14.42%。在未来一段时间内，区域经济需要达到目前的年均增长速度，同时为了防止经济过热，需要限制在最大增长速度内。参考相关文献进行计算（潘香君，2017），得到广南县 2035 年经济总量和三次产业的下限值分别为 3334217.37 万元、624492.05 万元、1124925.39 万元、1825063.33 万元，上限值分别为 6247430.68 万元、967313.21 万元、3799684.60 万元、4510097.40 万元。

因此，根据式（7-10）至式（7-13），得到具体经济增长的约束条件如下：

（1）经济总量约束：

$$3334217.37 \leqslant X_1 + X_2 + X_3 \leqslant 6247430.68 \quad\quad （7-24）$$

（2）产业增加值约束：

$$624492.05 \leqslant X_1 \leqslant 967313.21$$

$$1124925.39 \leqslant X_2 \leqslant 3799684.6 \tag{7-25}$$

$$1825063.33 \leqslant X_3 \leqslant 4510094.4$$

2. 水资源约束

喀斯特山区地表水资源匮乏，地下水资源开发较为困难，水资源对喀斯特区域产业发展具有重要制约。根据《广南县水资源综合规划（2014—2030 年）》，2030 年广南县总用水量需要控制在 2.45 亿 m³，2035 年水资源总量控制值沿用 2030 年，2018 年三次产业用水量分别为 1.34 亿 m³、0.11 亿 m³、0.39 亿 m³。因此，根据式（7-14），设定水资源总量的约束条件为

$$388.58X_1 + 33.52X_2 + 85.11X_3 \leqslant 2.45 \times 10^8 \tag{7-26}$$

3. 土壤侵蚀量约束

喀斯特地区土壤流失加剧石漠化的发生，以 2018 年广南县土壤侵蚀量为基础数据，设定广南县 2035 年土壤侵蚀量与现状年保持一致，全县总计为 1160986kg。因此，根据式（7-15），设定土壤侵蚀量约束条件为

$$2.05X_1 + 0.58X_2 + 0.41X_3 \leqslant 1160986 \tag{7-27}$$

4. 就业约束

为保证最低就业人数（潘香君，2017），2018 年三次产业就业人数分别为 27.30 万人、1.74 万人、19.20 万人。以 2014～2018 年社会就业人数为基础，计算 2014～2018 年间社会就业人数年均增长率为 1.35%，得出 2035 年就业人数下限值为 608600 人。因此，根据式（7-16），设置就业约束条件为

$$0.791X_1 + 0.053X_2 + 0.42X_3 \geqslant 608600 \tag{7-28}$$

7.4.3　广南县产业结构优化结果分析

根据以上目标函数和约束条件构建优化模型，利用 Lingo 软件求解，得到 2035 年广南县产业结构优化结果（表 7-8）。

表 7-8 2035 年产业结构优化结果

	2018 年现状		2035 年优化结果	
	增加值/万元	比例/%	增加值/万元	比例/%
第一产业增加值（X_1）	345124.00	30.53	967313.20	15.48
第二产业增加值（X_2）	328468.00	29.06	1124925.00	18.01
第三产业增加值（X_3）	456723.00	40.41	4155192.00	66.51

广南县 2035 年三次产业结构应由 2018 年的"30.53：29.06：40.41"变化为"15.48：18.01：66.51"，即到 2035 年广南县应以第三产业发展为主，第一和第二产业的比例应该下调（表 7-8）。具体分析，第一产业增加值需以增速 14.42% 达到 967313.20 万元，与模型设定的上限值吻合；第二产业增加值与 2014～2018 年的最大增速下的结果吻合，表明未来广南县第二产业应保持 15.49% 增长速度；第三产业增加值为 4155192.00 万元，表明广南县第三产业会得到快速的发展，成为拉动区域经济增长重要的一环。同时，第三产业的发展可以带动地区经济增长，吸纳较多就业人口，是广南县未来需要重点发展的产业部门。从结构占比来看，到 2035 年第一、二产业占比下降，第三产业占比增加。因此，在 2018～2035 年间需要对不同产业进行合理规划，才能在经济、生态、资源、就业约束下实现有序发展。以此为基础确定广南县未来产业发展方向是做好第一产业，大力发展第二产业，做大做强第三产业。

第一产业是其他产业发展的基础。广南县作为农业大县，农业基础条件较好，应当突出高峰牛、八宝米、油茶、茶叶、蒜头果等高原特色农产品，实现现代化、规模化、集约化发展。依托第一产业，发展林果业恢复区域植被，提高生态系统承载力；广南县第二产业发展薄弱，但第二产业是区域持续发展的必要途径，因此需要整合资源促进第二产业的发展。同时，依托第一产业发展特色农副产品加工业，大力发展与第一产业紧密相连的加工制造业，依托丰富的矿产资源冶炼及精深加工业。在这一过程中，需要结合广南县国土空间"三区三线"划分结果，禁止生态红线区的开发活动，做到保护生态，进而实现"工业强县"；此外，近年来第三产业是广南县经济发展的重点，应将喀斯特景观、山水田园风光、少数民族文化融为一体，结合花街节、六郎节等节日，实现生态、经济、文化融合发展，形成"一城两园三区百景"的旅游格局，积极打造"天之广，云之南"旅游品牌，将广南县建设为集观光、考察、科研、康健、休闲、体验等为一体的旅游目的地。

7.5　典型区广南县产业发展模式研究

依托产业结构优化结果，具体落实产业结构与布局的衔接，还需要综合考虑喀斯特山区的生态脆弱性、产业适宜性、农户意愿、水土资源承压能力等内容。基于此，研究首先评价产业发展条件，根据喀斯特生态脆弱性评价指标体系，对生态脆弱性进行评价，划定喀斯特生态脆弱区；其次，以云南和全国作为参照区，评价广南县水土资源承载压力；再次，根据产业发展适宜性评价指标体系，探讨产业发展适宜性；然后，通过问卷调查收集农户意愿；最终，基于喀斯特生态系统特征，以生态问题和社会经济发展滞后问题为导向，结合产业发展基础、生态脆弱性、水土资源承载压力、产业发展适宜性，以及农户意愿等原则，在不同生态脆弱区提出产业发展模式，以实现生态修复与产业发展（Zhao et al.，2022）。

7.5.1　广南县产业发展条件分析

1. 广南县生态脆弱性分区

根据 3.4.2 节广南县生态脆弱性空间分布规律（图 3-8），沿"者（者兔）—莲（莲城）—杨（杨柳井）—板（板蚌）"连线（以下简称"者—莲—杨—板"连线）以南是中度、重度和极度脆弱区。其中，2000～2010 年，广南县西部和县城东部重度与极度脆弱区在扩大，区域生态脆弱性不断恶化，但东南部生态脆弱性有所改善；2010～2018 年，由于北部轻度脆弱面积的扩大，广南县生态脆弱性整体上有所加剧，而东南部以及西部区域极度与极重度脆弱性不断减少，生态不断好转（王茜等，2021）。

从生态脆弱性空间聚集特征看（图 3-9），2000～2018 年广南县生态脆弱性的空间集聚具有一定差异。西南和东南地区是脆弱性热点分布区，占总面积的 32% 左右，而北部是脆弱性的冷点集聚区，占总面积的 37% 左右。其中，2000～2010 年中部的生态脆弱热点区在不断扩大，但西部生态脆弱热点区面积在不断缩小。2010～2018 年东南部热点区面积在不断缩小；而北部因位于非喀斯特区范围，生态工程的实施，使其植被覆盖度不断增加，成为脆弱性冷点集聚区。

通过生态脆弱性评价，因微度与轻度脆弱区主要分布在"者—莲—杨—板"连线以北地区，且脆弱等级相对较低，为确保区域的相对完整性，将微度与轻度脆弱区合并；中度与重度脆弱区位于"者—莲—杨—板"连线以南地区，且脆弱等级相对较高，将中度与重度脆弱区合并；而极度脆弱区因脆弱等级最高，故单独划分为一个区域（图 7-11）。

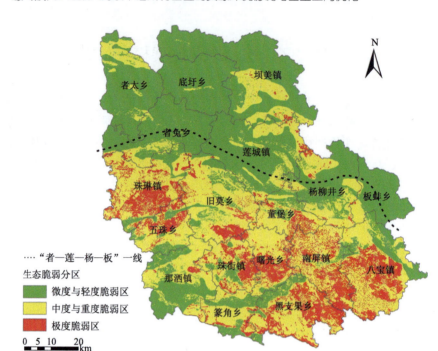

图 7-11　广南县生态脆弱分区

2. 广南县水土资源承载压力分析

1）水资源承载压力度评价

2018 年全国与云南人均水资源占有量分别为 1968.10m³/人、4568.71m³/人，单位耕地面积水资源占有量分别为 20378.81m³/hm²、35528.50m³/hm²。以全国和云南作为标准区，从人口水资源占有量和耕地水资源占有量两个角度衡量广南县水资源承载压力度（图 7-12）。

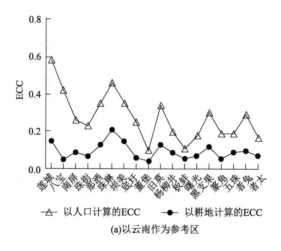

(a)以云南作为参考区

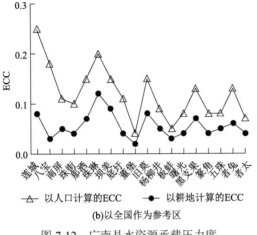

(b)以全国作为参考区

图 7-12 广南县水资源承载压力度

根据式（7-18）计算，无论以人口还是耕地计算广南县水资源承载压力度，其值均小于 0.6，尤其相对全国而言均小于 0.3，说明与云南、全国两个参考区相比，广南县水资源处于低承载负荷水平。其中，从以人口计算的水资源承载压力度来看，莲城镇、八宝镇、珠琳镇因经济发展较快，人口相对集中，其水资源承载压力度相对较大。董堡乡、杨柳井乡、板蚌乡、曙光乡、篆角乡、五珠乡、者太乡等乡镇水资源承载压力度相对较小。从以耕地计算的水资源承载压力度来看，广南县绝大部分乡镇（八宝镇、南屏镇、珠街镇、底圩乡、董堡乡、杨柳井乡、板蚌乡、曙光乡、篆角乡、五珠乡、者太乡）的耕地水资源基本达到平衡状态（图 7-12）。

2）土地资源承载压力度计算

根据式（7-18），以人口计算耕地资源承载压力度（图 7-13），广南县各乡镇耕地资源承载压力度均大于 1，表明人口压力大于耕地资源承载力，特别是八宝镇、莲城镇、珠街镇、底圩乡、者兔乡耕地资源承载压力度较大。八宝镇、珠琳镇因石漠化发育强烈，加之生态工程的实施，使该区域耕地面积相对较少，而该区域又是广南县经济发展较好的乡镇，人口相对集中，导致耕地资源承载压力度较大；莲城镇因位于县城中心，人口集中而耕地面积较少，因此耕地资源承载压力度较大；底圩乡和者兔乡是广南县重要的生态保护区域，退耕还林政策的实施以及茶产业的发展使其耕地资源承载压力度较大（图 7-13）。总体上看，广南县耕地资源短缺，产业发展过程亟须关注土地资源压力的缓解问题。其一，需要保持现有耕地面积，减少撂荒行为；其二，种植业应该转向集约化、规模化发展，提高土地生产率；其三，需要转移一定的劳动力，或进行劳务输出，以此缓解喀斯特山区广南县的土地资源压力。

综上所述，与云南省和全国两个参考区的平均水平相比，广南县水资源处于低承载负荷水平，但土地资源处于超承载负荷状态。

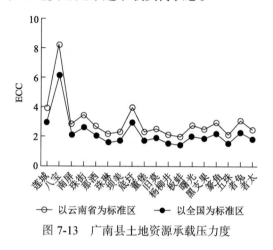

图 7-13　广南县土地资源承载压力度

3. 广南县产业发展适宜性分析

产业发展必须因地制宜，综合考虑研究区的地域性和特殊性。经过开放发展，广南县除传统农作物种植以外，已形成以油茶、蒜头果、核桃等具有较好生态和经济效益为代表的木本油料产业，茶叶、八宝米、高峰牛、烤烟、甘蔗等为代表的特色农业产业，是广南县农业发展的主要培育方向。同时，应通过壮大现有产业体系和标准化生产，延长产品加工生产链；依靠丰富的矿产资源发展采矿业、冶炼业，以及精深加工业。此外，广南县喀斯特景观丰富，区域内分布着博吉金国家森林公园、中国八宝农业公园、坝美隐逸小镇、者兔千年壮寨等景观，应依托句町古城文化、花街节、六朗节等传统文化，协调旅游业的发展。

长期以来，广南县产业结构不断变化与调整，逐渐由第一产业带动区域发展向第二、三产业转变。产业发展最适宜区与适宜区面积为 585.02km²，占全县土地总面积的 7.57%，主要分布在县城中心及各建制镇中心。这些区域资源、信息、资金等要素汇集，是社会经济发展的重点区域，支撑产业发展的条件较好；产业发展较适宜区主要位于交通干线两侧，便利的交通条件可以为产业发展提供基础条件，减少产品的运输成本；产业发展不适宜区面积相对较大，占全县土地总面积的71.92%，在整个广南县均有分布。这些区域或是全县的生态功能区，不应该进行大规模的产业发展，或是因地质地貌条件特殊，石漠化等生态问题突出且治理难度较大，产业过度开发会导致生态系统进一步退化，无法支撑产业发展（图 7-14）。

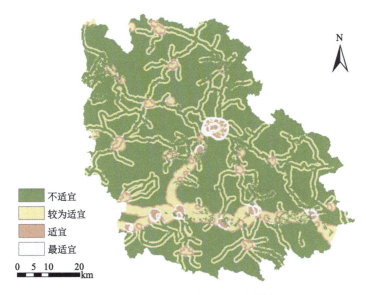

图 7-14　广南县产业发展适宜性

4. 广南县产业发展的农户意愿分析

1）广南县农户调查范围

广南县共有 18 个乡镇、167 个行政村。根据每个乡镇的生态脆弱性等级（图 7-15）、各乡镇产业多样化水平、实地调查结果和调查地点可达性等状况，筛选出董堡乡、曙光乡、旧莫乡、底圩乡、珠琳镇、莲城镇共 6 个乡镇；结合村级生态脆弱评价结果和村庄产业多样性，共选取出 38 个行政村开展调查。

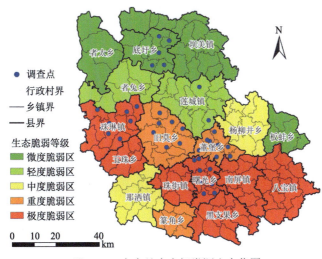

图 7-15　广南县农户问卷调查点位图

2）农户基本情况

在调查的农户样本中（表 7-9），男性（70%）比例高于女性（30%），这与调查区男性与外界接触较多，对农业生产活动及相关政策信息了解较多有关；农户中大多数为中老年人（76.5%），平均年龄为 50.21 岁，这主要由于研究区劳动力输出较多，农业活动的开展群体多为中老年人；大多数农户受教育程度在初中及以下（92.9%），只有少数农户受过较高教育（7.1%）；大多被调查的农户为壮族（62.9%），其次为汉族（29.6%），其他民族的调查对象较少。

表 7-9　广南县农户调查样本统计数据

变量	分类	频率	百分比/%
性别	男	215	70.0
	女	92	30.0
年龄（岁）	<30	27	8.8
	30~40	45	14.7
	41~50	75	24.4
	51~60	95	30.9
	>60	65	21.2
受教育程度	文盲	58	18.9
	小学	127	41.4
	初中	100	32.6
	高中、中专	19	6.2
	大学及以上学历	3	0.9
民族	壮族	193	62.9
	苗族	5	1.6
	彝族	14	4.6
	汉族	91	29.6
	其他	4	1.3

3）农户对产业发展的意愿

（1）农户种植意愿。农户种植意愿分为愿意继续种植当前粮食作物和倾向种植经济效益较高的作物两种情况。

农户愿意继续种植当前粮食作物。一直以来，广南县粮食作物以玉米和水稻等传统作物为主。根据问卷调查结果，农户对于继续种植当前农作物的意愿相当强烈，当被问及"是否愿意继续种植当前农作物时"，有 95.8%的农户愿意继续种植当前农作物。一方面，主要由于农户已经有种植习惯和技能，有"种了才有收入"的思想，且因技术或资金等条件限制找不到合适的其他作物进行改种。另一方面，随着外出务工人数的增加，留守农户多为老年人，精力与体力相对不足，没有能力进行农作物翻新改种，只能通过种植玉米等传统农作物可以实现自给自足、维持基本生活。

此外，除去没有种植想法的农户（53.1%），部分农户（31.3%）倾向于种植经济效益较高的其他作物；有一成左右的农户（8.8%）愿意种植药材（重楼、白及、黄精、金银花等），有少部分农户（4.2%）愿意种植果树（柑橘、李子、梨子-特色长冲梨、桃子等，而 2.6%的农户认为自己没有精力继续种植作物，在有条件的情况下愿意将土地流转出去[图 7-16（a）]。

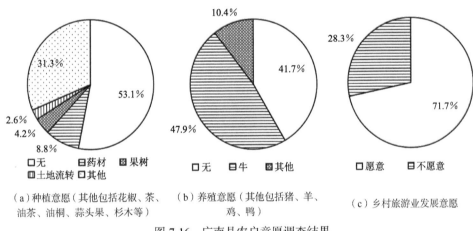

（a）种植意愿（其他包括花椒、茶、油茶、油桐、蒜头果、杉木等）　（b）养殖意愿（其他包括猪、羊、鸡、鸭）　（c）乡村旅游业发展意愿

图 7-16　广南县农户意愿调查结果

（2）农户养殖意愿。广南县历来有养牛、猪、羊、鸡、鸭等家禽家畜的养殖传统，且大部分农户（58.3%）表示愿意继续养殖，而另一部分农户（41.7%）不愿意继续从事养殖业。在愿意继续进行养殖的农户中，多以散养为主，成规模化养殖较少，其中有 47.9%的农户愿意养殖在广南县独具特色的高峰牛；其余 10.4%的农户倾向养殖其他畜产品，包括猪、羊、鸡、鸭等[图 7-16（b）]。

（3）农户对乡村旅游业发展意愿。旅游业的发展可以极大地带动就业并增加收入。调查的大多数农户（71.7%）愿意配合引导与规划发展乡村旅游业，主要原因在于伴随着当地基础设施的完善，餐饮、住宿等经营活动可以增加收入；但也有部分农户（28.3%）担心在旅游开发中，自身利益得不到保障，不愿意发展乡村旅游业[图 7-16（c）]。

4）农户种植意愿的影响因素分析

农户种植意愿是产业模式构建的核心内容，为探讨影响农户种植意愿的因素，采用多项 Logistic 回归模型进行分析式（7-19）。通过共线性诊断，方差膨胀因子值（variance inflation factor，VIF）均小于 10，说明各自变量之间不存在共线性问题（李福夺和尹昌斌，2021）（表 7-10），故将全部自变量纳入到 Logistic 回归回归模型中。

表 7-10　模型变量定义及解释

	变量	编码	指标	变量类型	变量赋值	VIF 值
因变量		Y	农户种植意愿	多分类	—	
自变量	自然条件	P	土地面积	连续变量	—	1.108
	社会条件	S_1	交通条件的满意度	有序变量	0 非常不满意；1 比较不满意；2 一般；3 比较满意；4 非常满意	1.167
		S_2	是否参加农业合作社	分类变量	0 否；1 是	1.055
	销售渠道	I_1	农产品销售渠道	分类变量	0 自食；1 销售给公司、工厂；2 商贩；3 拿到市场上去销售；4 销售给合作社	1.130
		I_2	销售渠道的满意度	有序变量	0 非常不满意；1 比较不满意；2 一般；3 比较满意；4 非常满意	1.159
	种植意愿	C_1	其他产业发展意愿	分类变量	0 不愿意；1 愿意	1.226
		C_2	种植农作物优先考虑条件	分类变量	0 不考虑；1 经济收入；2 保护生态；3 经济收入与保护生态	1.217
		C_3	是否继续种植当前农作物	分类变量	0 否；1 是	1.080
		C_4	是否愿意种植经济与生态效益兼顾的作物	分类变量	0 不愿意；1 愿意	1.120
	农户条件	R_1	性别	分类变量	0 女；1 男	1.250
		R_2	年龄	连续变量	—	1.599
		R_3	受教育程度	有序变量	0 文盲；1 小学；2 初中；3 高中、中专与技校；4 大学及以上学历	1.621
		R_4	劳动力数量	连续变量	—	1.333
		R_5	是否有劳动工具与设备	分类变量	0 否；1 是	1.156
		R_6	家庭总收入	连续变量	—	2.065
		R_7	大牲畜数量	连续变量	—	1.059

　　Logistic 模型回归运行结果显示（表 7-11），模型的似然比检验显著水平远小于 0.05，表明建立的模型拟合效果非常好，能充分反映变量间的关系，可以用于农户种植意愿的影响因素分析。

表 7-11　广南县农户种植意愿模型拟合效果

模型	模型拟合信息			
	模型拟合标准	似然比检验		
	−2 倍对数似然值	卡方	df	显著水平
仅截距	701.432			
最终	523.409	177.942	84	0.000

结果显示（表 7-12），影响种植药材的原因主要有交通条件的满意度（S_1）、农产品销售渠道（I_1）、是否愿意种植经济与生态效益兼顾的作物（C_4）、劳动力数量（R_4）和家庭总收入（R_6）。其中交通条件的满意度与劳动力数量影响显著，显著水平系数分别为 0.007 与 0.010。交通条件的改善会影响农户满意度，对交通条件越满意，农户更倾向于种植药材；且劳动力数量越多，农户越可能种植药材。同时，家庭总收入、销售渠道等会影响农户对药材的种植。药材作为经济与生态效益较好的作物，受到农户的青睐，但药材种植需要一定的销售渠道才可保证农户的利益。因此，引进公司与项目等资本来确保种苗、技术以及较为稳定的销售渠道，以此支撑药材种植和销售。

影响农户种植果树意愿的主要原因是优先考虑经济收入（C_2=1），经济收入显著性为 0.005，表明农户在选择种植果树时，更关注其产生的经济效益。其次为是否有劳动工具与设备（R_5），且没有劳动工具与设备的农户种植果树的意愿是有劳动工具与设备农户的 0.179 倍。另外还受教育程度（R_3）以及农产品销售给商贩（I_1=2）的影响。

影响农户进行土地流转的因素是受教育程度（R_3），显著水平系数为 0.044，表明农户教育水平越高，愿意土地流转的概率越大。近年来，广南县劳务输出量较大，但在喀斯特区域，土地资源稀缺，农户舍不得撂荒自家农地，因此对土地进行有偿流转是获得收入的另一途径。

对其他组别而言，主要影响因素是否愿意种植经济与生态效益兼顾的作物（C_4）、交通条件的满意度（S_1）、受教育程度（R_3），其次为大牲畜数量（R_6）、农产品销售给公司，以及工厂（I_1=1）、是否拥有劳动工具与设备（R_5）、农产品主要为自食（I_1=0）等，显著水平系数分别为 0.001、0.003、0.009、0.013、0.013、0.014、0.015、0.042。其他作物种植显著影响因素是种植经济与生态效益兼顾的作物，表明农户在种植作物时会关注生态保护与经济发展，其次交通条件的满意度与受教育程度也产生了较大影响。

总体而言，农户条件、种植意愿、社会条件以及销售渠道均对农户种植意愿产生影响。

表 7-12　广南县农户种植意愿模型结果

种植意愿	自变量	B	Wald	显著水平	$\exp(\beta)$
药材	截距	3.142	2.207	0.137	—
	S_1	−0.662	7.296	0.007***	0.516
	$I_1=1$	−2.120	2.866	0.090**	0.12
	$I_1=2$	−2.355	4.737	0.03**	0.095
	$C_4=0$	−2.675	4.922	0.027**	0.069
	$C_4=1$	0^b	—	—	—
	R_4	0.442	6.709	0.010***	1.555
	R_6	−0.000023	5.562	0.018**	1.000
果树	截距	−1.581	0.328	0.567	—
	$I_1=2$	−2.484	2.721	0.099*	0.083
	$C_2=1$	−2.211	7.709	0.005***	0.110
	R_3	0.906	3.953	0.047**	2.474
	$R_5=0$	−1.720	4.302	0.038**	0.179
	$R_5=1$	0^b	—	—	—
土地流转	截距	−10.409	5.731	0.017***	—
	R_3	0.963	4.052	0.044**	2.620
其他	截距	1.493	1.205	0.272	—
	S_1	−0.498	8.590	0.003***	0.608
	$I_1=0$	−1.663	4.150	0.042**	0.190
	$I_1=1$	−2.286	0.918	0.013**	0.102
	$C_1=0$	0.908	6.048	0.014**	2.478
	$C_1=1$	0^b	—	—	—
	$C_4=0$	−2.987	10.333	0.001***	0.050
	$C_4=1$	0^b	—	—	—
	R_3	0.597	6.752	0.009***	1.816
	$R_5=0$	−0.920	5.969	0.015**	0.398
	$R_5=1$	0^b	—	—	—
	R_6	−0.000013	6.201	0.013**	1.000

注：表中"*"为90%的显著水平；"**"为95%的显著水平；"***"为99%的显著水平。

7.5.2　广南县产业发展模式构建原则探讨

根据广南县产业结构优化结果（7.4.3 小节），2035 年广南县产业结构应该调整为 15.48：18.01：66.51，说明应围绕第三产业进行发展，以提高产业发展水平。通过做好第一产业、大力发展第二产业、做大做强第三产业，协调好广南县各产业类型的发展。广南县第一产业一直支撑区域经济发展，作为农牧业较为发达的区域，原有的种养条件是现有模式的基础，同时为第二产业的发展提供原材料；第二产业的发展相对薄弱，需要加强加工制造业的发展；第三产业开发项目主要为旅游业，应围绕喀斯特景观、山水田园风光、少数民族文化等优势进行开发。因此，为协调区域生态修复及经济发展，根据生态脆弱性分区结果，以增加收入和保护生态为出发点，主要围绕农业及旅游业提出产业发展模式。参考原则如下：

（1）生态脆弱性限定产业发展范围。喀斯特生态系统具有脆弱性，不合理的经济活动会进一步加剧区域生态脆弱程度。设置产业发展模式时，需要根据不同生态脆弱性等级区域的生态问题，构建适宜的产业发展模式。

（2）产业发展基础决定产业发展模式。已有产业发展基础是产业发展模式构建的前提。广南县第一产业发展较好，可以为加工业提供基础。同时，根据产业结构优化结果，第三产业是未来产业发展的主要方向，应依靠广南县喀斯特景观、田园风光等旅游资源，大力开发旅游业项目。

（3）水土资源承载压力影响产业发展方向。广南县水资源总量丰富，可以满足区域社会经济的整体发展需求，但石漠化的发育及退耕还林还草等生态工程的实施，导致人口压力远大于耕地资源承载力。根据相关研究，广南县资源环境承载力存在空间差异（李思楠等，2020），东北部和西南部承载力较高，适宜开展生产活动；而西南部与东北部区域承载力较低，需要关注生态修复与保护。因此，应以区域资源环境承载力作为产业发展的前提。

（4）基于产业发展适宜性谋划产业发展布局。产业发展必须因地制宜，需要在产业适宜区开展（李思楠等，2020）。广南县产业适宜区主要分布在县城中心、各建制镇中心，以及交通干线两侧；西北部属于生态保护重要区，西南部因石漠化影响不利于产业发展，若开发会导致生态及产业的不可持续。因此，需要围绕广南县产业发展适宜性空间差异进行合理的产业布局。

（5）遵循农户意愿有助于产业发展模式的落实执行。农户意愿充分体现农户诉求，为模式的确定提供方向，提高发展模式实施的可行性。农户意愿主要包括农户种植意愿、农户养殖意愿，以及乡村旅游业发展意愿。问卷调查显示，农户愿意继续种植当前农作物；且除继续种植原有作物外，农户愿意种植经济收益较高的作物，其种植意愿最为强烈。同时，农户倾向养殖高峰牛，大多数农户还愿意配合引导与规划发展乡村旅游。

7.5.3　广南县产业发展模式研究

综合以上原则，结合不同生态脆弱区的生态脆弱性、产业发展基础、水土资源承载压力、产业发展适宜性，以及农户意愿，提出典型喀斯特山区广南县各生态脆弱区的产业发展模式。

1. 微度与轻度脆弱区发展模式

该区域位于"者—莲—杨—板"一线以北，占土地总面积的 47.15%，生态脆弱性等级较低。区域产业发展基础较好，其中莲城镇与坝美镇是广南县经济发展的增长极；但区域社会经济发展水平差异较大，除莲城镇与坝美镇外，其他乡镇社会经济发展滞后，区域水土资源处于低承载负荷水平。同时，植被覆盖度高、生物多样性丰富，资源环境承载力最高，具有较高的生态稳定性；位于农业适宜区，水热条件较好、土层较厚，农业基础较好，主要种植传统农作物，能够为整个区域提供重要的农业与生态产品。在农户意愿上，31.3%农户愿意种植其他经济作物；大多数农户（71.7%）愿意配合发展乡村旅游业。因此，应以经济生态型为主要方向构建农业发展模式，具体包括：

（1）木本油料发展模式。该区是油茶与核桃等木本油料树种适宜种植区，适合发展"油茶+核桃"的木本油料产业，可以改善现有植物油消费结构、实现经济与生态效益的统一。应依托退耕还林还草等生态工程，在坡耕地种植木本油料作物。作为广南县特色传统产业，木本油料树种种植占用耕地少，是喀斯特山区植被恢复的优质树种；而油茶作为木本油料作物，其植物油不饱和脂肪酸含量普遍高于草本油料作物（赖鹏英等，2021），并可通过林下复合经营等方式有效提高土壤有机质、全氮、全磷、全钾含量（陈海等，2019），产生较好的经济与生态效益。同时，可在劳动力现状以及与原有种植基础上，在林下套种黄精、莪术、草珊瑚等中草药和其他农作物，增加土地多元产出。此外，在农业发展过程中应尽量选择本地植物进行培育；提升种植规模，并加强管理与经营规范性、科学性；通过引入政府、公司等社会资本，研发油料产业加工技术，开发油料产业链，提升附加值，逐渐打造品牌效应。

（2）高原特色经果林发展模式。在坡耕地和旱地实施"经果林+经济作物"种植模式，同时通过营造水源涵养林、生态林以实现生态效益。特色经果林种植以旱冬瓜、杉木、油茶、柑橘、板栗等为主。其中，旱冬瓜作为主要造林树种，可以改善土壤肥力；杉木生长迅速，被称为"万能之树"，是喀斯特山区绿化的重要树种，并具有突出的经济、生态效益；该区属柑橘栽培适宜区，气候及土壤条件适宜发展以柑橘为主的水果种植；广南县板栗栽培历史悠久，可提供优质板栗商品。同时，该区地处中亚热带高原季风气候区，应种植以甘蔗、三七、烤烟、油菜等为主的经济作物，以此实现糖业、药业、烟业、油业的多产业协同发展，增加农民多元收入。

（3）生态茶园发展模式。在现有茶叶种植区，以底圩乡为中心，围绕者太、者兔、坝美、莲城四个乡镇大力发展生态茶园；在茶园周围种植八角，发展"茶+八角"种植模式；同时发展红米与八宝米种植，形成"茶+红米""茶+八宝米"等立体种植模式。广南县茶叶种植历史悠久，可以有效保持水土，在九龙山、花果大箐等地区均有野生古茶树分布，茶树品种以云南大叶种、底圩大白毫、者兔藤茶等为主。目前，已成为茶农除工资性收入外的主要收入来源，但依然存在劳动力短缺、茶园丢荒、加工工艺相对落后、售卖毛茶价格较低等严重制约茶产业发展的问题。因此，生态茶园开发应从原材料端严格把控，提高茶叶产品品质；充分利用种植基础，改植丢荒茶园；同时，引入公司与各类开发项目，实现茶叶"统一管理、统一收购"，推动广南"生态茶"品牌战略平稳实施，做到茶叶品质提升、农户收入保障。

（4）城郊农业发展模式。以广南县县城为中心，依托较好的农业基础、相对广阔的市场，在形成绿色屏障同时，承载城镇发展所需的产品供给、生态、休闲等功能（景再方和杨肖雨，2010），构建"蔬菜基地+家禽养殖+农业休闲体验"的一体化城郊农业发展模式。农户可以土地流转方式进行土地的有偿出租，整合现代化喷灌技术，形成规模化蔬菜种植基地，满足区域内外蔬菜需求，并在收获季节雇用当地农户，解决当地农民的就业。同时，可发展生猪、肉牛、鸡、鸭等家禽养殖，为城镇居民提供所需的肉蛋奶等产品（图 7-17），建设体验式的采摘、垂钓、喂养、餐饮、住宿、种植农业传统习俗于一体的农家乐，为城镇居民提供休闲娱乐场所。

（a）蔬菜基地建设

（b）辣椒种植

（c）韭黄产业

（d）生姜种植

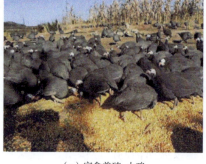

（e）家禽养殖-火鸡　　　　　　　　　　　　　（f）家禽养殖-鸡

图 7-17　广南县城郊农业发展模式

（5）工业园区发展模式。莲城镇是广南县县城所在地，作为信息、技术、资金、劳动力等资源主要集中地，是整个区域发展的中心。应充分依托广南县农特产品与工艺品，重点打造中小企业孵化区、商贸发展区、专业市场、物流集散中心，形成由农特产品加工及精加工区、包装区、物流区、制造区（工艺品、家具、文教体育）组成的工业园区，以此推进产业发展，增强县城中心形成增长极效应，带动区域经济整体发展。

（6）农业生态文化旅游模式。广南县少数民族众多，具有民族特色寨子、饮食、服饰、沙戏、地母文化等丰富的少数民族文化资源（图 7-18）；同时，该区域生态环境条件较好，分布有"博吉金"国家森林公园等自然景观，可构建"山水田园风光+少数民族文化"的农业生态文化旅游发展模式。基于丰富的生态资源，可集中打造展现少数民族特色民俗风情的博物园，以及集观光、休闲、体验、养生、度假功能于一体的目的地；通过保护性开发方式，可最大程度维护民族风俗文化原有景观，促使传统农业生产向生态、经济、文化多元服务转变，同时拓宽农户收入渠道。在开发过程中需注意传统文化的保护、基础设施的建设，并做好乡村旅游规划、维护当地人民利益。

（a）壮族民族文化　　　　　　　　　　　　　　（b）干栏式建筑

图 7-18　广南县生态文化旅游发展

2. 中度与重度脆弱区产业发展模式

该区域位于"者—莲—杨—板"一线以南，占土地总面积的39.64%，生态脆弱性较高。该区域人类生产活动较为密集，产业基础较好，水土资源环境承载力水平适中，是社会经济活动发展的主要辐射区；产业发展适宜区主要分布在G323线、广昆高速周围。在农户意愿上，农户倾向于不再种植作物（53.4%），其次是种植其他作物；多数农户（52.8%）倾向于养殖高峰牛；仅有29.5%农户不愿意发展乡村旅游业。在该区域，不合理的人类活动会导致区域生态脆弱性进一步加剧，造成生态恶化。因此，应以生态经济型为主要方向构建农业发展模式，在注重生态恢复、保障区域发展所需自然资源的基础上，提高区域生态系统承载力，实现生态保护与社会发展的协调发展，具体包括：

（1）种养立体农业模式。种植业和养殖业是农户生计的重要来源，但玉米等传统农作物的耕种极易加大生态压力，且坡耕地耕作的经营行为，产生的经济效益相对较低（傅籍锋和盛茂银，2018），应结合地形地势等区位特征，转变农作物种类及种植方式，构建种养立体的农业模式。陡峭山峰地带因人为干扰较少，实施自然修复即可；缓坡地带应以乔灌草种植相结合，种植李子、梨子、桃子、花椒、金银花、百合、白筋条等作物，实行"经果林+经济作物""经果林+中草药""经果林+牧草"的种植模式，解决经果林地下物种单一性问题；洼地等地势低平地带是水田和旱作农业的主要区域，但易受洪涝等灾害影响，可整合水利工程修建，水田发展八宝贡米种植业、实施"稻+鱼"发展模式；旱作农业应由单一粮食作物种植向经济作物、林果、中草药、养殖业等多方面发展（车小磊，2009）。除传统粮食作物外，实施"玉米+红薯""玉米+豆类"等粮食经济作物套种，但需充分考虑光照条件；实施"玉米+油菜""花生+油菜"等间作，实现"一季变两季"的转变；种植烤烟、三七、生姜、辣椒等特色经济作物，通过培育优良品种发展高效粮食与经济作物。此外，在粮食作物种植与牧草业基础上，发展猪、牛等养殖业，实现种养业的综合发展。

（2）林草生态恢复模式。恢复林草植被是喀斯特多山地区的首要任务，应构建"林业+中草药""林业+牧草"的林草生态恢复模式。其中，林业作物以蒜头果、油茶、花椒、任豆等为主，中草药以重楼、白及、黄精等为主，牧草以象草、桂牧1号等为主。广南县境内野生蒜头果占全国的3/4，且其具有独特的药用价值，油脂含量高达40%~50%、脂肪酸内神经酸含量丰富，应重点培育蒜头果产业发展。此外，蒜头果、油茶、花椒、任豆等作物具有适应能力强、耐干旱与贫瘠等特点，在裸露的石灰岩山地长势良好，是喀斯特石山的适生树种（傅籍锋和盛茂银，2018），具有良好的生态效益。以蒜头果种植为突破口，由林业部门牵头进行保护性开发，并保护野生蒜头果资源、加大对蒜头果幼苗的培育；当形成规模之后，结合油茶与核桃等作物种植发展木本油料产业，适当延长产业链、提高附加值，将其作为广南县特色与优势产业发展。

（3）草食畜牧业模式。广南县畜牧业历史悠久，农户多以本地黄牛、高峰牛、黑山羊等养殖为主。其中，高峰牛作为云南六大名牛之一，其种群保有量大、肉质鲜美，与普通黄牛相比具有耐热、耐冷、低病死率等特点，牛肉品质高、多作为肉牛饲养，是广南县壮族、苗族等少数民族饲养主要牲畜。广南县茅草、熟地草、牛筋草、狗尾草等草种资源丰富、长势良好，对光照、土壤，以及水分的要求较低，可通过人工种植选育优质牧草，满足畜牧业发展对草料的需求；同时，牧草种植有利于水土保持及生态修复。经调研发现，一头牛每年纯利润大约在2000~3000元；当管理得当、经营较好时甚至能达到4000~5000元，经济效益可观。目前，广南县高峰牛养殖以圈养为主（图7-19），对地表植被的影响与破坏较小；且劳动力成本相对较低，一人即可看护至少40头高峰牛；发展草食畜牧业既能维护生态环境、又能增加农户收入（张光辉等，2008）。

图7-19　广南县草食牲畜畜牧业

（4）生态工业产品生产基地模式。一方面，应在旧莫、珠琳建立生态工业产品生产基地（图7-20）。广南县高原特色农产品种类繁多，以高峰牛、八宝米等为主，应以此为基础发展特殊农副产品加工业，实现由单一生产型转变为生产、加工、销售、物流等为一体的发展类型；并开发以蒜头果和铁皮石斛为代表的新兴生物制药业，切实落实云南"云药之乡"战略。同时，基于香椿、旱冬瓜、杉木、桉树等丰富的用材林资源，发展家具业、造纸业以及印刷业；依托区位、资源、政策，以及劳动力资源，吸引、承接皮革业、鞋服加工业等，有效带动地区经济发展；依托丰富的矿产资源保护性开发，发展磷化工、水泥建材、锑矿、铅锌矿、铝土矿冶炼及精深加工业。此外，广南县少数民族文化资源丰富，传统少数民族手工艺品具有较大的开发价值，以此发展工艺品制造业、民族纺织业，与旅游业相融合捆绑发展。

另一方面，注重打造品牌战略。目前，广南县已形成高峰牛、铁皮石斛、底圩茶等地理标志产品,但仍需将产品做大做强,从而形成品牌效应、提高产品知名度。同时,通过引入龙头企业,以"公司+村集体+合作社+基地+农户"组织形式开展;由龙头企业带动,形成"作物生产-产品研发-产品精加工-展销"相结合的发展路径,以确保资源合理利用、产业开发以及农户利益维护。此外,充分依托互联网平台,加大宣传力度、提升产品知名度,形成"互联网+高原特色农产品"销售模式,打造农产品以及绿色工业产品物流网;加大人才尤其是电商人才引入,积极发展农业电子商务,从而拓宽交易渠道、提高产品市场化。

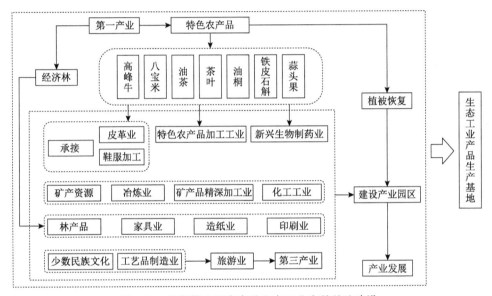

图 7-20 喀斯特山区广南县生态工业产品基地建设

3. 极度脆弱区产业发展模式

该区域位于"者—莲—杨—板"一线以南,占土地总面积的 13.21%,生态脆弱性最高。该区域岩石裸露度与石漠化等级较高,生态治理难度大,生态恢复难度极大;该区域产业基础较为薄弱,水土资源承载压力最大,属产业发展不适宜区。在农户意愿上,农户倾向于不再种植作物(66.7%),但养殖高峰牛的意愿较为强烈(63.3%),同时70%农户愿意配合发展乡村旅游业。因此,应以生态型为主要方向构建农业发展模式,以植被恢复、缓解生态压力为首要任务,仅在条件相对较好区域适当开展社会经济活动,以满足整个区域的可持续发展。具体包括:

(1)生态自然修复模式。在生态极度脆弱区,过多的人类活动干扰不利于生态系统自然修复,且人工植被恢复的土壤碳汇效应远低于自然恢复(王克林,2019)。广南县水热条件较好,当人类活动显著减少时,生态系统自然修复效果突出。草作为恢复速度较快的先锋植物（覃宗泉等，2008），是喀斯特地区植被恢复的首选，选用耐寒、耐贫瘠、喜钙、适用范围较广的乡土植物，如飞蛾藤、茅草等喀斯特石生适生藤木与草本植物，促使地区植被实现"草丛-灌木-乔木"的正向演替。同时，辅以人工干预措施，通过整合水利工程设施、油茶林低效改造等生态工程，维护区域生态环境稳定。

（2）生态旅游模式。该区域作为典型喀斯特地貌发育区，溶洞、常态山、峰丛-洼地地貌等景观丰富，具有较高的美学、教育、观赏等文化价值（图7-21），应通过融合农业与旅游业，构建"稻作文化+喀斯特景观"的生态旅游发展模式。广南县稻作文化历史悠久，具有发达的稻谷技术和珍贵的野生稻种；特别是八宝米，可作为广南县稻谷发展的特色品牌。在洼地集水区，整合水利工程设施，大力发展八宝米产业，形成喀斯特山水田园风光。同时，依托壮族文化风情，发挥壮族传统的稻作技术优势，形成水稻种植休闲、亲子田园娱乐、壮族特色餐饮等为一体的生态旅游发展路径。此外，应结合莲城镇、者兔乡、八宝镇、坝美镇等旅游资源较为丰富区域，开发"一竖两横"的旅游线路轴，用以连接广南县的旅游景区，形成"一城三区百景"的旅游空间发展格局，带动广南县旅游业协调发展（图7-22）。

图7-21 广南县生态旅游发展潜力景观区域

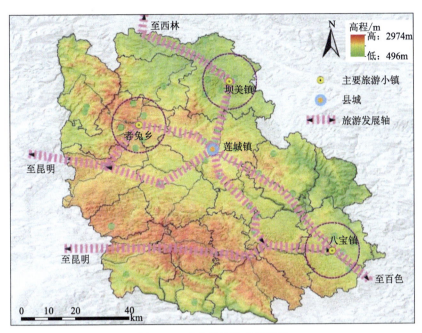

图 7-22　广南县旅游发展路线

7.6　本　章　小　结

广南县是生态退化特征明显、社会经济发展较为落后的喀斯特生态脆弱区的典型代表,研究采用多目标线性规划模型对 2035 年产业结构进行优化,为产业发展模式提供方向;然后,通过划分生态脆弱区,评价水土资源承载压力以及产业发展适宜性,分析农户的发展意愿;最后,结合喀斯特人地关系地域系统,以生态和社会经济问题为导向,遵循生态脆弱性、产业发展基础、水土资源承载压力、产业发展适宜性、农户意愿等原则,分别对典型喀斯特山区广南县的不同生态脆弱区提出产业发展模式。

7.6.1　喀斯特山区产业结构优化方向

产业发展基础方面,广南县第一产业以传统农业发展为主;第二产业以采矿业为主且重工业占比较大,制造业发展不足;第三产业发展较快,旅游业的快速发展推动整个区域经济不断发展。广南县处于工业化初期阶段,产业发展势头较好,具有较大的发展潜力。第一、三产业依旧是广南县产业发展的主要力量,但第三产业应逐渐替代第一产业成为经济增长的主要力量。

产业结构合理性方面,总体产业发展势头较好,具有较大发展潜力,但产业结构需要进一步调整。第一产业作为广南县产业发展的重要力量，发展速度减慢，需要不断发展特色产业提高其竞争力。第二产业竞争力增强，但发展势头不足。第三产业逐渐替代第一产业成为广南县主要经济力量，但第三产业就云南、广西乃至全国而言竞争力并不突出。因此，广南县产业结构需要进一步地优化与调整，以此提高产业发展水平。

产业结构优化方面，以 2018 年为现状基期年，到 2035 年广南县需要突出发展第三产业，三次产业结构应向 15.48∶18.01∶66.51 比例调整。因此，为提高广南县整体的产业发展水平，未来产业发展模式构建方向需根据广南县特点，继续做好第一产业，发展高原特色农业，为加工制造业及旅游业的发展提供基础；大力发展第二产业，依托丰富的自然资源发展采矿业、冶炼业，以及精深加工业、制造业等；做大做强第三产业，基于喀斯特丰富的旅游资源，结合第一产业及丰富的传统民族文化，通过发展旅游业拉动经济增长。

7.6.2　喀斯特山区产业发展分区与模式建议

研究在实地调研以及资料收集的基础上，通过划分生态脆弱区，考虑生态脆弱性、产业发展基础、水土资源承载压力、产业发展适宜性，以及农户意愿等原则，在微度与轻度脆弱区以木本油料产业发展模式、高原特色经果林产业发展模式、生态茶园发展模式、城郊农业发展模式、工业园区发展模式、生态文化旅游发展模式等经济生态型产业发展模式为主；中度与重度生态脆弱区以种养立体农业发展模式、植被恢复模式、草食畜牧业发展模式、生态工业产品生产基地模式等生态经济型产业发展模式为主；对极度脆弱区提出生态自然修复与生态旅游为主的产业发展模式（Zhao et al., 2022）。

总体上，研究提出的广南县产业发展模式既考虑了生态建设、产业发展，又结合了农户意愿，具有较好的推广应用性。今后，根据广南县现有的产业基础条件，一方面，仍需要通过扩大特色农业产业体系，实现加工业、农业、文化旅游业加速发展，将三次产业进行融合发展，促进生态效益、经济效益，以及社会效益相结合。在生态修复的基础上实现经济收入的增加，推进好的产业以解决农户就业等社会问题。另一方面，需要由政府牵头，通过引入公司、企业，打造"政府+公司+村集体+农户""政府+公司+基地+农户"等组织形式，形成规模效益；通过策划，形成"一村一品""一镇一业"等发展战略，打响知名度，推动乡村振兴发展；加大产业的科技投入，通过与科研院校合作，以科学技术为支撑，聚焦八宝米、油茶、高峰牛、蒜头果等特色产业的培育与发展；同时，积极培育农村电商平台、引进电商人才，扩大销售规模及市场范围，以此实现产业发展模式的可持续发展。

第8章

云南典型喀斯特山区国土空间优化与管控研究

国土空间是人类社会和经济活动的基本载体，也是人类精神和文化需求的空间反映。随着社会经济快速发展和人口数量的迅速增加，城乡建设用地需求逐步扩大，农业和生态用地大量减少，城镇、农业和生态功能用地的矛盾日益加剧，国土空间开发格局混乱，阻碍城镇建设和乡村振兴协同发展进程（Zhao et al.，2019；Li et al.，2021b；Tan et al.，2021）。同时，我国所面临的资源瓶颈、生态退化和环境约束等问题与目前国土空间开发利用不协调有着极大的内在联系（刘继来等，2017），国土安全和社会经济可持续发展面临严峻挑战。因此，在有限的资源环境条件和当前的社会经济状况下，要实现城镇发展和乡村振兴协同并进，就需要合理配置国土空间资源，重构区域化国土空间，加强城镇空间管制、农业空间整理和生态空间建设。如何权衡国土空间结构并促进各种国土空间功能的协调发展，实现国土空间开发保护与规划体系的重构，已成为国土空间统筹规划与实践的关键问题。

喀斯特山区生态环境脆弱，极易受到破坏且难以恢复。石漠化作为我国三大生态环境问题之一，在西南喀斯特山区集中连片分布。严重的石漠化状况加剧了生态环境保护的压力（Zhang et al.，2019），影响国土空间的可持续发展（Yang et al.，2016）。同时城镇无序扩张及国土资源不合理配置导致的"城市病"和"乡村病"给区域生态和经济雪上加霜，亟须开展国土空间优化来引导喀斯特山区的城乡发展。目前喀斯特山区的国土空间开发与保护仍存在巨大挑战，针对区域资源环境本底和社会经济状况，提出行之有效的国土空间功能协调与管控方案是其中的关键环节（屠爽爽等，2020）。鉴于此，研究以西南典型喀斯特山区的市、县域——文山市、广南县为实践案例区（图 8-1），基于区域国土空间利用现状和石漠化分布状况，以及前述章节对于资源环境承载力的探讨，从资源环境承载力评价和国土空间开发适宜性评价（以下简称："双评价"）、功能协调和综合视角构建喀斯特山区的国土空间优化方案，并对不同方案的优化结果进行对比分析，提出相应的管控策略与措施。这对实现喀斯特山区国土空间功能协调和统筹发展，促进城镇空间宜居适度、农业空间集约高效和生态空间山清水秀，推动喀斯特山区乡村振兴具有重要意义。

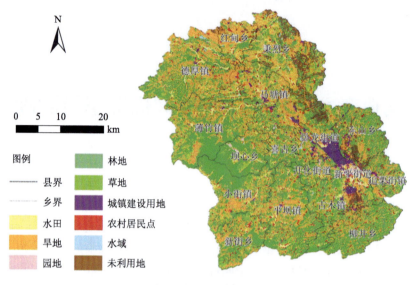

(a)文山市国土空间现状图（2017年）

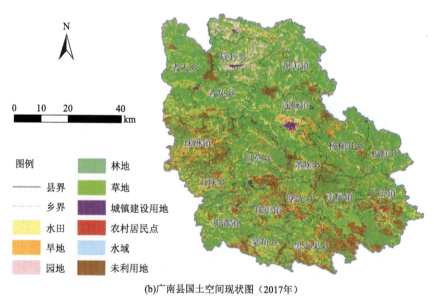

(b)广南县国土空间现状图（2017年）

图 8-1　典型研究区国土空间基期年现状图

8.1　喀斯特山区国土空间优化与管控研究方法

鉴于本研究对文山市和广南县实践案例区采用了不同的优化方法，将研究方案分为：①基于"双评价"的喀斯特山区国土空间优化与管控方案（以文山市为例）；②基于"双评价"与功能协调的喀斯特山区国土空间优化与管控方案（以广南县为例）。

在开展国土空间优化研究前，首先需要弄清不同土地利用类型的空间功能，对喀斯特山区国土空间中的土地利用进行归类。国土空间是一个具有多功能性的综合体，但是由于空间中各土地利用类型的发展方向、利用途径、开发模式和开发强度不同，同一土地利用类型的各空间功能有主次和强弱之分，即土地利用类型的主导功能。研究根据案例区土地利用现状及喀斯特山区国土空间功能状况，遵循主体功能区定位的要求（樊杰，2019），建立喀斯特山区国土空间主导功能识别表（表 8-1），得到典型研究区文山市和广南县的国土空间现状图（图 8-1），以此进行国土空间主导功能的对应分类，供后续国土空间优化与管控研究应用。

表 8-1　国土空间主导功能识别表

土地利用类型	土地功能类型	国土空间主导功能类型
水田	农业-生态	农业
旱地	农业-生态	农业
园地	农业-生态	农业
林地	生态-农业	生态
草地	生态-农业	生态
城镇建设用地	城镇	城镇
农村居民点	农业-城镇	农业
水域	生态-农业	生态
未利用地	生态-农业	生态

8.1.1　基于"双评价"的喀斯特山区国土空间优化与管控方法

"双评价"是国土空间规划的基础，是国土空间优化的前提。根据喀斯特山区国土空间利用现状和石漠化生态问题特征，构建基于"双评价"的国土空间优化与管控方案：

首先，根据喀斯特山区自然和人文社会环境特殊性，构建国土空间开发适宜性和资源环境承载力的评价指标体系，分别进行国土空间开发适宜性和资源环境承载力评价；

其次，叠加分析城镇、农业和生态三类国土空间功能用地适宜性评价结果，划出国土空间综合适宜区和冲突区；

　　然后，根据喀斯特山区国土空间的功能用地发展导向和"三区三线"的内涵，结合资源环境承载力分级结果制定国土空间冲突区修正规则，对冲突区进行调整，得到案例区国土空间优化分区结果；

　　最后，结合石漠化程度分区结果，探讨云南喀斯特山区的国土空间管控措施。

　　具体研究方案框架如图 8-2 所示。其中，资源环境承载力从资源承载力、环境承载力、社会经济承载力三个子系统维度进行评价（详见本书第 4 章），国土空间开发适宜性从城镇开发、农业开发、生态保护三个空间适宜性角度进行评价，支撑喀斯特山区的国土空间优化研究。

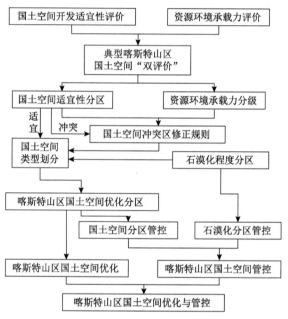

图 8-2　基于"双评价"的国土空间优化与管控研究框架

8.1.2　基于"双评价"与功能协调的喀斯特山区国土空间优化与管控方法

　　国土空间优化过程不仅要考虑区域资源环境承载力和国土空间开发适宜性，还需要考虑国土空间各功能类型的协调程度，特别是在空间冲突严重和资源环境匮乏的喀斯特山区。因此，在基于"双评价"的国土空间优化基础上，有必要结合城镇-农业-生态功能协调的国土空间优化方案，找到用地冲突空间，制定更加完善的修正规则，进行综合的国土空间优化。

　　鉴于此，研究提出基于"双评价"与功能协调的喀斯特山区国土空间优化与管控研究框架，共包含三个步骤：第一步，基于"双评价"的国土空间优化；第二步，基于 GMDP-CLUE-S 耦合模型下城镇-农业-生态功能协调的国土空间优化；第三步，综合"双评价"和功能协调的国土空间优化；第四步，根据相应优化结果提出管控建议（图 8-3）。

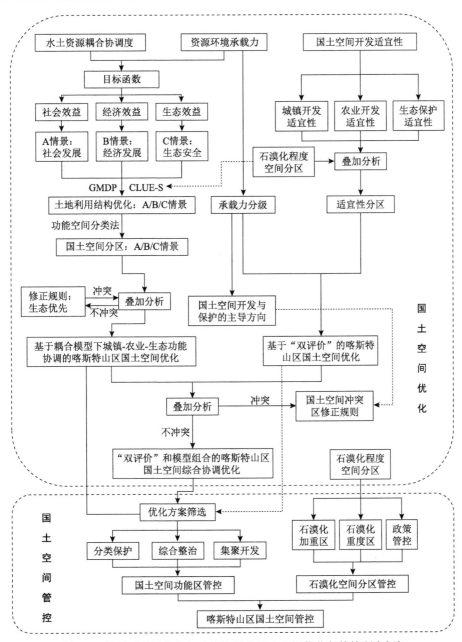

图 8-3　基于"双评价"与功能协调的国土空间优化与管控研究框架

1. 基于"双评价"的国土空间优化

按照 8.1.1 节所述开展基于"双评价"的喀斯特山区国土空间优化,得到基于"双评价"的国土空间优化结果。

2. 基于耦合模型下城镇-农业-生态功能协调的国土空间优化

将灰色多目标动态规划（gray multi-objective dynamic programming,GMDP）模型与 CLUE-S（conversion of land use and its effects at small region extent）模型相结合,设置社会发展、经济发展、生态安全三种情景,通过 GMDP-CLUE-S 耦合模型模拟案例区 2035 年不同情景下土地利用的数量结构与空间布局,并按表 8-1 进行国土空间主导功能识别,叠加分析后得到基于耦合模型下城镇-农业-生态功能协调的国土空间优化结果（图 8-3）。

3. 综合"双评价"与功能协调的国土空间优化

综合考虑基于"双评价"的国土空间优化结果和基于耦合模型下城镇-农业-生态功能协调的国土空间优化结果,识别国土空间冲突区域,并根据喀斯特山区资源环境承载力设计修正规则,确定国土空间优化分区的最佳方案（图 8-3）。

国土空间冲突区修正思路方面,喀斯特山区各国土空间类型的发展对区域资源环境本底状况的要求不同（Akdim,2015）,其中,城镇空间对承载力要求最高,农业空间次之,生态空间最小。基于喀斯特山区国土空间的功能用地发展导向和"三区三线"的内涵,结合《关于在国土空间规划中统筹划定落实三条控制线的指导意见》对城镇开发边界、永久基本农田保护红线和生态保护红线的界定,构建喀斯特山区的国土空间冲突区修正规则（赵筱青等,2020b）;实际操作时,将国土空间开发适宜性评价结果或国土空间优化结果在 ArcGIS 中进行叠加分析,找出空间功能冲突的区域;根据资源环境承载力建立国土空间冲突区修正规则,进行冲突区域的修正和调整,得到最终的喀斯特山区国土空间综合优化结果（图 8-2、图 8-3）。

4. 国土空间功能管控的思路

在国家有关国土空间开发利用的政策指导下,综合考虑喀斯特山区国土空间生态保护和石漠化治理的目标,以城镇空间、农业空间和生态空间三个功能区为主线,按照分类保护、综合整治和集聚开发的思路探讨喀斯特山区国土空间功能管控模式;同时,基于喀斯特山区石漠化程度及变化方向,从不同石漠化程度与变化分区提出的空间管控思路,形成喀斯特山区国土空间管控方案框架体系（图 8-2、图 8-3）。

8.2　基于"双评价"的喀斯特山区国土空间优化与管控

近年来,喀斯特山区城镇化快速发展引发的国土空间功能冲突和矛盾加剧了区域生态和脱贫攻坚问题。这一问题在喀斯特山区文山市较为典型，主要体现在文山市喀斯特地貌分布较广，作为云南省文山壮族苗族自治州的州府，文山市的工业化、城镇化迅猛发展，占用了大量的国土资源，造成空间冲突问题；全市水土资源短缺、生态环境脆弱，极大地限制了区域国土空间的发展，实施生态治理工程但收效缓慢，整体生态状况堪忧。总体上，国土空间格局的快速转变，城乡建设用地的大范围扩张，阻碍了区域石漠化治理的效率，加剧了生态恢复和农业发展的压力。因此，开展基于"双评价"的文山市国土空间优化与管控研究，具有十分重要和迫切的现实意义。

8.2.1　国土空间开发适宜性评价

通过喀斯特山区实地考察和相关文献查阅（Bathrellos et al.，2017；沈春竹等，2019；高晓路等，2019），分别建立城镇、农业、生态三类功能空间的适宜性评价指标体系，采用综合评价法评估喀斯特山区文山市的国土空间适宜性（Pan et al.，2015），并将适宜性分为最适宜、适宜、不适宜和最不适宜 4 个等级。其中，城镇开发适宜性评价指标体系从条件限制和区位支撑两个方面选取 13 个指标（表 8-2），农业开发适宜性评价指标体系从土壤管理情况、区位支撑、立地条件、气候条件、土壤养分状况、土壤剖面及理化性质和政策管控七个方面选取 20 个指标（表 8-3），生态保护适宜性评价指标体系从生态敏感性、生态重要性和政策管控三个方面选取10 个指标（表 8-4）。

表 8-2　喀斯特山区城镇开发适宜性评价指标体系

目标	准则	指标	单位	获取方式	趋向	权重
城镇开发适宜性	条件限制					
	自然地理	坡度	°	DEM	–	0.0935
	生命安全	地质灾害易发区	—	资料收集	–	0.0693
		活动断层影响区	—	资料收集	–	0.0451
		岩溶塌陷易发区	—	资料收集	–	0.0503
		矿山占用地	—	资料收集	+	0.0627
	生态安全及粮食安全	生态保护红线区	—	资料收集	–	0.0337
		永久基本农田区	—	资料收集	–	0.0579
		现状地类	—	遥感解译	+	0.0623
	地理区位	距中心市区距离	m	缓冲区	–	0.1634
		距建制镇距离	m	缓冲区	–	0.1105
		距农村居民点距离	m	缓冲区	–	0.0673
	区位支撑					
	交通区位	距国道/省道距离	m	缓冲区	–	0.1305
		距县道/乡道距离	m	缓冲区	–	0.0535

表 8-3 喀斯特山区农业开发适宜性评价指标体系

目标	准则	指标		单位	获取方式	趋向	权重
农业开发适宜性	土壤管理情况	灌溉保证率		%	资料收集	+	0.0983
	区位支撑	距居民点距离		m	缓冲区	−	0.0235
		距农村道路距离		m	缓冲区	−	0.0697
		距现状耕地距离		m	缓冲区	−	0.0237
	立地条件	坡度		°	DEM	−	0.0350
		坡向		—	DEM	+	0.0253
		高程		m	DEM	−	0.0479
	气候条件	年 10℃积温		℃	资料收集	+	0.1033
		年降雨量		mm	数据插值	+	0.0710
	土壤养分状况	有机质	有机质含量	g/kg	资料收集	+	0.0438
			全氮含量	g/kg	资料收集	+	0.0252
		大量元素	有效磷含量	mg/kg	资料收集	+	0.0863
			速效钾含量	mg/kg	资料收集	+	0.0799
		微量元素	有效锌含量	mg/kg	资料收集	+	0.0539
			水溶态硼含量	mg/kg	资料收集	+	0.0531
	土壤剖面及理化性质	土壤质地		—	资料收集	+	0.0442
		土层厚度		cm	资料收集	+	0.0685
		剖面构型		—	资料收集	+	0.0157
		pH 值		—	资料收集	+	0.0317
	政策管控	永久基本农田		—	资料收集	+	—

表 8-4 喀斯特山区生态保护适宜性评价指标体系

目标	准则	指标		单位	获取方式	趋向	权重
生态保护适宜性	生态敏感性	水土流失敏感性	土壤侵蚀量	t/hm²	RUSLE	+	0.0838
		地质灾害敏感性		—	资料收集	+	0.0331
		石漠化敏感性		—	遥感解译	+	0.0995
	生态重要性	产水功能重要性	产水量	m³/hm²	降水储存	+	0.1419
		土壤保持功能重要性	土壤保持量	t/(hm²·a)	RUSLE	+	0.1735
			生境质量指数	—	HQI	+	0.1253
		生物多样性维护重要性	自然保护区分布	—	资料收集	+	0.1066
			公益林分布	—	资料收集	+	0.0605
		固碳释氧服务重要性	净初级生产力	gC/(m²·a)	NPP	+	0.1758
	政策管控	生态保护红线		—	资料收集	+	—

1. 城镇开发适宜性评价指标体系

根据喀斯特山区城镇开发建设的条件限制和区位支撑，从自然地理、生命安全、生态安全及粮食安全、地理区位、交通区位五个方面构建喀斯特山区城镇开发适宜性评价指标体系（表 8-2）。

（1）自然地理。喀斯特山区多山的地貌环境对城镇建设有着明显的影响，坡度越大、地形越陡峭，城镇开发适宜性越差，反之则适宜性越好。参考相关的城镇建设规划，适宜性等级从大到小分为 8°以下、8°～15°、15°～25°和 25°以上。

（2）生命安全。喀斯特地山区石漠化问题严重，加之矿山开采现象广泛存在，严重威胁着人们的生产和生活。因此，需要考虑地质、断层、塌陷、开采等现状对人们生命安全的影响。研究通过地质灾害易发区、活动断层影响区、岩溶塌陷易发区和矿山占用地 4 个指标反映生命安全，其中地质灾害易发区和岩溶塌陷易发区是喀斯特山区特有的指标。①地质灾害易发区：适宜性等级从大到小依次为非易发区、低易发区、中易发区和高易发区；②活动断层影响区：适宜性等级从大到小依次为稳定区、轻微区、一般影响区和严重影响区；③岩溶塌陷易发区：不易发区和低易发区为最适宜级，中易发区为适宜级，高易发区为不适宜级；④矿山占用地：非矿山占用地和采矿用地为最适宜级，采场、中转场和矿山建筑为适宜级，塌陷地和固体废弃地为不适宜级。

（3）生态安全及粮食安全。城镇建设要以保证粮食充裕和生态稳定为前提，因此一些不应占用的红线区域和现状地类限制了城镇建设开发的可能性。研究通过生态保护红线、永久基本农田区、现状地类 3 个指标反映生态安全及粮食安全。①生态保护红线：非生态保护红线区为最适宜级，生态保护红线区为最不适宜级；②永久基本农田区：非永久基本农田区为最适宜级，永久基本农田区为最不适宜级；③现状地类：城镇建设用地和农村居民点为最适宜级，旱地、水田、园地和未利用地为适宜级，草地和林地为不适宜级，水域为最不适宜级。

（4）地理区位。一般情况下，城镇开发具有沿现有建设用地向外扩张的趋势，即距离现状建设用地的距离越近，城镇的可开发性越高。研究通过距县城区距离、距建制镇距离、距农村居民点距离 3 个指标反映地理区位。①距县城区距离：适宜性等级从大到小依次为 1000m 以下、1000～2000m、2000～3000m 和 3000m 以上；②距建制镇距离：适宜性等级从大到小依次为 1000m 以下、1000～1500m、1500～2000m 和 2000m 以上；③距农村居民点距离：适宜性等级从大到小依次为200m 以下、200～500m、500～800m 和 800m 以上。

（5）交通区位。交通路网是建设用地发展的血管，越靠近交通路网的地方越有利于发挥建设用地的职能。研究通过距交通干线距离、距交通支线距离 2 个指标反映交通区位。①距交通干线距离：适宜性等级从大到小依次为 500m 以下、500～1000m、1000～1500m 和 1500m 以上；②距交通支线距离：适宜性等级从大到小依次为 500m 以下、500～800m、800～1200m 和 1200m 以上。

2. 农业开发适宜性评价指标体系

根据土壤管理状况、区位支撑、立地条件、气候条件、土壤养分状况、土壤剖面及理化性质和政策管控等七个方面，构建喀斯特山区农业开发适宜性评价指标体系（表 8-3）。

（1）土壤管理状况。良好的灌溉条件是提高农业用地适宜性的有效途径，研究通过灌溉保证率指标反映土地管理状况，并将其按适宜性等级从大到小分为 70%以上、50%～70%、30%～50%和 30%以下。

（2）区位支撑。通常情况下，农民选择在靠近居民点、现状耕地和道路的区域进行农业活动，以方便农作物和化肥农药等材料的运输，降低农业成本。因此，研究通过距农村居民点、距现状耕地距离、距一般道路距离 3 个指标反映区位支撑。①距农村居民点距离：按适宜性等级从大到小分为 500m 以下、500～1000m、1000～2000m 和 2000m 以上；②距现状耕地距离：按适宜性等级从大到小分为 500m 以下、500～1000m、1000～2000m 和 2000m 以上；③距一般道路距离：按适宜性等级从大到小分为 500m 以下、500～1000m、1000～2000m 和 2000m 以上。

（3）立地条件。坡度、坡向和高程对农业用地的影响主要体现在温度和日照条件方面，适宜的温度和日照条件能为农作物生长提供更好的环境。研究通过坡度、坡向、高程 3 个指标反映立地条件。①坡度：按适宜性等级从大到小分为 5°以下、5°～15°、15°～25°和 25°以上；②坡向：按适宜性等级从大到小分为阳坡、半阳坡、半阴坡和阴坡；③高程：按适宜性等级从大到小分为 800m 以下、800～1200m、1200～1600m 和 1600m 以上。

（4）气候条件。气候条件是影响农业种植最主要的因素，气候变化对农作物的生长干扰强烈。研究通过年 10℃积温、年降雨量 2 个指标反映气候条件。①年 10℃积温：按适宜性等级从大到小分为 7000℃以上、6000～7000℃、5000～6000℃和 5000℃以下；②年降雨量按适宜性等级从大到小分为 1400mm 以上、1250～1400mm、1050～1250mm、1050mm 以下。

（5）土壤养分状况。土壤养分状况是土壤肥力的主要评价指标，养分含量较高的土壤具备较强的生产能力从而更加适宜农业的种植与耕作。研究通过农业用地有机质、大量元素和微量元素的含量数据反映土壤养分状况。按适宜性等级从大到小：①有机质分为 30g/kg 以上、25～30g/kg、20～25g/kg 和 20g/kg 以下；②大量元素中全氮分为 2.25g/kg 以上、1.75～2.25g/kg、1.25～1.75g/kg 和 1.25g/kg 以下。有效磷分为 35mg/kg 以上、25～35mg/kg、15～25mg/kg 和 15mg/kg 以下。速效钾分为 175mg/kg 以上、125～175mg/kg、75～125mg/kg 和 75mg/kg 以下；③微量元素中有效锌分为 2.0mg/kg 以上、1.5～2.0mg/kg、1.0～1.5mg/kg 和 1.0mg/kg 以下。水溶态硼分为 0.45mg/kg 以上、0.35～0.45mg/kg、0.25～0.35mg/kg 和 0.25mg/kg 以下。

（6）土壤剖面及理化性质。土壤剖面和理化性质是决定农作物生产状况的基本因素，除去其他因素的影响，一般情况下，土壤剖面构型适宜和理化性质优良的地区农作物生长状况更好。研究根据农业用地的土壤质地、土层厚度、pH 值、剖面构型分析土壤剖面及理化性质状况。按适宜性等级从大到小，①土壤质地分为重壤和中壤、砂壤和轻壤、砂质壤土和粉砂壤以及粉砂质壤土、黏土和黏壤；②土层厚度分为 25cm 以上、20～25cm、15～20cm 和 15cm 以下；③pH 值分为 6.6～7.4、6.0～6.6 和 7.4～8.0、5.4～6.0 和 8.0～8.6 以及 8.6 以上和 5.4 以下；④土壤剖面分为 A-P、A-W 和 A-P-W，A-AB-B、A-AB-B-C、A-B、A-B-C、A-P-C、A-P-C-D 和 A-C-D，A-C、A-C1-C2、A-W-G 和 A-P-W-G，以及 A-G。

（7）政策管控。永久基本农田是国家粮食安全得以保障的一条基准线，除国家重大发展战略或区域重大基础设施建设工程外，都必须保证其类型不发生改变、功能不发生转移（赵筱青等，2020a）。因此，永久基本农田区为最适宜级。

3. 生态保护适宜性评价指标体系

根据生态敏感性、生态重要性和政策管控等三个方面，构建喀斯特山区生态保护适宜性评价指标体系（表 8-4）。

（1）生态敏感性。生态敏感性是指生态系统对人类活动反应的敏感程度，用来反映产生生态失衡与生态环境问题的可能性大小（王梦璐，2016），它是划分不同级别类型的生态区的重要基础。研究考虑喀斯特山区特殊的地貌环境，用水土流失敏感性、地质灾害敏感性和石漠化敏感性来表征生态敏感性。其中，水土流失敏感性用土壤侵蚀量来反映，并通过自然断裂法按侵蚀度大小将其分为四个适宜等级，侵蚀度越大，适宜等级越高。在其他两个指标中，按适宜性等级从小到大，地质灾害敏感性分为高易发区、中易发区、低易发区和稳定区，石漠化敏感性分为重度石漠化区、中度石漠化区、轻度石漠化区、潜在石漠化区，以及无石漠化区。其中，地质灾害敏感性和石漠化敏感性是喀斯特山区特有的指标。

（2）生态重要性。各类生态环境的要素对于区域生态的保护和维护具有重要的作用，参考相关喀斯特山区生态适宜性评价的研究结果，从产水功能、土壤保持功能、生物多样性维护和固碳释氧服务等四个方面的重要性来反映喀斯特山区整体的生态重要性。①产水功能重要性通过产水量来进行表征，并将其通过自然断裂法分为四个等级，产水量越高，适宜等级越高。②土壤保持功能重要性通过土壤保持量来表征，并将其通过自然断裂法分为四个等级，土壤保持量越高，适宜等级越高。③生物多样性维护重要性通过生境质量指数、自然保护区分布和公益林分布来表征。④固碳释氧服务重要性通过净初级生产力来表征，固碳释氧功能越强，适宜等级越高。在自然保护区类型中，根据自然保护区等级的高低，将国家级自然保护区和省级自然保护区设为最适宜级，非自然保护区设为适宜级；在公益林区类型中，根据公益林等级的高低，将国家级公益林区和省级公益林区设为最适宜级，非公益林区设为适宜级；生境质量指数和净初级生产力则通过自然断裂法分别分为四个等级，生境质量指数和净初级生产力越高，适宜等级越高。

（3）政策管控。生态保护红线是在生态空间中具有重要的或特殊的生态功能、必须进行强制性严格保护的区域，它也是保障和维护国家生态安全的底线和生命线（赵筱青等，2019a）。在区域的发展中，要科学合理地划定生态保护红线，才能构建功能结构完整和环境质量稳定的国土空间生态安全格局。因此生态保护红线区为最适宜级。

根据指标体系进行国土空间的城镇开发、农业开发和生态保护适宜性评价后，将评价结果在 ArcGIS 中进行叠加分析（图 8-3），遵循生态优先、最适宜类型优先、区域协调和因地制宜等原则：第一，将现状城镇建设用地划入城镇最适宜区（若不发生大型的或对人们生命安全造成严重威胁的灾害、疫情和安全事故，现状城镇建设用地会长期保持现有功能状态），将现状重度石漠化区划入生态最适宜区；第二，如果三类国土空间功能用地均为不同适宜等级的区域，则通过反木桶原理将其划为适宜等级最高功能用地的最适宜区或适宜区（最终的适宜等级由该区域的最高适宜等级是最适宜级还是适宜级决定，后续涉及适宜等级的选择皆以此进行确定）；第三，如果只有一类功能用地是最高适宜等级的区域，将其划为该功能用地的最适宜区或适宜区；第四，如果有两类或以上国土空间功能用地都具有相同的最高适宜等级的区域，若相同的用地中有生态功能用地，则划为生态功能用地的最适宜区或适宜区，若无，将其划为国土空间冲突区；第五，如果三类国土空间功能用地都是不适宜级或最不适宜级的区域，则划为国土空间冲突区。最终，得到 6 个国土空间适宜区（包括城镇最适宜区、城镇适宜区、农业最适宜区、农业适宜区、生态最适宜区和生态适宜区）和 1 个国土空间冲突区[图 8-4（a）]。

8.2.2　资源环境承载力等级划定

根据喀斯特山区情况，前文已经开展了喀斯特山区文山市的资源环境承载力评价（见第 4 章图 4-1）。为了与国土空间开发适宜性评价中的适宜性分区结果相对应，依据相关研究中的等级划分方法及其划分结果，采用 ArcGIS 软件的自然断裂法将资源环境承载力特征值（见第 4 章图 4-1、图 4-2）分为 6 个等级，I 至 VI 等级，承载力依次增加[图 8-4（b）]。

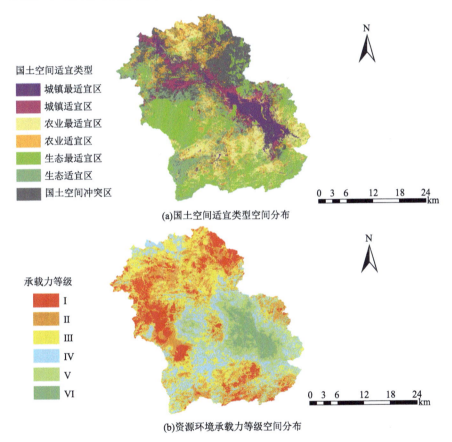

图 8-4　文山市国土空间适宜类型及资源环境承载力等级空间分布

8.2.3　基于"双评价"的文山市国土空间优化

1. 国土空间类型划分

在国土空间"三区三线"中，"三区"为城镇空间、农业空间和生态空间，"三线"分别对应在城镇空间、农业空间、生态空间划定的城镇开发边界、永久基本农田、生态保护红线三条控制线,三区互不重叠,三线互不交叉(郭锐等,2019)。为了研究需要,本研究对国土空间类型进行以下划分(周侃等,2019):将城镇空间分为城镇开发边界区和城镇预留区,将农业空间分为永久基本农田区和一般农业区,将生态空间分为生态保护红线区和一般生态区(即国土三类空间的六类分区)。其中,城镇开发边界区是在一定时期内可以进行城镇开发和集中建设的地域空间边界;城镇预留区是城镇空间中除城镇开发边界区外,对未来城镇开发和建设的留白区;永久基本农田区是按照一定时期人口和社会经济发展的需求,依法确定的不得占用、不得开发,以及需要永久保护的优质耕地边界;一般农业区是除永久基本农田区外,供应农村居民生活和日常口粮的农业空间;生态保护红线区是在生态空间中具有重要生态功能、必须强制性严格保护的范围;一般生态区是除了生态保护红线区外的其他生态空间。同时,对国土空间开发适宜性评价得到的城镇最适宜区、城镇适宜区、农业最适宜区、农业适宜区、生态最适宜区和生态适宜区进行 6 种国土空间类型的划分:城镇最适宜区为城镇开发边界区,城镇适宜区为城镇预留区,农业最适宜区为永久基本农田区,农业适宜区为一般农业区,生态最适宜区为生态保护红线区,生态适宜区为一般生态区。

2. 国土空间冲突区修正规则制定

根据各国土空间类型发展对区域资源环境本底状况的要求差异(Akdim,2015),城镇空间对资源环境承载力的要求最高,农业空间次之,生态空间最小。基于喀斯特山区国土空间的功能用地发展导向和"三区三线"的内涵,结合《关于在国土空间规划中统筹划定落实三条控制线的指导意见》对城镇开发边界、永久基本农田保护红线和生态保护红线的界定可知,I 级承载力应纳入生态保护红线区,II 级承载力应纳入一般生态区,III 级承载力应纳入一般农业区,IV 级承载力应纳入永久基本农田区,V 级承载力应纳入城镇预留区,VI 级承载力应纳入城镇开发边界区。基于此,构建国土空间冲突区修正规则(表 8-5)(Li et al.,2021b)。

表 8-5 国土空间冲突区修正规则

序号	资源环境承载力等级		功能区定位	国土空间潜在发展类型
1	I	低	生态环境保护的重点区	生态保护红线区
2	II		一般生态维护区	一般生态区
3	III		一般农业生产用地和农村生活用地	一般农业区
4	IV		农业开发和种植核心区	永久基本农田区
5	V		城镇开发建设留白区	城镇预留区
6	VI	高	城镇开发建设核心区	城镇开发边界区

3. 基于"双评价"的国土空间优化结果分析

把国土空间冲突区与资源环境承载力分级图进行叠加，根据国土空间冲突区修正规则对冲突区进行调整和修正；把基于国土空间开发适宜性评价的国土空间类型划分结果和冲突区修正结果综合起来，最终得到喀斯特山区国土空间优化分区结果。

1）国土空间数量结构

在国土空间优化结果的数量结构中（图 8-5），生态保护红线区面积最大，其次为一般农业区，面积分别为 773.32km² 和 743.37km²，而城镇开发边界区面积最小，面积只有 112.08km²。其他类型面积从大到小依次为一般生态区、永久基本农田区和城镇预留区，面积分别为 650.85km²、552.71km² 和 132.84km²。

从国土空间功能类型上看，与现状模式相比（表 8-6），城镇空间（包括城镇开发边界和城镇预留区）呈增长趋势，增加了 6.04%，而农业空间（包括永久基本农田和一般农业区）和生态空间（包括一般生态区和生态保护红线区）呈减少趋势。其中，生态空间减少最多，减少了 4.25%，农业空间则减少了 1.79%。在优化过程中，将国土空间开发适宜性和资源环境承载力的评价结果作为国土空间功能类型结构的主要考量标准，并将各功能类型的适宜性较高和承载力适合的区域分别划入三种国土空间功能类型区。这种优化方法使现状国土空间功能类型的数量结构发生了较大的变化。例如，把处于城镇高适宜区和高承载力中的农业空间和生态空间优化为城镇空间，使城镇空间面积增加而农业和生态空间面积减少。通过优化，国土空间功能类型的数量结构更重视区域资源环境的承载力和国土空间的适宜性，将城镇规模的有序提高、农业的安全开发和生态的合理保护融为一体，有利于喀斯特山区国土空间的健康发展。

表 8-6　喀斯特山区国土空间功能类型现状结构与优化结果对比　（单位：%）

国土空间功能类型	国土空间发展模式	
	现状模式	优化模式
城镇空间	2.22	8.26
农业空间	45.50	43.71
生态空间	52.28	48.03

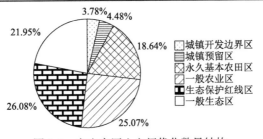

图 8-5　文山市国土空间优化数量结构

2）国土空间布局结果

在国土空间优化结果中，不同国土空间类型的空间布局有显著的分异特征（图8-6）。

（1）城镇开发边界区：主要分布于东偏中部和东南部，在西北部和西南部有少量分布。东偏中部和东南部的城镇开发边界区地势平坦，自然灾害影响最小，资源环境承载力最高，为城镇的繁荣与发展提供了优越的本底条件，也减少了各种灾害对于人们生命安全的威胁；此外，该区域主要位于无石漠化区，小范围区域为轻度石漠化，使城镇的发展受石漠化分布的影响降到最低，也防止了城镇中强烈的人类活动对石漠化严重地区生态修复的影响。

（2）城镇预留区：主要分布于西北部和城镇开发边界区周围。该区域资源环境的本底条件略低于城镇开发边界区，但区位条件依然较好，位于城镇空间发展的辐射圈中，社会经济发展潜力较大，为人们居住与日常活动提供预留空间。同时，与城镇开发边界区相同，城镇预留区中仅存在轻度石漠化一种石漠化类型，且分布较少。因此，它的划定对研究区石漠化变迁的影响较小。

（3）永久基本农田区：主要分布于南部，在北部、东部和中部有少量连片分布。南部的永久基本农田区主要位于现状永久基本农田区及其周围，该区域土壤养分状况和理化性质最好，坡度较小，降雨量较高，且一般道路纵横交错，可达性较高，为农业的种植提供了优越的条件。此外，永久基本农田区大部分位于无石漠化区，少量地区存在轻度石漠化的分布，这种分布模式能够有效缓解石漠化分布区中各类石漠化灾害对农业有序发展和区域粮食安全带来的负面干扰，也防止了农业活动高度密集区中各类面源污染对石漠化状况的正向演替带来的影响。

（4）一般农业区：主要分布于北部，及南部和中部的永久基本农田区周围，这些地区气候条件和立地条件较好，不仅适宜小规模农业的发展，也适宜农村居民的居住和生活，从而满足农村居民对日常粮食和生活空间的需求。同时，与永久基本农田区相同，一般农业区主要位于无石漠化区，部分地区存在轻度和中度石漠化的分布，但分布规模极少。因此，一般农业区的农业种植与日常居民生活对区域石漠化状况的干扰较小。

（5）生态保护红线区：主要集中分布于西部和南部，在东部和东北部有少量连片分布。西部和南部的生态保护红线区生态环境状况整体处于全区最高水平，生态系统服务价值最高，物种群落最丰富，是全区生态环境保育和维护的重点区；东部和东北部的生态保护红线区主要位于石漠化分布范围内，石漠化类型包括轻度、中度和重度石漠化并以重度石漠化为主，这些地区资源环境承载力最低，生态环境压力最大，对人们日常生活的支撑能力较弱，且不适宜城镇和农业的发展，划入生态保护红线区有利于促进石漠化地区生态环境的好转，加快石漠化的治理速度。

（6）一般生态区：主要集中于西北部和西南部，在东部和东北部分布较少。西北部和西南部生态状况较好，可为区域生态环境的可持续发展提供助力；东部和东北部的一般生态区主要位于石漠化区，石漠化类型为轻度和中度石漠化，并广泛集中于重度石漠化与一般农业区的中间地带，它的存在为重度石漠化区的调节和人类活动干扰的阻断提供了生态屏障。

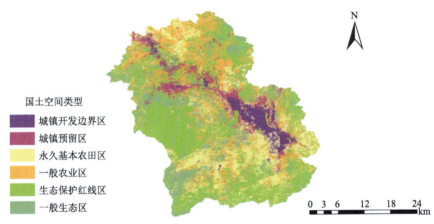

图 8-6 文山市国土空间优化分区的空间分布

8.2.4 文山市国土空间管控建议

1. 国土空间分区管控

基于国土空间优化结果，以生态保护和石漠化治理为目标，根据喀斯特山区各类国土空间的发展潜力和趋势，对六个国土空间优化分区分别提出管控措施。

1）城镇开发边界区

城镇开发边界区是社会经济发展的核心，是支撑人们生活和生产的重点区域。在该区域内，要严格控制开发强度，引导城镇的精细化增长，优化内部功能布局，从而提升区域经济发展能力，引导落后地区的经济增长；同时，要加强基础设施的建设和完善程度，提高人们的生活水平；此外，要加强城镇绿色体系的建设（黄征学等，2019），增加公园和湿地等绿色景观在城镇开发边界区中的比例，统筹布局生态廊道，缓解高强度的人类活动对石漠化变化的干扰。

2）城镇预留区

城镇预留区是城镇建设和产业发展的战略储备区，是为了防止人口需求增长和产业规模扩大造成城镇空间不足现象而设置的区域（周侃等，2019）。然而，城镇预留区在原则上应按照原有土地利用类型进行相应的开发和保护，当现有城镇开发边界区不能满足新增城镇空间的规模需求时，才可对城镇预留区进行开发。但它的开发也应该根据实际需求进行布局，在优先保障喀斯特地区生态环境质量的前提下，基于生态评估和安全评价，合理划入城镇开发边界区中，重点用于战略性和前沿性的城镇空间建设。

3）永久基本农田区

永久基本农田区是农业开发和种植的核心区，是保障国家粮食安全的重点区域。在该区域内，应防止非农开发的占用，确保农业功能主导始终为区域国土功能的发展方向。同时，强化永久基本农田区的保护机制和追责机制，实施强效的监管和保护。此外，当国家或区域的重大发展规划和大型基础设施建设方案无法避开对永久基本农田区的占用时，应严格按照"占多少、补多少"的原则，对永久基本农田区进行补充，同时应确保补充区域耕地质量不降低。

4）一般农业区

一般农业区主要包括普通农业用地和农村居民点，集农业种植和农村生活于一身。对于一般农业区中的农业用地，既要将农业功能质量高的地区划入永久基本农田区，也要强化对非农业建设占用耕地的引导和控制，严格限制与农业生产无关的开发与建设活动。同时，要根据所处喀斯特地区的石漠化等级状况，合理引导农业结构调整，设置不同石漠化等级的农业种植区，提高农业用地产量和综合效益。对于一般农业区中的农村居民点，要有序推进破碎农村居民点的整合，加强空心村的整治，对石漠化等级较高的村落进行转移，根据石漠化程度和社会条件合理安排农村居民点的分布。

5）生态保护红线区

生态保护红线区是保障区域生态环境质量、维护生态环境平衡的重点区域。首先，应禁止与生态保障无关的布局和建设，并减少区域内人类活动的强度，推动人类活动高强度区的转移；然后，要明确生态保护红线区内的保护目标，针对石漠化等级较高和生态环境较好的地区实施差别化保护措施，确保生态系统的整体性、自然景观的结构性和物种群落的多样性得到充分维护；其次，在石漠化等级较高的地区（特别是石漠化重度区），坚持自然修复为主和人为生态工程为辅的"双效结合"方式，加强生态环境的修复速度；最后，在生态保护红线区的周边范围内，要根据石漠化等级状况和生态环境质量高低设置不同距离的安全缓冲区，在缓冲区内严禁增加与生态功能冲突的开发活动，但在不降低生态质量的前提下，可适度发展生态产业，提高喀斯特贫困地区的经济产出，缓解贫困压力。

6）一般生态区

一般生态区是生态保护红线区外资源环境承载能力最弱的区域。在该区域内，应限制开展人类活动强度高的开发性和生产性活动，引导与生态功能冲突较大的活动有序退出；然后，根据石漠化等级的分布状况，通过构建生态安全格局，设置不同的生态功能区，并针对各功能区的石漠化强弱特征制定有效的保护和保育措施，加快喀斯特地区生态功能的恢复和功能质量的提高；此外，针对轻度石漠化或无石漠化分布的地区，在不破坏生态系统和不降低生态功能的前提下，可进行土地利用结构和布局的适度调整，以更好地发挥生态系统调节气候、调节水文、提供美学景观和维护生物多样性等多种功能，促进生态环境的可持续发展。

2. 石漠化程度分区管控

基于石漠化分区结果，对石漠化轻度区、中度区和重度区的各国土空间功能类型分别提出管控建议（图 8-7）。

1）石漠化轻度区

石漠化轻度区主要分布于东部、西北部和东南部。石漠化轻度区的国土资源具有多样性，开发利用方法多样化，并且存在人类活动强度较高、人口密集的城镇空间，虽然有一定数量的农业空间，但人们的温饱仍然依赖于对其他国土资源的开发利用。该地区的人类活动对生态环境的破坏还处于初期，生态系统功能仍然较强，但是若继续不合理地利用国土资源，就会加重石漠化程度的恶化。

①在城镇空间中，应通过城镇产业结构的有序调整和国土资源的合理开发利用，建立社会经济可持续发展的生态保障系统，并根据区域状况转变其发展重点，使社会经济和生态环境得以持续、稳定、绿色、协调和均衡地发展。②在农业空间中，应以规模化发展为核心，以增加农业产出为目的，以国土资源的高效配置为条件，剔除高消耗、粗放型农业耕作方式，构建绿色发展型和资源节约型的高产量、高质量和高经济效益的农业发展模式，促进石漠化轻度区的生态恢复与农业空间可持续发展的统一。③在生态空间中，应根据区域资源环境特点，构建防治和治理并重的生态发展模式，有序实施林地、草地和水域等的保育和养护工程，从而提高生态环境的发展质量。

2）石漠化中度区

石漠化中度区主要分布于东北部。石漠化中度区石漠化特征显著，土壤侵蚀严重，植被覆盖度较低，且分布破碎，生态环境脆弱。同时，石漠化状况受农业活动的干扰强烈，造成资源和生态环境的破坏以及石漠化面积的扩大。

①在农业空间中，应减少对石漠化治理影响较大的农作物种植（如三七），积极推进景观布局模式、生态系统循环模式、群落立体模式和品种搭配模式等生态农业发展模式的建立，以农业发展带动生态环境状况的好转；同时，对于农业空间中的农村居民点，应进行整体的搬迁和转移，以减少人类活动对石漠化中度区的干扰。②在生态空间中，以造林、蓄水和保土为中心，开展山、水和林的综合整治，从而提升区域植被生长环境，提高石漠化区的生态安全水平；此外，对于那些面积较小、分布破碎和功能不齐的生态空间，应对其实施面上保护，调整其生态发育过程，丰

富生态系统的功能,从而维护生态系统的完整性,保证生态过程的连续性。

3) 石漠化重度区

石漠化重度区主要分布于东北部和东南部。石漠化重度区是环境条件和发展态势最恶劣的地区,水土流失严重,区域生态系统呈现濒临崩溃或已经崩溃的局面。同时,这类区域景观已趋于稳定,生态修复的成本高而收效小,且人与环境的关系严重失调,最终形成了"贫困—资源掠夺—环境退化—贫困加剧"的恶性循环。因此,对于石漠化重度区的生态空间,首先要减轻人类活动造成的生态压力,减少人类对资源的掠夺式开发。其次,通过自然恢复与生态保护区建设相结合的治理模式,大力实施生态移民、植树造林、封山育林和坡改梯工程,并采用一些生态工程技术,推动植被顺向演替,加快生态环境恢复进程,减缓石漠化重度区的蔓延速度;同时,建立保护石漠化重度区的监测和考核考评制度,明确重度区中各乡镇和各村级单位的职责,实行严格的源头保护、损害赔偿和责任追究制度。

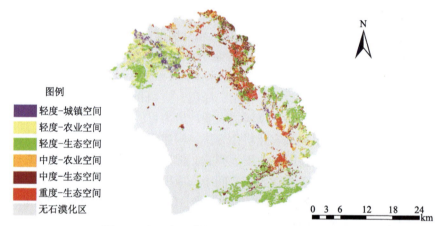

图例
- 轻度-城镇空间
- 轻度-农业空间
- 轻度-生态空间
- 中度-农业空间
- 中度-生态空间
- 重度-生态空间
- 无石漠化区

图 8-7 文山市石漠化区国土空间功能类型分布

8.3 基于"双评价"与功能协调的喀斯特山区
国土空间优化与管控

喀斯特山区国土资源的开发不仅要考虑区域资源环境承载力和国土空间适宜性,还要考虑国土空间各功能类型的协调程度,尤其是空间冲突严重和资源环境匮乏的喀斯特地区。而广南县经济发展较文山市落后,县域内人地矛盾更加突出,对资源环境利用、社会经济发展的要求更高,需要统筹协调发展、生产、保护等更系统的问题。特别是高铁给全县的发展带来了机遇,也对国土空间开发提出了更高的要求。因此,在以典型喀斯特山区广南县为例的研究中,综合考虑了国土空间的"双评价"与功能协调两方面内容，以促进典型喀斯特山区广南县的乡村振兴与可持续发展。

8.3.1　基于"双评价"的广南县国土空间优化

根据第 8 章 8.2 部分——基于"双评价"的喀斯特山区国土空间优化方案，结合典型区广南县国土空间现状特征，开展基于"双评价"的广南县国土空间优化。

1. 国土空间开发适宜性评价

按照前文城镇开发适宜性、农业开发适宜性和生态保护适宜性三个方面的指标体系（表 8-2～表 8-4），对广南县国土空间开发适宜性展开评价，将适宜程度分为最适宜、适宜、不适宜和最不适宜共 4 个等级。

1）广南县城镇开发适宜性评价结果

从面积比例上看，不适宜类型的面积占广南县国土总面积的 72.19%，适宜类型的面积仅占 27.81%，表明广南县大部分土地不能满足城镇开发的需要，城镇建设发展存在挑战。其中，在不适宜类型中，不适宜级占比较多，占国土总面积的 41.37%，最不适宜级占 30.82%；在适宜类型中，适宜级占比较多，占国土总面积的 22.33%，最适宜级占比最小，仅占 5.48%（表 8-7）。

从空间分布上看，最适宜级集中于广南县主要道路附近，而且由于中部区域地势相对平坦、南部区域高速公路穿过，使中部和南部密集程度最高；适宜级主要集中于最适宜级的周围，并在广南县南部和北部分布较多，然而其地理环境和区位条件低于最适宜级；不适宜级和最不适宜级在广南县全境皆有分布，并在东部、南部和西北部集中连片度较高。严重石漠化状况对广南县城镇开发的影响最大，在南部、东南部和西部等重度石漠化区，最不适宜级占主导。在后续的发展过程中，注重发展最适宜级和适宜级的同时，也要注重对不适宜级和最不适宜级中石漠化严重地区的修复，促进城镇的有序发展[图 8-8（a）]。

2）广南县农业开发适宜性评价结果

从面积比例上看，适宜类型和不适宜类型的面积相差不大，其中适宜类型的面积占总面积的 49.80%，而不适宜类型的面积占 50.20%。在适宜类型中，最适宜级和适宜级的面积占比基本相同，分别占总面积的 25.49% 和 24.31%。在不适宜类型中，不适宜级是适宜性等级中占比最多的类型，占总面积的 31.10%，而最不适宜级是适宜性等级中占比最少的类型，仅占 19.10%（表 8-7）。

从空间分布上看，广南县农业适宜性等级呈现显著的地域分布差异，广南县东北部和东部农业开发适宜性等级较高，区位、土地、水源和作物生长环境等条件相对其他地区更好，能够满足当前及未来农业种植的要求，保证区域的粮食安全和人口需求。而西北部的土壤环境较差，主要为黏土和黏壤，限制了农业的发展，西部和南部的不适宜区和最不适宜区主要分布于重度石漠化区和中度石漠化区，恶劣的生态环境同样制约了农作物的生长[图 8-8（b）]。

表 8-7 广南县国土空间开发适宜性评价结果

适宜性等级	城镇开发适宜性		农业开发适宜性		生态保护适宜性	
	面积/km²	比例/%	面积/km²	比例/%	面积/km²	比例/%
最适宜级	423.61	5.48	1970.40	25.49	2347.63	30.37
适宜级	1726.13	22.33	1879.18	24.31	2383.96	30.84
不适宜级	3197.94	41.37	2404.06	31.10	1563.02	20.22
最不适宜级	2382.41	30.82	1476.45	19.10	1435.48	18.57
合计	7730.09	100.00	7730.09	100.00	7730.09	100.00

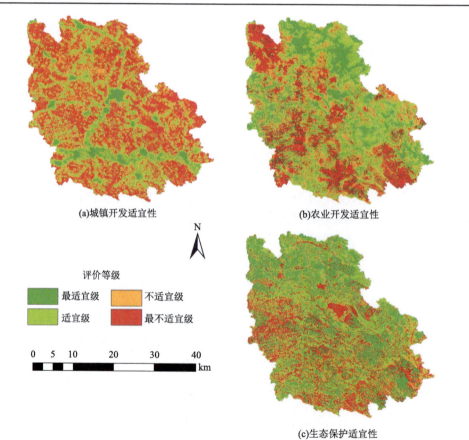

(a)城镇开发适宜性

(b)农业开发适宜性

评价等级

最适宜级   不适宜级
适宜级   最不适宜级

0 5 10   20   30   40
                           km

(c)生态保护适宜性

图 8-8 广南县国土空间开发适宜性评价结果

3）广南县生态保护适宜性评价结果

从面积比例上看，适宜类型的面积占总面积的 61.21%，最适宜级和适宜级的面积占比基本相同，其中最适宜级占 30.37%，适宜级占 30.84%；不适宜类型的面积占总面积的 38.79%，其中，不适宜级占总面积的 20.22%，最不适宜级占 18.57%（表 8-7）。

从空间分布上看，其分布特征相较于城镇开发适宜性和农业开发适宜性的分布模式更加复杂，这是由于其水土流失较多、产水量差异大和喀斯特地貌复杂等因素共同导致的。然而，从区域的整体分布上仍然可以看出，高适宜性区主要分布于北部和东部，低适宜区主要分布于西部、南部和中部，这种布局模式与生态保护适宜性评价指标中的生态保护区、地质灾害敏感性、公益林分布、净初级生产力、生境质量、生态保护红线、石漠化敏感性和产水量的分布极其相同，说明这几个指标是广南县生态保护适宜性的重要影响因子，今后的生态治理中应重点关注这些问题；而土壤保持量和土壤侵蚀量不是重要的因子，它们的分布与生态保护适宜性评价的结果差异较大，因此土壤的状况对于广南县生态适宜性情况的影响较小[图 8-8（c）]。

2. 资源环境承载力等级划定

基于 4.2.2 节中广南县 2018 年资源环境承载力评价结果，对承载力进行分级（表 8-8），级别特征值在 1～5，参考已有研究将级别特征值分为 7 个区间：4.5～5.0，4.0～4.5，3.5～4.0，3.0～3.5，2.5～3.0，2.0～2.5 和 1.0～2.0，最终得到 7 个资源环境承载力等级（I～VII，按照从小到大的顺序，承载力依次减小）（Li et al.，2021b）。

3. 基于"双评价"的广南县国土空间优化

与文山市国土空间优化方法相同，基于"双评价"的广南县国土空间优化分为国土功能适宜性划分、资源环境承载力分级、空间叠加分析三个步骤。

国土空间功能适宜区划分。考虑到研究区石漠化严重性，首先将现状石漠化重度区及由中度石漠化以下等级转为中度石漠化的区域划为生态适宜区，前者生态环境状况最差，后者生态环境状况比前者好，但其石漠化程度不断加重，并有向重度石漠化区发展的趋势，也应得到严格的生态保护；然后，将现状城镇建设用地全部划入城镇适宜区，该区域若不发生大型的或对人们生命安全造成严重威胁的灾害、疫情和安全事故，现状城镇建设用地将长期保持现有功能状态；此外，将 8.3.1 节中城镇开发适宜性、农业开发适宜性和生态保护适宜性的适宜等级划分结果在 ArcGIS 中进行叠加，结合研究区的战略定位和相关政策，制定生态优先、耕地保护和城镇规模控制为主导的国土空间适宜区类型划分原则，识别剩余区域的国土空间功能适宜区类型：①针对三类国土空间功能用地都是不同适宜等级的区域，通过反木桶原理将其划为适宜等级最高的功能用地适宜区；②针对两类或三类国土空间功能用地都是最适宜级的区域，若生态功能用地为最高适宜级，根据生态优先原则将其划为生态适宜区。若生态功能用地不是最高适宜级，根据耕地保护和城镇规模控制原则，将处于城镇功能用地内部的区域划为城镇适宜区，将处于城镇功能用地周围的区域划为农业适宜区；③针对两类或三类国土空间功能用地都是适宜级的区域，将其划为多种功能聚类的多功能适宜区；④针对国土空间功能类型都是不适宜级或最不适宜级的区域，将其划为国土空间不适宜区。最终得到 7 个国土空间功能适宜区（即城镇适宜区、农业适宜区、生态适宜区、城镇-农业适宜区、城镇-生态适宜区、农业-生态适宜区和城镇-农业-生态适宜区）和 1 个国土空间不适宜区（Li et al.，2021b）。

表 8-8　国土空间"双评价"修正规则

资源环境承载力等级	区间	功能区定位	潜在发展类型
I	4.5~5.0	城镇重点发展区	城镇空间
II	4.0~4.5	统筹调控发展区	城镇-农业-生态空间
III	3.5~4.0	城镇和农业综合开发区	城镇-农业空间
IV	3.0~3.5	城镇开发与生态保护区	城镇-生态空间
V	2.5~3.0	农业开发重点区	农业空间
VI	2.0~2.5	农业开发与生态保护区	农业-生态空间
VII	1.0~2.0	生态环境重点保护区	生态空间

基于"双评价"的国土空间优化。喀斯特山区各国土空间类型的发展对区域资源环境本底状况的要求不同（李渊等，2019），其中，与城镇功能相关的国土空间类型对承载力要求最高，与农业功能相关的国土空间类型次之，与生态功能相关的国土空间类型最小。基于此，构建国土空间"双评价"修正规则（表 8-8）。同时，将国土空间不适宜区与资源环境承载力评价结果进行叠加，根据叠加结果中承载力所属的区间范围，通过修正规则对国土空间不适宜区的国土空间类型进行识别，最终得到基于"双评价"的广南县国土空间优化结果。

从国土空间数量结构上看（图 8-9），面积最大的是生态空间，占总面积的67.73%，其次为农业-生态空间，占总面积的 15.77%。面积最小的是城镇-生态空间，仅占总面积的 0.32%。在其他的国土空间类型中，面积从大到小依次为农业空间、城镇空间、城镇-农业空间和城镇-农业-生态空间，它们的面积占比分别为14.34%、0.78%、0.62%和 0.44%。

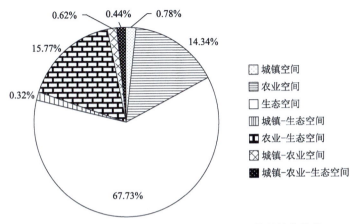

图 8-9　基于"双评价"的广南县国土空间数量结构优化

　　从国土空间布局上看，通过对城镇开发适宜性、农业开发适宜性和生态保护适宜性三者的评价结果进行叠加，以及国土空间"双评价"修正规则的调整，得到基于"双评价"的广南县国土空间布局优化结果（图 8-10）。城镇空间：主要分布在中心和东南部，地理条件好，区位优势明显，这些地区是非喀斯特地区和石漠化程度较轻的地区，这种分布模式能够有效减少自然灾害对于人类的威胁，同时缓解城镇中人类活动对生态脆弱的山区地带的压力；农业空间：主要分布在东西部，在南部和西南部有少量连片分布，且主要集中于非喀斯特区、无石漠化区和潜在石漠化区，在重度石漠化区和中度石漠化区分布较少；生态空间：在全县范围内都有分布，在西北部、西南部和东北部连片度较高，特别是在南部和东南部石漠化程度严重的地区，主要是生态空间及与生态相关的空间类型；城镇-生态空间：主要分布于中部和东北部，但分布规模较小，这些地区生态环境较好，植被覆盖指数较高，具有很好的生态价值和居住价值；城镇-农业空间：主要分布

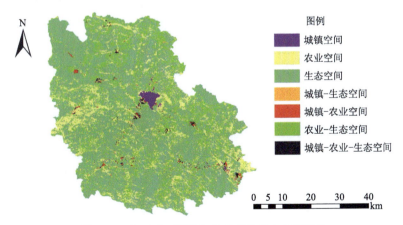

图 8-10　基于"双评价"的广南县国土空间优化

于中部和东南部城镇空间四周及西南部与农业空间相连的区域，它的存在能够有效缓解城镇空间对农业空间的影响；农业-生态空间：在全境范围内都有分布，是除生态空间外分布范围最大的空间类型，主要分布于植被生长状况最好的北部，其次分布于石漠化程度较重的东南部和南部，同时，在中部城镇空间周围也分布较多；城镇-农业-生态空间：主要分布于中部和东南部人类活动区四周（Zhao et al.，2019）。

8.3.2 基于城镇-农业-生态功能协调的广南县国土空间优化

1. 基于 GMDP 模型的土地利用数量结构优化

研究以 2018 年作为基期年，2035 年作为优化年，采用灰色多目标动态规划模型（model of grey multi-goal and dynamic programming，GMDP）对广南县 2035 年土地利用数量结构进行优化，主要包括两个部分：一是优化目标的设置，二是约束条件的确定。灰色多目标动态规划模型是将灰色预测模型和多目标线性规划模型组合而成的优化模型，它主要针对没有确定范围的目标函数和约束条件，通过模型的模拟构建它们在符合实际条件下的确定区间（Chang and Ko，2014）。参与优化的土地利用类型变量代码见表 8-9。

表 8-9 土地利用优化变量表

代码	x_1	x_2	x_3	x_4	x_5	x_6	x_7	x_8	x_9
土地利用类型	水田	旱地	园地	林地	草地	城镇建设用地	农村居民点	水域	未利用地

注：优化时各土地利用面积的单位均为平方千米（km²）。

1）目标函数构建

土地是由多重要素组合在一起而形成的内部结构繁琐的复合体（周侃等，2019），为了使土地得到合理而有序的规划，就要对土地内部的各种要素系统的现状和未来需求进行综合地判断。同时，当代的土地管理者和使用者也已经认识到只考虑土地单一效益特别是经济效益的发展，虽然在短期内能够产生可观的收益，但长期发展下去会产生较大的冲突。因此，在综合考虑喀斯特山区资源环境承载力、水土资源耦合协调度、生态环境状况，以及社会经济发展状况的前提下，将社会效益、经济效益和生态效益三个方向作为数量结构优化的一级效益目标，并在三个一级效益目标下建立不同的二级效益目标，形成适用于喀斯特山区的目标函数。其中，社会效益目标综合考虑社会效益值和资源环境承载力，经济效益目标综合考虑经济效益值和经济承载力，生态效益目标综合考虑水土资源耦合协调度和生态系统服务价值。各目标函数的构建方法如下：

（1）社会效益值函数构建。评价指标选择。研究依据指标体系的系统性、可反映区域情况的典型性和指标的可量化性等原则，选取人均耕地面积（包括水田和旱地）、人均园地面积、人均绿地面积（包括林地和草地）、人均建设用地面积（包括城镇建设用地和农村居民点）和人均水域面积等五个指标，构建社会效益值的评价指标体系，从而衡量广南县土地利用的社会效益值。

（2）指标权重确定。研究采用变异系数法（田俊峰等，2019），分别计算了五个指标的权重值（表 8-10）。

表 8-10　社会效益指标体系及对应权重

目标	指标	权重
土地利用社会效益	人均耕地面积	0.166
	人均园地面积	0.207
	人均绿地面积	0.173
	人均建设用地面积	0.326
	人均水域面积	0.128

从而得到下列公式：

$$\max F_1(x) = \frac{0.166(x_1 + x_2) + 0.207x_3 + 0.173(x_4 + x_5) + 0.326(x_6 + x_7) + 0.128x_8}{P} \quad (8\text{-}1)$$

式中，$F_1(x)$ 表示土地利用的社会效益值；x_i 为第 i 类土地利用类型的用地面积；P 为 2035 年广南县人口总数预测值，基于广南县统计年鉴中 2000～2018 年人口统计数据，采用 GM(1, 1) 灰色系统模型对其进行预测，得到广南县 2035 年人口总数 P 为 920736。

（3）资源环境承载力函数构建。资源环境承载力指标体系构建及计算过程详见表 4-1。根据广南县实地调研和考察结果，利用模糊综合评价法计算级别特征值（T），将资源环境承载力分为不可承载、低承载、较低承载、中承载、较高承载、高承载和理想承载等七个评价等级；然后，采用降半梯形分布函数按照所建立的指标体系和指标标准化结果，计算得到各指标在各评价等级的隶属度，并利用模糊矩阵加权运算得到三个承载力子系统和资源环境承载力在各等级区间的总隶属度；最后，通过整合各等级区间的总隶属度分别得到三个承载力子系统和资源环境承载力结果。广南县资源环境承载力的级别特征值在 1～7，数值越大，表示承载力水平越高，进而得到各土地利用类型在承载力评价结果中的特征均值，各地类的级别特征均值分别为 3.145、2.799、3.314、2.791、2.681、3.543、3.349、3.145 和 2.523（Zhao et al.，2019）。

基于上述分析，得到广南县土地利用资源环境承载力的目标函数表达式为

$$\max F_2(x) = 3.145x_1 + 2.799x_2 + 3.314x_3 + 2.791x_4 + 2.681x_5$$
$$+ 3.543x_6 + 3.349x_7 + 3.145x_8 + 2.523x_9 \qquad (8\text{-}2)$$

式中，$F_2(x)$ 表示资源环境承载力；x_i 为第 i 类土地利用类型的用地面积。

（4）经济效益值函数构建。土地利用经济效益值的评价多采用单位土地利用类型的经济产出值来核算（谢鹏飞，2016），经济效益目标函数为

$$\max F_3(x) = \sum_{i=1}^{n}(J_i \times x_i) \qquad (n = 1, 2, \cdots, 9) \qquad (8\text{-}3)$$

$$J_i = K \times w_i \qquad (8\text{-}4)$$

式中，$F_3(x)$ 表示土地利用的经济效益值；J_i 为第 i 类土地利用类型的经济效益；x_i 为第 i 类土地利用类型的用地面积；K 为常数，可根据某种用地类型的单位产出值预测得到；w_i 为各土地利用类型经济效益的相对权重。

不同土地利用类型的经济效益是构成广南县三个产业产值的一部分。因此，采用第一产业收益中的种植业产值作为水田和旱地的产出效益；采用茶叶和水果的产值作为园地的产出效益；采用林业产值作为林地的产出效益；采用除生猪和家禽外的其他畜牧产品（如马、牛和羊等）的产值作为草地的产出效益；采用渔业产值作为水域的产出效益；一般情况下，未利用地不会产生经济效益。

基于上述分析，研究以 2000～2018 年广南县统计年鉴中各地类的产出效益为基础，首先通过广南县三个产业的产值占比确定各产业的权重，然后使用综合平衡法和 AHP 层次分析法计算各土地利用类型在三个产业中的权重，最后通过产业权重和地类权重的乘积得到各土地利用类型的相对权重 w_i（表 8-11）。

表 8-11　土地利用类型经济效益的相对权重

产业名称	产业权重	土地分类	地类权重	相对权重
第一产业	0.32	耕地（x_1, x_2）	0.45	0.1440
		园地（x_3）	0.17	0.0544
		林地（x_4）	0.06	0.0192
		草地（x_5）	0.30	0.0960
		水域（x_8）	0.02	0.0064
		小计	1.00	0.32
第二产业	0.29	城镇建设用地（x_5），农村居民点（x_6）	1.00	0.29
第三产业	0.39	城镇建设用地（x_5），农村居民点（x_6）	1.00	0.39
合计	1.00	—	—	1.00

同时，在研究中，基于广南县 2000~2018 年水田和旱地的单位面积产出效益，通过预测得到在 2035 年广南县耕地单位面积的产值为 1329.84 万元/km²，从而得到常数 $K=9235$。其他地类的经济效益根据式（8-3）进行计算，其中，为了保障数学模型计算的需要，研究将未利用地的经济效益设置为 1 万元/km²。从而得到广南县 2035 年各土地利用类型的经济效益分别 1329.84、1329.84、502.38、177.31、886.56、6279.80、6279.80、59.10 和 1。

基于上述分析，可以得到广南县土地利用的经济效益的目标函数表达式为

$$\max F_3(x) = 1329.84(x_1 + x_2) + 502.38x_3 + 177.31x_4 + 886.56x_5 \\ + 6279.80(x_6 + x_7) + 59.10x_8 + x_9 \tag{8-5}$$

式中，$F_3(x)$ 表示土地利用的经济效益值；x_i 为第 i 类土地利用类型的用地面积。

（5）经济承载力函数构建。根据经济承载力的评价指标，对广南县 2018 年经济承载力进行评价（Zhao et al.，2019），得到各土地利用类型在经济承载力评价结果中的特征均值，建立广南县土地利用经济承载力的目标函数表达式为

$$\max F_4(x) = 2.7852x_1 + 2.7926x_2 + 2.6368x_3 + 2.5093x_4 + 2.5994x_5 \\ + 2.4617x_6 + 2.8283x_7 + 2.7382x_8 + 2.4158x_9 \tag{8-6}$$

式中，$F_4(x)$ 表示土地利用的经济承载力；x_i 为第 i 类土地利用类型的用地面积。

（6）水土资源耦合协调度函数构建。在 3.5 节水土资源耦合协调度计算分析的基础上，对广南县不同土地利用类型的水土资源耦合协调度进行计算，得到各土地利用类型在水土资源耦合协调度评价结果中的特征均值，各地类的特征均值分别为 0.5062、0.5061、0.5047、0.5094、0.5017、0.4858、0.4926、0.5093 和 0.5062。从而可以得到广南县土地利用的水土资源耦合协调度评价的目标函数表达式为

$$\max F_5(x) = 0.5062x_1 + 0.5061x_2 + 0.5047x_3 + 0.5094x_4 + 0.5017x_5 \\ + 0.4858x_6 + 0.4926x_7 + 0.5093x_8 + 0.5062x_9 \tag{8-7}$$

式中，$F_5(x)$ 表示土地利用的水土资源耦合协调度；x_i 为第 i 类土地利用类型的用地面积。

（7）生态系统服务价值函数构建。生态系统服务是生态安全的前提和保障（黄木易等，2019）。参考"中国陆地生态系统服务价值当量因子表"（谢高地等，2008），根据 4.1.2 节中环境承载力评价指标的计算结果，得到生态系统服务价值表（表 8-12）。由此得到广南县土地利用生态系统服务价值的目标函数表达式为

$$\max F_6(x) = 12714.20[(x_1 + x_2) \times 100] + 37152.80(x_3 \times 100)$$
$$+ 45248.96(x_4 \times 100) + 18785.79(x_5 \times 100) - 8637.60[(x_6 + x_7) \times 100] \quad (8\text{-}8)$$
$$+ 72985.79(x_8 \times 100) + 3804.73(x_9 \times 100)$$

式中，$F_6(x)$表示土地利用的生态系统服务价值；x_i为第 i 类土地利用类型的用地面积。

表 8-12　广南县生态系统单位面积生态系统服务类型的生态服务价值 [单位：元/(hm²·a)]

一级类型	二级类型	森林	水域	草地	园地	建设用地	未利用地	耕地（修正）
供给服务	食物生产	531.02	852.98	692.2	611.57	0.00	54.76	1609.46
	原料生产	4795.23	563.29	579.51	2687.68	0.00	109.53	627.82
调节服务	气体调节	6951.47	820.78	2414.62	4683.34	0.00	164.28	1158.57
	气候调节	6549.18	3315.34	2511.21	4530.43	0.00	355.8	1561.19
	净化环境	2767.72	23899.38	2124.87	2446.27	−2172.68	711.59	2236.82
	水文调节	6581.38	30208.28	2446.82	4514.34	−6678.97	191.67	1239.38
支持服务	土壤保持	6468.74	659.85	3605.84	5037.4	0.00	465.33	2365.93
	生物多样性维护	7257.21	5520.21	3010.24	10267.92	0.00	1094.78	1641.52
文化服务	美学景观	3347.01	7145.68	1400.48	2373.85	214.05	656.99	273.51
	合计	45248.96	72985.79	18785.79	37152.8	−8637.6	3804.73	12714.2

2）确定约束条件

结合 2000～2018 年广南县统计年鉴中的人口总数数据，采用 GM(1, 1)灰色系统模型和人口综合增长率模型，对广南县 2035 年人口总数进行预测，得到两种模型预测下 2035 年广南县人口分别为 920736 人和 941981 人；基于 2000～2018 年广南县城镇化率增长情况，预测得到 2035 年城镇化率将达到 48.33%，而农村人口占比为 51.67%，从而进一步得到 2035 年广南县城镇人口和农村人口的发展区间分别为[444992, 455259]和[475744, 486722]。在后续的约束条件中，凡是需要总人口、城镇人口和农村人口等数据，就分别通过以上各自的区间完成计算。

为贯彻广南县土地利用总体规划和水资源保护规划中保护耕地、促进城乡统筹发展、改善生态环境和保障水资源等要求，研究分别从总面积约束、耕地面积约束、园地约束、林地约束、草地约束、城镇建设用地约束、农村居民点约束、水域面积约束、未利用地面积约束、水资源供给约束和数学模型约束等 11 个方面设置约束条件，并构建 21 个约束方程。各约束方程的构建公式如下：

（1）总面积约束。广南县面积为 7730.09km²：

$$x_1 + x_2 + x_3 + x_4 + x_5 + x_6 + x_7 + x_8 + x_9 = 7730.09 \qquad (8-9)$$

（2）耕地面积约束。为了达到广南县人民的温饱所需要的粮食总量，2035 年耕地的保有量不能小于 2035 人口粮食需求量的种植总面积，即

$$b \times (x_1 + x_2) \times f_r \times f_0 \geqslant S \times P \qquad (8-10)$$

式中，S 为人均粮食消费标准；P 为人口总数；f_r 为粮作比系数，且粮作比系数=粮食作物播种面积/农作物播种面积；f_0 为复种指数，通过农作物播种面积与耕地总面积的比值计算得到；b 为单位面积粮食产量。

基于上述公式，以 2035 年广南县总人口发展区间的最大值作为人口总数，得到耕地的面积不能小于 1206.47km²，即

$$x_1 + x_2 \geqslant 1206.47 \qquad (8-11)$$

同时，2000 年和 2018 年旱地面积在耕地总面积中的占比分别为 67.89%和73.17%，通过预测可得 2035 年为 89.54%。因此，可得以下约束方程为

$$(x_1 + x_2) \times 0.1046 \leqslant x_1 \leqslant (x_1 + x_2) \times 0.2683 \qquad (8-12)$$

$$(x_1 + x_2) \times 0.7317 \leqslant x_1 \leqslant (x_1 + x_2) \times 0.8954 \qquad (8-13)$$

此外，考虑到广南县处于喀斯特山区的实际情况，水田少而旱地多，并且随着一系列生态治理和生态修复工程的实施，水田的开垦情况基本很难出现，它的面积也很难在现状下得到增加，因此 2035 年的面积应不高于现状面积，即

$$x_1 \leqslant 388.04 \qquad (8-14)$$

（3）园地约束。根据 2000～2018 年广南县园地面积的变化情况上看，园地逐年大规模扩张，以 2000～2018 年园地面积作为基础数据，根据趋势预测得到 2035 年园地的面积为 687.65km²，且依据当前广南县茶叶和果园的种植发展趋势，园地面积不会低于 2018 年的园地面积 363.74km²，即

$$363.74 \leqslant x_3 \leqslant 687.65 \qquad (8-15)$$

（4）林地约束。随着 2002 年广南县植树造林政策的实施，截至 2018 年，年均植树面积达 94.52km²/a。然而，在植被生长状况较好的地区，土壤环境和地质条件较好，这些地区已完成植树造林工程，在剩余的地区基本都存在石漠化的分

布。自 2012 年以来，广南县植树造林工程的实施力度逐渐减慢，2018 年的植树造林面积为 30.43km²/a，因此研究将 2018 年现状值设置为 2018～2035 年广南县植树造林的速率，得到 2035 年广南县新增林地面积为 517.31km²，则林地总面积为 4938.17km²。此外，由于广南县各级政府对于生态环境的保护力度的大幅度增强，毁林开荒等林地破坏行为近年来已完全杜绝，因此 2035 年林地面积应不低于 2018 年林地的现状值。综上可得林地的约束条件为

$$x_4 \geqslant 4420.86 \tag{8-16}$$

（5）草地约束。2018 年广南县草地主要集中于石漠化地区，随着石漠化地区环境的改善，草地面积将低于 2018 年的现状值 396.31km²。同时，由于广南县畜牧业的需求，对于放牧区的草地应尽可能保留以维持牲畜的日常所需，2018 年广南县牧区面积为 27.84km²。综上可得草地的约束条件为

$$27.84 \leqslant x_5 \leqslant 396.31 \tag{8-17}$$

（6）城镇建设用地约束。根据《城市用地分类与规划建设用地标准（GB50137—2011）》和广南县人居用地的实际情况预测 2035 年人均城镇建设用地为 115.0m²/人，并且在当前要推动城镇建设用地集约利用和严控喀斯特山区城镇建设用地扩张范围的背景下，城镇建设用地的面积要处于城镇人口的需求范围内，而城镇人口的发展区间为[444992, 455259]，则城镇建设用地的约束条件为

$$51.17 \leqslant x_6 \leqslant 52.35 \tag{8-18}$$

（7）农村居民点约束。根据《镇规划标准（GB50188—2007）》和实际情况预测广南县 2035 年人均农村居民点面积为 130.0m²/人，在农村居民点面积扩张约束的条件下，以农村人口的发展区间[475744, 486722]为标准，则农村居民点的约束条件为

$$61.85 \leqslant x_7 \leqslant 63.27 \tag{8-19}$$

（8）水域面积约束。水域面积的增加主要受到水库和水电站建设的影响，而广南县没有电站的建设。从广南县现状水库可得广南县现存的各水库类型的面积均值，中型水库为 0.78km²，小（1）型水库为 0.23km²，小（2）型水库为 0.05km²。以《广南县水资源综合规划（2014—2030）》中广南县未来水库建设规划为依据，预测 2035 年各类型水库建设数量。因此，以广南县新增水库面积与现状水域面积之和作为水域面积的上限，且不得低于现状水域面积，则水域的约束条件为

$$25.31 \leqslant x_8 \leqslant 49.38 \tag{8-20}$$

（9）未利用地面积约束。随着广南县植树造林工程的大规模实施，未来未利用地将会向林地大规模转移，石漠化整体将会呈现好转的趋势，因而 2035 年未利用地面积应低于现状面积；同时，石漠化重度区是生态环境最脆弱的区域，治理的成本高而收效小，依靠自然自身的修复能力将会是最好的治理方式，然而，短期内要想转变土地利用的类型将会有很大的难度，它是一个任重而道远的过程。因此，未利用地的约束条件为

$$803.38 \leqslant x_9 \leqslant 924.76 \qquad （8\text{-}21）$$

（10）水资源供给约束。以 2000～2018 年广南县水文年鉴中的水资源供给总量为基础，结合《广南县水资源综合规划（2014～2030）》，预测得到广南县 2035 年水资源供给量为 26000m³，同时，以 2018 年现状地类单位面积内的用水量为基础，设定水资源供给的约束条件为

$$(x_1 + x_2 + x_3) \times 7.78 + 26.5 \times x_6 + 14.74 \times x_7 + (x_4 + x_5 + x_9) \times 0.057 \leqslant 26000 \qquad （8\text{-}22）$$

（11）数学模型约束。各土地利用类型的面积应为非负值，即

$$x_n \geqslant 0 \quad （n = 1,2,3,4,5,6,7,8,9） \qquad （8\text{-}23）$$

依照确定的目标函数和约束条件构建社会效益、经济效益和生态效益的三个多目标优化模型，运用 Lingo 软件运行得到三个效益下的 2035 年广南县土地利用数量结构优化结果。同时，根据区域发展特点以及目标和结果导向，将三个效益结果分别定义为社会发展情景、经济发展情景和生态安全情景（图 8-11、表 8-13）。同时，为了便于后续的分析，将三种情景分别设置为 Q1、Q2 和 Q3。

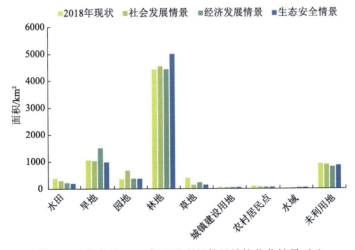

图 8-11　广南县 2035 年土地利用数量结构优化情景对比

表 8-13 广南县 2035 年土地利用数量结构优化结果

代码	地类类型	2018 年现状		社会发展情景（Q1）		经济发展情景（Q2）		生态安全情景（Q3）	
		面积/km²	比例/%	面积/km²	比例/%	面积/km²	比例/%	面积/km²	比例/%
x_1	水田	387.19	5.01	295.52	3.82	184.2	2.38	196.04	2.54
x_2	旱地	1133.03	14.66	1034.88	13.39	1504.28	19.46	983.4	12.72
x_3	园地	363.45	4.7	670.84	8.68	373.96	4.84	373.96	4.84
x_4	林地	4113.66	53.21	4321	55.9	4424.8	57.24	4893.78	63.31
x_5	草地	569.75	7.37	141.72	1.83	231.56	3	141.72	1.83
x_6	城镇建设用地	58.72	0.76	52.35	0.68	51.17	0.66	51.17	0.66
x_7	农村居民点	94.16	1.22	63.27	0.82	61.85	0.8	61.85	0.8
x_8	水域	25.29	0.33	32.15	0.42	49.38	0.64	49.38	0.64
x_9	未利用地	984.84	12.74	1118.36	14.47	848.89	10.98	978.79	12.66

农业用地：①水田。三种情景下水田面积相比 2018 年现状均不同程度地减少，按减少面积从小到大排序分别为 Q1、Q3 和 Q2，面积分别减少了 91.67 km²、191.15 km² 和 202.99km²。随着未来现代化进程的加速及石漠化治理工程的提升，处于石漠化严重地区和建设用地高度集聚区的水田仍将处于减少的趋势；②旱地。相比 2018 年旱地现状，Q2 的旱地增长 371.25km²，增长率为 32.77%。而 Q1 和 Q3 的旱地面积呈减少趋势，分别减少了 98.15km² 和 149.63km²，减少率分别为 8.66% 和 13.21%；③园地。三种情景下园地面积均为增长趋势，Q1 增长最多，为 307.39km²，增长率为 84.58%，Q2 和 Q3 增长面积相同为 10.51km²，增长率为 2.89%；④林地。三种情景下林地面积均呈不同程度的增长，Q3 增长最多，为 780.12km²，增长率为 18.96%；其次为 Q2，为 311.14km²，增长率为 7.56%；Q1 面积增长最少，为 207.34km²，增长率为 5.04%；⑤草地。随着喀斯特山区生态环境的改善，草地将大规模转变为林地。因此，三种情景下草地的面积呈不同程度的减少，Q1 和 Q3 的草地减少最多，均为 428.03km²，减少率为 75.13%；Q2 的草地面积减少最少，为 338.19km²，减少率为 59.36%。

建设用地：2035 年三种情景下城镇建设用地和农村居民点面积相比 2018 年现状均呈减少趋势。①城镇建设用地。Q1 和 Q2 下城镇建设用地面积达到广南县城镇人口预测所需面积的最大值，为 52.35km²，但仍比 2018 年现状减少了 6.37km²，减少率为 10.85%；Q2 和 Q3 城镇建设用地面积为广南县城镇人口预测所需面积的最小值，为 51.17km²，减少率为 12.86%；②农村居民点。Q1 和 Q2

农村居民点面积达到广南县农业人口预测所需面积的最大值，为 63.27km²，减少率为 32.81%；Q2 和 Q3 农村居民点面积为广南县农业人口所需面积的最小值，为 61.85km²，减少率为 34.31%。

其他土地：水域面积在三种情景中均呈上升趋势，Q2 和 Q3 的水域面积达到约束条件的上限，为 49.38km²，能够为区域发展提供极好的水资源条件。Q1 水域面积为 32.15km²，增长率为 27.13%；未利用地面积在 Q1 呈现上升趋势，增长率为 14.47%，在 Q2 和 Q3 情景中均呈下降趋势，Q2 的未利用地面积下降最多，减少率为 13.80%；其次是 Q3，减少率为 6.05%。

2. 基于 CLUE-S 模型的土地利用空间布局配置

研究采用 CLUE-S（conversion of land use and its effects at small region extent）模型对广南县土地利用空间布局的优化，该模型是荷兰科学家 Verburg 针对 CLUE 模型只适用于大尺度中土地利用模拟的缺陷，对其进行改进最终形成适用于小尺度的空间模拟模型，它从整体结构上可以分为非空间模块和空间模块。

非空间模块即各土地利用类型的需求。研究把 8.3.2 的 1.部分得到的 2035 年广南县社会发展情景、经济发展情景和生态安全情景下的土地利用数量结构优化结果作为 CLUE-S 模型的土地需求。

空间模块即土地利用的变化和空间布局，包括土地利用类型的空间分布适宜性概率、土地利用转移规则，以及空间政策与区域限制。

首先，基于各土地利用类型的空间变化和实地状况，筛选对土地利用空间分布影响较大的各类指标，将它们当作地类驱动因子，并计算在各因子下各土地利用类型的空间分布适宜性概率；然后，基于各土地利用类型的转移和结构变化特点，设置土地利用转移规则。并根据区域实际情况和政策要求，设置空间政策和区域限制条件；最后，通过 CLUE-S 模型将各土地利用类型根据所设置的空间模块进行空间布局的优化。

1）地类空间适宜性概率

各地类的空间分布受到自然、社会、经济和环境等各类因素的影响，通过筛选对土地利用类型空间布局影响最强烈的驱动因子后，需要利用回归模型分析每一个驱动因子对每一个地类的空间分布的影响程度。研究基于 SPSS STATISTICS 22.0 软件，采用二元 Logistic 回归模型对影响程度进行评价。经过实践证明，该模型能够对每一个地类驱动因子下每一个土地利用类型的空间布局概率进行有效的预测（吴婷，2019；赵筱青等，2019a）。此外，利用 ROC 曲线检验对二元 Logistic 回归分析的模拟精度进行验证，ROC 值的区间为[0, 1]，若 ROC 大于 0.7，则说明所选因子具有较强的解释能力。

2）土地利用转移规则

土地利用的转移矩阵和转移弹性系数组成CLUE-S模型中的土地利用转移规则。其中，土地利用转移矩阵表示各土地利用类型之间是否可以相互转化，用0和1分别表示不可以和可以发生转移。一般高利用率的土地利用类型很难向低利用率的用地类型转化（赵筱青等，2019a）。土地利用转移弹性系数表示各土地利用类型在相互转移过程中保持原有地类的空间稳定性，它的值在[0, 1]，值越大越不容易发生转移。然而，由于土地利用存在很大的区域差异性，土地利用转移弹性系数在目前的研究中没有精确的计算方法，因此，应根据区域土地利用的实际转移情况和变化趋势，合理设置各土地利用类型的转移系数，以得到合理而准确的空间布局。

3）空间政策与区域限制

空间政策与区域限制是指土地利用类型不能发生改变，应保持现状用地类型的区域。因政府规划性文件和相关政策制定时对某些土地利用类型有限制性要求和条件，所以这些土地利用类型在未来的发展中不能改变其用途，例如，生态保护红线区和永久基本农田区是国家对于生态安全和粮食安全的基本保障线，在区域发展过程中不得用作他用；同时，根据当地的实际状况，某些特殊地区的土地利用类型也不能发生改变，例如，对于生态环境状况极差的地区，在一般情况下应对其进行就地的保护和治理，同时防止其他地类的出现。

4）CLUE-S模型精度验证

采用Kappa系数对CLUE-S模型运行结果进行检验，Kappa系数在0和1之间，系数越大，精度越高。若Kappa系数大于0.75，则表明CLUE-S模型对各土地利用类型的空间优化布局结果较好（赵筱青等，2019a）。

3. 优化模型的应用与检验

1）研究尺度选择

在进行二元Logistic回归分析前，由于数据的格式要求，需要将土地利用类型数据和地类驱动因子数据转化为栅格数据，再将栅格文件通过ArcGIS的"Raster to ASCII"工具转化为ASCII数据（魏伟，2018；彭树宏等，2018）。在这个过程中，为了保证二元Logistic回归分析的准确性和效率，确定转化的栅格数据尺度大小显得尤为重要。研究在参考CLUE-S模型尺度要求的基础上，结合喀斯特山区地形破碎度高和用地分异显著的实际状况以及遥感影像像元大小，对土地利用类型数据和地类驱动因子数据均设置有5种不同的尺度，以2018年为例选取20%的样本进行二元Logistic回归分析，获取不同尺度的ROC值（表8-14）。结果表明，当栅格单元为30m×30m时，ROC值最大，模型运算精度相对较高。因此，采用30m×30m作为研究尺度。

表 8-14 不同尺度下 ROC 值对比

序号	尺度大小	ROC 值
1	30m×30m	0.841
2	60m×60m	0.837
3	90m×90m	0.813
4	120m×120m	0.763
5	150m×150m	0.727

2）驱动因子的选择与回归分析

土地利用变化驱动因子的选取是一个复杂的过程，从自然环境到人类活动等方面都对其产生不同程度的影响。广南县作为滇东南典型的喀斯特山区县城，资源环境状况复杂，人类活动对喀斯特山区的影响强烈。因此，构建其土地利用变化驱动因子要以重要性、数据可获取性和可量化性等为原则，从生态驱动、自然驱动、社会经济驱动、资源驱动、区位驱动等多个维度构建指标，通过因子的筛选，最终得到广南县 24 个地类驱动因子（表 8-15）。

生态驱动因素和自然驱动因素是决定土地利用空间分布的基本限制因素（张年国等，2019）。在生态驱动因素中，生态系统服务价值越高的地区，植被的生长状况越好，生态系统功能越强，并且土地利用类型也呈现多元化发展的态势。然而，在生态系统服务价值低的地区，植被类型较为单一，土地利用类型的发展受到极大的限制。在一般情况下，各土地利用类型空间布局范围的扩大或缩减多半发生在其现状分布区域的内部或周边，因此，土地利用结构会对未来各土地利用类型的空间结构变化产生影响。此外，由于喀斯特山区特殊的生态环境状况，水土流失严重，岩石裸露率较高，植被覆盖程度较低，对土地利用的空间布局带来巨大的影响。因此，应将能够体现喀斯特山区生态环境特点的指标列入驱动因子中。基于此，研究选取了植被覆盖度、土壤侵蚀量、岩石裸露度三个指标作为驱动因子；在自然驱动因素中，高程对耕地和园地的种植布局有一定的影响，而坡度的大小会造成喀斯特山区不同程度的水土流失，从而影响各土地利用类型的空间变化情况。此外，年降雨量和年平均温度会对耕地、园地、林地和草地的生长带来强烈的影响。

社会经济驱动因素和资源驱动因素能够反映人类开发和利用自然资源的能力和程度。在社会经济驱动因素中，根据资料数据的可获取性和喀斯特山区人口和经济状况，选择人口密度、人均纯收入、GDP 和城镇化率来反映广南县社会经济状况；在资源驱动因素中，人均粮食占有量和人均耕地面积能够表征人类开发和利用耕地去满足日常所需粮食的能力，水资源供需比例反映了供水条件对人类用水需求的满足情况，人均水资源量则反映了水资源量对人类活动的支撑能力。

区位驱动因素反映了各类事物的区域位置对土地利用结构的影响。一般情况下，距水域的距离、距路网的距离和距建设用地的距离是影响土地结构最重要的区位驱动因素。然而，在特殊的喀斯特山区，考虑到研究区石漠化重度区面积占比较大并在研究区南部广泛分布的实际情况，同时石漠化重度区主要的用地类型为未利用地和林地，其他地类在该区域难以得到发展。因此，与石漠化严重地区的距离将会对全域范围内土地利用的分布情况造成巨大的影响，并且它是喀斯特山区特有的指标。

在确定各类型的地类驱动因子后，在 ArcGIS 中将各因子数据转换为 30m×30m 的栅格文件，再将栅格图转换为 ASCII 文件（图 8-12 至图 8-16）。

表 8-15　广南县不同土地利用类型的二元 Logistic 回归结果

驱动类型	驱动因子	回归系数								
		水田	旱地	园地	林地	草地	城镇建设用地	农村居民点	水域	未利用地
生态驱动	土地利用结构（Sc1gr0）	0.021813	0.013526	0.010601	0.057041	0.007794	0.010288	0.011582	0.015332	0.050432
	生态系统服务价值（Sc1gr1）	0.362651	0.423708	0.315846	0.02490	−0.00218	0.00012	0.00037	0.006435	−0.00078
	土壤侵蚀量（Sc1gr2）	−0.023351	0.004702	0.034429	−0.026452	0.003561	−0.007264	0.002413	−0.000368	0.002891
	植被覆盖度（Sc1gr3）	0.444097	0.770737	0.675038	0.812654	1.311633	0.069852	0.023578	2.852021	−0.000856
	岩石裸露度（Sc1gr4）	0.284925	0.113044	0.675241	−0.854616	−0.003563	0.678252	0.36021	−0.002685	0.000165
自然驱动	高程（Sc1gr5）	−0.000853	−0.000628	−0.004681	0.02862	0.001563	0.017321	0.000102	0.003014	0.000518
	坡度（Sc1gr6）	−0.073350	−0.119909	−0.003316	0.056270	0.43275	—	−0.102457	—	0.001646
	年降水量（Sc1gr7）	0.386623	0.427509	0.744222	0.999863	0.770442	—	0.171647	0.010689	0.000044
	年平均温度（Sc1gr8）	−0.018422	0.026882	0.030658	0.067521	0.267812	—	0.013596	0.006801	−0.000824
社会经济驱动	人口密度（Sc1gr9）	0.139823	0.073732	0.578578	0.10867	0.224573	0.00107	0.241219	−0.000425	−0.000578
	人均纯收入（Sc1gr10）	0.174962	0.776123	0.368523	−0.012677	−0.01037	0.114613	0.062347	−0.00030	−1.36852
	GDP（Sc1gr11）	0.034426	0.043281	0.031857	0.002953	0.000736	1.235682	0.853243	0.003750	−1.924325
	城镇化率（Sc1gr12）	0.056248	0.0368542	0.0468521	0.006985	0.000349	2.578543	1.628512	0.009635	−1.203654

续表

驱动类型	驱动因子	回归系数								
		水田	旱地	园地	林地	草地	城镇建设用地	农村居民点	水域	未利用地
资源驱动	人均粮食占有量（Sclgr13）	1.658644	2.994777	0.956271	−0.035575	0.284046	−0.000430	0.036953	0.722702	0.000216
	人均耕地面积（Sclgr14）	1.773328	1.08146	0.086363	0.000213	0.000468	0.190681	0.659513	0.002315	0.001077
	水资源供需比例（Sclgr15）	0.035268	0.026854	0.098542	0.035261	0.027854	0.036524	0.062854	0.037854	0.078215
	人均水资源量（Sclgr16）	0.652740	1.000265	0.985461	0.623157	0.652157	0.999987	1.265738	0.006538	0.000983
区位驱动	距河流距离（Sclgr17）	−0.000208	0.000985	0.000615	−0.000757	0.011034	0.06587	0.000598	—	0.006582
	距水库、坑塘距离（Sclgr18）	—	−0.000027	−0.000065	0.000375	−0.000045	−0.000251	—	−0.213548	−0.01233
	距农村居民点距离（Sclgr19）	0.663939	0.387807	0.047108	—	0.679321	0.567157	−0.000269	—	—
	距城镇建设用地距离（Sclgr20）	0.397561	0.438070	0.724306	—	—	−0.16245	0.918832	0.482118	—
	距高速公路/铁路距离（Sclgr21）	−0.000046	−0.000026	−0.000584	0.000091	0.000047	−0.006654	—	−0.000154	0.000363
	距国道/省道/县道距离（Sclgr22）	−0.000468	0.001199	−0.001124	0.001357	0.000479	0.002415	−0.003762	−0.001564	−0.003759
	距石漠化重度地区的距离（Sclgr23）	−0.002537	0.004683	0.065376	0.004015	0.000410	−0.003955	−0.042958	0.001207	−0.411435
常数		1.550823	0.541954	0.001136	1.983793	0.006647	0.001908	0.00162	2.159009	5.815117
ROC 值		0.746	0.705	0.767	0.773	0.745	0.817	0.802	0.876	0.718

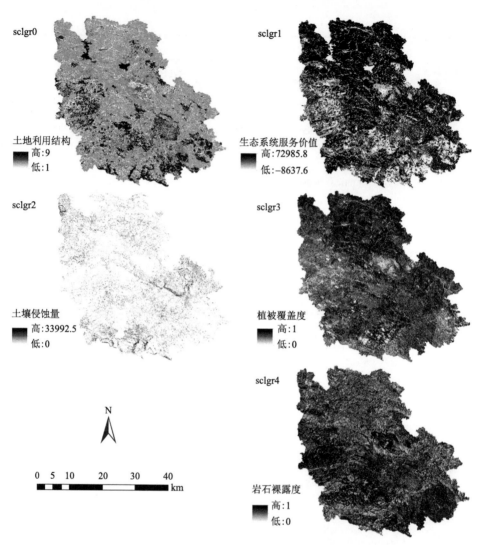

图 8-12 广南县土地利用变化生态驱动因子

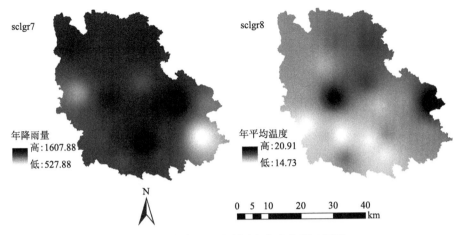

图 8-13　广南县土地利用变化自然驱动因子

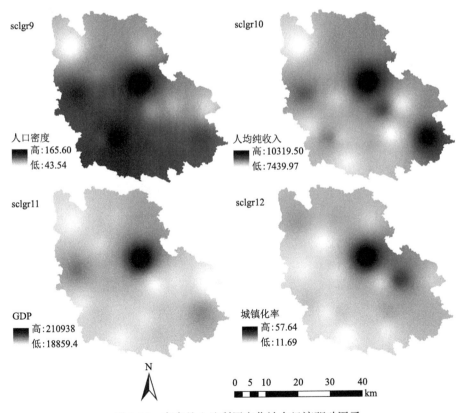

图 8-14　广南县土地利用变化社会经济驱动因子

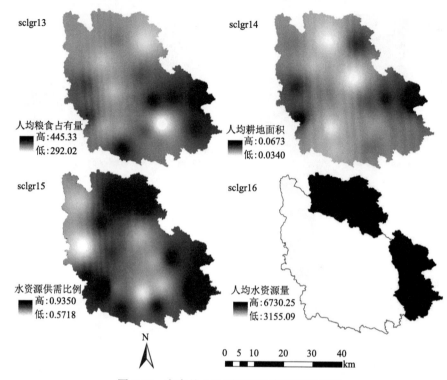

图 8-15 广南县土地利用变化资源驱动因子

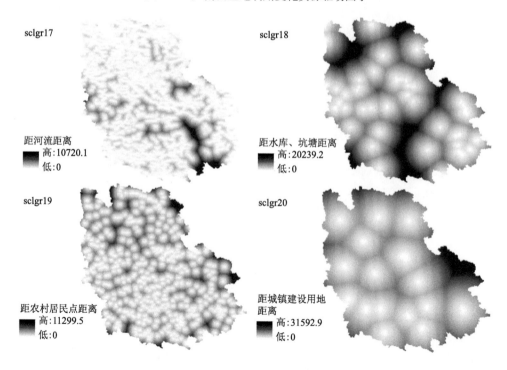

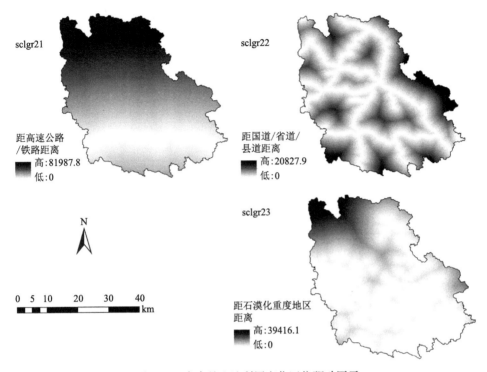

图 8-16　广南县土地利用变化区位驱动因子

　　九种土地利用类型的 ROC 值均大于 0.7（表 8-15），表明所选的 24 个地类驱动因子能够很好地反映广南县土地利用空间布局的变化状况，它们之间的拟合效果较好。

　　3）空间政策与区域限制

　　根据广南县的实际状况及政府的相关规划文件，将永久基本农田区、生态保护红线区和重要水源地区（即河流及水库）设置为不可转变用地类型的区域。同时，结合研究区喀斯特地貌的实际状况，考虑到重度石漠化区在一般情况下用地结构状况很难发生转变，应针对其特点实施有效的生态治理工程并防止其他地类开发的干扰。因此，重度石漠化区也应被设置为限制区。

　　4）土地利用转移规则

　　土地利用转移矩阵。通过第 3 章中对广南县 2000 年、2010 年和 2018 年各土地利用类型转移情况的分析，结合用地现状和区域主体功能定位，设置土地利用转移矩阵。研究中 9 种土地利用类型之间均可相互转化。

　　土地利用转移弹性系数。研究在参阅相关文献的研究成果的基础上，结合广南县 2000 年、2010 年和 2018 年土地利用转移规律及地类本身的稳定性，先预设了九种土地利用类型的系数，同时基于该系数对 2018 年的土地利用分布进行模拟,将模拟结果与 2018 年实际分布情况进行对比并经过对系数的多次修正,最终得到各土地利用类型的最优转移弹性系数(表 8-16)。

表 8-16 广南县各地类转移弹性系数

地类	水田	旱地	园地	林地	草地	城镇建设用地	农村居民点	水域	未利用地
转移弹性系数	0.80	0.78	0.82	0.80	0.80	0.95	0.95	0.90	0.68

5)模拟结果的精度检验

研究将 2000 年广南县土地利用分布现状作为起始数据,2018 年土地利用分布现状作为预测期需求数据。用 2018 年模拟图与 2018 年现状图做 Kappa 系数检验,Kappa=0.843,说明对 2018 年土地利用的空间分布模拟效果较好。

4. 广南县土地利用空间优化结果分析

通过运行 CLUE-S 模型软件,得到社会发展情景、经济发展情景和生态安全情景下广南县 2035 年土地利用空间布局优化结果(图 8-17)(Zhao et al., 2019)。

社会发展情景以获得最大的社会效益和满足人类活动的最高资源环境综合承载力为目标,主要保障建设用地空间,耕地面积则以保障粮食需求和安全为底线,林地、草地和水域面积分别以最低需求为底线,该情景发展重点为建设用地的保障和经济的增长,对区域土地资源具有较大的负荷。如图 8-17(a)所示,在此情景下,广南县城镇建设用地和农村居民点逐渐趋于集约利用的趋势,其空间规模减小较为明显,城镇建设用地主要分布于广南县中部和西北部地区,农村居民点主要分布于耕地区域内;园地呈现向外扩张趋势,且主要分布于广南县北部和南部地区,西北部有少量分布;其他地类在该情景下皆有增加或减少,但是相对上述 3 种地类变化较不显著。

经济发展情景以获得最高的经济效益为目标,主要维持区域建设用地的发展以及耕地资源的稳定,并将一些条件较好的其他地类转移成耕地。如图 8-17(b)所示,在此情景下,广南县未来耕地保护压力仍然较大,可供开发整理为耕地的土地十分有限,在优化结果中主要将部分城镇建设用地、破碎度较高的农村居民点,以及自然或人为因素下撂荒为草地或石漠化程度较低的未利用地整理成为旱地,然而水田退化的速度仍然巨大。林地的增长和未利用地的减少较为显著,林地的增长区域主要位于广南县北部和西北部,主要是园地转为林地,而未利用地的减少区域主要位于研究区南部石漠化地区,主要转为旱地。在其他地类中,城镇建设用地和农村居民点趋于集约利用的趋势,其分布范围均有所减少,而水域增加,草地减少。

　　生态安全情景以保护林地、草地和水域等生态用地为重点，通过退耕还林和石漠化治理等一系列生态修复工程，增加生态用地面积，以此推进区域生态文明建设。如图 8-17（c）所示，在此情景下，广南县林地空间范围呈快速增长趋势，退耕还林工程和生态治理工程将广南县西北部和东南部的园地、破碎化程度较高的城镇建设用地和农村居民点、离人类活动区较远的耕地以及属于潜在和轻度石漠化区的草地和未利用地均转为了林地。随着水资源需求的增加，水域范围也有所增长。然而，在中度和重度石漠化区，未利用地范围有增长趋势，该区域生态压力依然巨大。

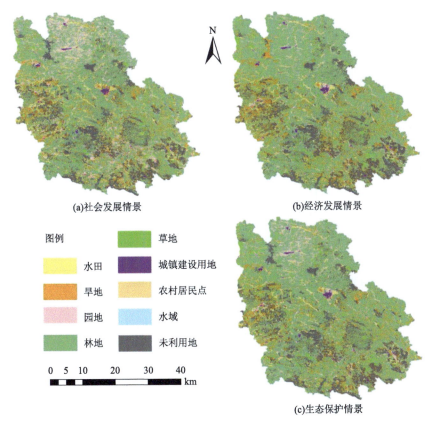

图 8-17　广南县不同情景下 2035 年土地利用空间布局优化

5. 城镇-农业-生态功能协调的广南县国土空间优化

1）土地利用主导功能识别方法

　　在 2017 年的《全国国土规划纲要（2016—2030 年）》中，将国土空间划分为城镇功能、农业功能和生态功能三种功能类别。土地的城镇功能指土地提供承载和保障人居的功能，因此城镇空间是城镇居民生产生活为主体功能的区域，有承担城镇建设和城镇经济发展等功能；土地的农业功能指土地作为劳作对象直接或间接进行农业生产而产出各种农产品和服务的功能，因此农业空间是以农业生产和农村居民生活为主体功能及保障国家粮食安全的核心区域；土地的生态功能指维持和保障人类生存的自然条件及其效用的功能，因此生态空间是维护区域生态系统安全、保护自然资源、保障水资源安全、保全生物多样性、维护自然生境等的核心区域（赵筱青等，2019b）。

此外，土地是一个具有多功能性的综合体，即同一种地类可能具有两种或三种土地功能（Akdim，2015）。例如，旱地和水田在通常情况下是进行农业活动并提供农产品的主体，同时它们也具有养分循环和土壤保持等生态功能；又如，水域在我们的认知中属于生态空间，它对于生态系统的维护和生态环境的改善具有重要的作用，同时它也具有农业功能并为水生作物的种植提供空间。虽然每一种土地利用类型都可能与耕地和水域相似，其自身含有并长期存在多种土地功能，但是由于各土地利用类型的发展方向、开发模式、利用途径和开发强度的不同，同一个土地利用类型下的各土地功能有主次和强弱之分，因此该土地利用类型可以有其主导功能（Fan et al.，2018；赵筱青等，2019b）。根据广南县土地利用现状和喀斯特山区各类用地的功能状况，遵循主体功能区定位的要求，建立基于土地利用现状分类下的城镇、农业和生态功能分类体系，识别了喀斯特山区土地利用主导功能类型（表8-1）。

2）城镇-农业-生态功能协调的国土空间优化方法

在区域发展过程中，一种地类可同时兼具城镇、农业和生态多种功能。因此，为使城镇空间、农业空间和生态空间达到内部的相互协调，同时实现喀斯特山区国土空间社会发展、经济发展和生态保护目标，研究将社会发展情景、经济发展情景和生态安全情景下2035年土地利用空间优化结果根据表8-1分别进行土地主导功能的重分类，然后通过ArcGIS的空间叠加工具将三个重分类结果进行叠加。以改善喀斯特山区生态环境状况为目标，基于以下规则对叠加结果进行国土空间类型的划分和调整：优先保障喀斯特山区生态空间的面积，将优化结果中属于生态功能用地的区域和生态保护红线区划入生态空间；其次保障农业空间结构的稳定，将坝区中破碎化程度较重的城镇空间及永久基本农田区划入农业空间；根据研究区相关规划中城镇扩展边界的划定范围，以集约利用为目标适度调整城镇空间的规模；对于叠加结果中两种或三种功能都适宜的区域，将其划为多种功能聚类的多功能空间，最终得到综合考虑社会发展、经济发展和生态保护目标下的城镇-农业-生态功能协调的广南县国土空间优化结果（图8-18和图8-19）（Zhao et al.，2019）。

3）广南县城镇-农业-生态功能协调的国土空间优化结果分析

在2035年广南县城镇-农业-生态功能协调的国土空间优化的数量结构中（图

8-18)，面积最大的是生态空间，占总面积的 67.09%，其次为农业空间，占总面积的 17.02%。面积最小的是城镇-生态空间，占总面积的 0.07%。其他国土空间类型面积从大到小依次为农业-生态空间、城镇空间、城镇-生态空间和城镇-农业-生态空间，它们的面积占比分别为 14.77%、0.52%、0.31%和 0.22%。

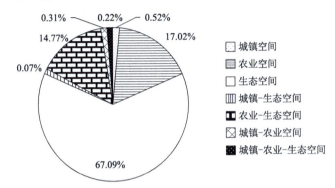

图 8-18　广南县 2035 年城镇-农业-生态功能协调的国土空间数量结构优化

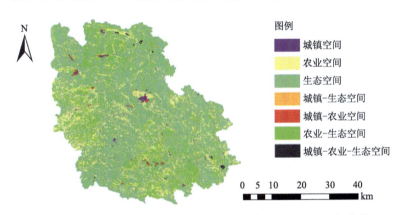

图 8-19　广南县 2035 年城镇-农业-生态功能协调的国土空间优化

　　城镇空间：主要分布于中部和西北部，在西南部和西北部有少量分布，它的空间布局趋向于高度的集约利用。农业空间：在广南县全境分布范围较广，其中在西部和南部集中连片度较高，布局范围相比 2018 年现状有扩张趋势，其扩张区域主要位于石漠化潜在和轻度区域。生态空间：是全境分布范围最广的空间类型，在西北部、东北部和西南部集中连片度最高。自 2000 年广南县实施生态治理工程到 2035 年，区域生态空间的分布范围有很大的提升，对于一些离散度较大和生活环境不佳的城镇空间及耕作条件较差的农业空间进行集中整治，将其划为生态空间进行保护和治理，此举对于广南县生态环境的改善及居民生活幸福感的提升具有重要的意义。城镇-农业空间：主要分布在城镇空间周围，并主要位于研究区中部，在西部和南部农业空间内部有少量零星分布。城镇-生态空间：主要分布于东北部，并主要位于广南县的重要旅游点坝美风景名胜区的周围。农业-生态空间：主要分布于研究区北部、南部和西部，并在 2018 年现状用地中主要处于石漠化范围的区域，因而该空间类型能为喀斯特山区石漠化状况的治理提供很好的环境基础。城镇-农业-生态空间：主要分布于东北部和东南部。

8.3.3 综合"双评价"和功能协调的广南县国土空间优化

在国土空间优化的过程中，不仅要考虑区域资源环境的承载力状况和适宜性程度，而且还要将国土空间各功能类型的协调程度考虑进去，特别是在空间冲突严重和资源环境匮乏的喀斯特山区。因此，将城镇-农业-生态功能协调方法和国土空间"双评价"方法相互结合，提出了综合城镇-农业-生态功能协调和"双评价"的国土空间综合优化方法和冲突区修正规则，构建了一套完整的国土空间综合优化框架与体系，并进行广南县国土空间综合优化的实证研究。

1. 国土空间综合优化方法

1）国土空间冲突区识别

将城镇-农业-生态功能协调的广南县国土空间优化结果与基于"双评价"的广南县国土空间优化结果在 ArcGIS 中进行叠加分析。在叠加结果中，如果是 1 个多功能类型与此功能下的复合功能或单一功能发生冲突，则根据短板原理将此区域划入这个多功能中限制最多的功能类型；如果是 2 种不同的多功能冲突，2 个单一功能冲突，或多功能与不在这个复合功能中的其他功能冲突，则将这个区域划为国土空间冲突区（李思楠等，2020）。

2）国土空间冲突区修正方案制定

资源环境承载力能综合反映区域可承载相关国土空间功能活动的最大潜力，特别是在喀斯特山区，由于其特殊的地理条件状况，不同区域承载人类活动的最大支撑能力存在差异，为维持生态系统良性循环，资源环境承载力成为国土空间结构的调整和优化的重要依据。因此，研究仍以 8.3.1 节中资源环境承载力分级结果为基础（表 8-8），结合研究区主体功能区规划和相关的国土空间规划文件，根据当地各区位在国土空间开发与保护的主导方向，构建土空间冲突区的修正规则（表 8-17），以此对冲突区进行调整，最终得到 2035 年广南县国土空间综合优化结果（图 8-20 和图 8-21）。

表 8-17　国土空间冲突区修正规则

资源环境 承载力等级	修正原则	功能区定位	空间发展类型
I	优先城镇开发，在各乡镇发展不足的情况下优先分配给城镇空间	城镇重点发展区	城镇空间
II	根据各乡镇发展情况，既可城镇空间建设，又可农业空间开发和生态空间保护	统筹调控发展区	城镇-农业-生态空间
III	优先考虑人类活动，进行城镇开发和农业开发	城镇和农业综合开发区	城镇-农业空间
IV	优先城镇开发和生态保护，在各乡镇开发不足的情况下分配给城镇空间，同时保护生态环境	城镇开发与生态保护区	城镇-生态空间
V	根据各乡镇粮食供给和需求情况，优先农业开发，禁止城镇空间建设	农业开发重点区	农业空间
VI	禁止城镇空间建设，优先农业开发和生态保护，在喀斯特区形成生态与农业相结合的产业模式	农业开发与生态保护区	农业-生态空间
VII	重点进行生态保护，禁止城镇开发和农业开发	生态环境重点保护区	生态空间

2. 广南县国土空间综合优化数量结构

从国土空间类型上看，广南县生态空间所占面积最大，占总面积的 56.62%，其次为农业-生态空间，占总面积的 21.73%，面积最小的是城镇-农业-生态空间，仅占总面积的 0.22%。其他国土空间类型面积从大到小依次为农业空间、城镇-生态空间、城镇空间和城镇-农业空间，面积占比分别为 19.30%、0.97%、0.73% 和 0.43%（图 8-20）。

从国土空间功能导向上看，与生态功能相关的国土空间类型（包括生态空间、农业-生态空间、城镇-生态空间和城镇-农业-生态空间）占据了广南县国土空间发展中最重要的地位，它们的面积之和占总面积的 79.54%；其次为与农业功能相关的国土空间类型（包括农业空间、城镇-农业空间、农业-生态空间和城镇-农业-生态空间），它们的面积之和占 41.68%；与城镇功能相关的功能区类型（包括城镇空间、城镇-农业空间、城镇-生态空间和城镇-农业-生态空间）所占面积最小，它们的面积之和仅占 2.35%。

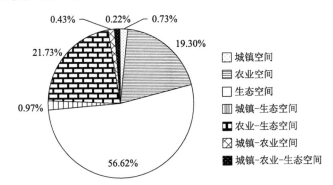

图 8-20　广南县国土空间综合优化的数量结构

3. 广南县国土空间综合优化空间布局

不同的国土空间类型具有不同的空间布局模式和发展方向（图 8-21）。

城镇空间：主要集中于中部，在东南部有少量的集中连片分布。这些区域属于坝区（即平原地貌），是非喀斯特区和无石漠化区，生态环境和区位条件最好，发展优势显著，能减少人类活动对石漠化脆弱区的干扰。而且城镇空间集聚程度升高，能够对生活环境较差的现状城镇空间通过集中整治和转移，转为其他功能空间。

农业空间：主要集中于西部和东部，南部、东南部和西北部有少量的连片分布。以东部为中心的农业空间主要集中于非喀斯特区和无石漠化区，且靠近城镇空间，生态环境和经济状况较好，可充分利用自身优质的耕地资源和有利的社会经济条件，根据区域状况和经济导向调整农业空间的种植模式和空间布局，在保障国家粮食安全的前提下促进社会经济的稳固发展；以西部为中心的农业空间主要集中于无石漠化区和重度石漠化区，生态环境状况比东部更敏感，但该区域仍然需要发展农业空间去保障区域的粮食安全，并在开发过程中要注重生态保护。

生态空间：在全区范围内都有分布，在西北部、西南部和东北部集中连片度较高。北部的生态空间主要处于非喀斯特山区，空间整体状况较好，保护价值较高，它的存在能够稳定区域生态环境的平衡，提高气候、土壤、水文和生物质量，对生态环境的改善及居民生活质量的提升具有重要的意义；南部的生态空间整体处于喀斯特区，且主要是重度石漠化区，生态环境压力最大，生态脆弱性最高，在今后的发展过程中，对于这些区域应依靠其自身的修复功能，以自然修复为主，人为治理为辅的方式对其进行集中的保护和整治，从而提高石漠化严重区的生态环境质量，维持区域发展的平衡和稳定。

城镇-生态空间：主要分布于东北部和西南部的非喀斯特区和无石漠化区等生态状况良好的地区。城镇-生态空间是城镇空间和生态空间的"后备军"，集居民日常生活和生态保护于一身。在未来的发展中，它应优先以生态保护为主，作为生态空间去维持区域生态环境的平衡，当生态质量满足区域发展所需后，可作为城镇空间进行开发，但在开发的过程中，应重视生态的稳定。

城镇-农业空间：主要分布于中部和东南部，其次分布于北部。从图 8-21 可以看出，城镇-农业空间主要位于城镇空间和农业空间的内部和周围，根据区域的发展状况和生态环境基础，该功能区类型具有双重的发展方向，即以中部和东南部为核心的城镇-农业空间主要位于城镇空间周边范围内，应优先作为城镇空间进行建设，在满足城镇空间需求的前提下，它可用作农业空间进行农作物的种植，以供应城镇区域日常的生活所需；以北部为核心的城镇-农业空间主要位于农业空间内部，应优先作为农业空间进行开发，在满足粮食需求下，可作为城镇空间以供人们生活。

　　农业-生态空间：在全区范围内都有分布，它是除生态空间外分布范围最广的空间类型，在北部、中部和东南部连片度较高，其次分布于西部和南部。北部的农业-生态空间广泛分布于生态空间的四周，在区域发展过程中可为生态空间质量的提高提供助力；中部和东南部的农业-生态空间主要分布于以城镇功能为主导的功能区周围，这种空间分布方式可以有效缓解人类活动对于生态环境的影响，防止人类对生态脆弱区的过度干扰；南部和西部的农业-生态空间主要分布于喀斯特区，且主要分布在农业空间周围，它的存在为农业空间与生态空间之间建立了天然的屏障，隔离各类农业活动及其产生的后续效应对生态空间所造成的影响，同时缓解生态脆弱区中重度石漠化区对农业生产的威胁。

　　城镇-农业-生态空间：主要分布于研究区中部和东南部城镇空间的内部和周围，它集城镇空间建设、农业空间开发和生态空间保护于一身，在国土空间地域功能发展过程中的用地功能具有多样化特点，同时对资源环境的本底状况要求较高。因此，该区域首先应考虑作为生态空间，提升喀斯特山区石漠化状况的治理效率和生态环境的保护力度，缓解人类活动区对石漠化地区的干扰。然后在区域石漠化状况有所改善后，根据区域具体情况，或成为城镇空间以满足日益增长的居民生活范围的需求，或作为农业空间以增加耕地的数量。

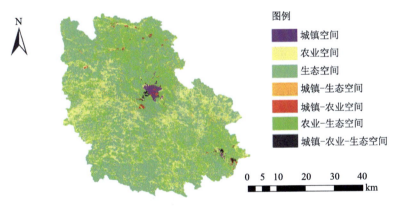

图 8-21　广南县国土空间综合优化的空间布局

　　4. 广南县国土空间优化结果对比

　　三种国土空间优化方法优化后的广南县国土空间类型的数量结构和空间布局有差异。为了便于后续分析，将综合优化方法设置为 Y_1，城镇-农业-生态功能协调方法设置为 Y_2，国土空间"双评价"方法设置为 Y_3。

　　1）数量结构对比

　　单一空间发展类型中，三种方法优化结果均以生态空间为重点，其中 Y_2 的生态空间面积最大，Y_1 最小，后者比前者减少了 810.89km²；而城镇空间和农业空间在三种结果中的占比差距较小。在多功能空间发展类型中，三种方法下的多功能区面积差距较大，Y_1 的多功能区面积占比 24.35%，Y_3 为 17.15%，Y_2 为 15.37%。其中，农业-生态空间均为最大的多功能区，并在 Y_1 中占比最大（表 8-18）。

表 8-18 不同方法下的广南县 2035 年国土空间优化的数量结构对比表（单位：%）

编码	空间发展类型	方法类型		
		综合优化方法（Y_1）（李思楠等，2020）	城镇-农业-生态功能协调（Y_2）（Li et al., 2021b）	国土"双评价"（Y_3）（Zhao et al., 2019）
1	城镇空间	0.73	0.52	0.78
2	农业空间	19.30	17.02	14.34
3	生态空间	56.62	67.09	67.73
4	城镇-生态空间	0.97	0.07	0.32
5	城镇-农业空间	0.43	0.31	0.62
6	农业-生态空间	21.73	14.77	15.77
7	城镇-农业-生态空间	0.22	0.22	0.44

2）空间布局对比

三种方法的国土空间优化结果在空间布局上有显著的差异，并在广南县北部、西部、东部、中部和东南部变化最显著，其他区域变化较小（图 8-10、图 8-19、图 8-21）。

北部：Y_1 与其他两种单一方法优化结果相比，北部分布有大规模集中连片的农业-生态空间，而两种单一方法主要是生态空间。

西部：在 Y_1 和 Y_3 中，优化结果均以农业空间分布为主，但是在 Y_1 中，农业空间分布规模更大。在 Y_2 中主要是生态空间和农业-生态空间。

东部：Y_1 主要为规模较大的农业空间，并在其中夹杂集中连片的生态空间，而在单一方法优化结果中主要是生态空间或农业-生态空间。

中部：Y_1 和 Y_3 相比较 Y_2，其城镇空间发生了显著的扩张，且在 Y_1 中，城镇空间四周存在连片度较高的农业-生态空间。

东南部：在不同方法优化下，分布的主要功能类型不同。Y_1 主要是农业-生态空间，Y_2 主要是生态空间，而 Y_3 主要是农业空间。

3）国土空间优化结果优选

Y_2 以国土空间每个功能区类型在发展中的内部协调关系为重点，能够有效缓解国土空间功能区发展中产生的巨大冲突和矛盾；Y_3 考虑了功能区发展的承载性和适宜性，能够准确布局各功能区在不同区域的发展。

然而，由于喀斯特山区复杂又脆弱的生态环境现状、每个国土空间功能区之间严重的冲突和区域发展中人口的需求，研究有必要将 Y_2 和 Y_3 结合在一起，去达到喀斯特山区国土空间综合优化的目的。同时，考虑到城镇空间和农业空间在发展中对于生态空间的各种衍生效应，Y_1 相比其他两种方法拥有最多的国土空间多功能区（主要是农业-生态空间），并且这些多功能区在城镇空间和农业空间的周围广泛分布，能够有效缓解这些衍生效应的影响。因此，Y_1 的结果相比 Y_2 和 Y_3 的结果，更适合广南县的发展，而 Y_2 和 Y_3 的结果将为综合优化方法的实施进行相关的补充和调整。

8.3.4　广南县国土空间功能管控途径

　　广南县是典型的喀斯特山区县，重度石漠化区占比较多，国土空间分布格局的区域性差异显著。同时，广南县石漠化状况严重影响着区域的可持续发展，增加了生态环境保护的压力，引发了广南县一系列生态和贫困问题。为此，构建以国土空间功能区管控和石漠化空间管控为主导的多空间和全方位的国土空间管控模式。

　　1. 国土空间管控方法

　　1）国土空间功能区管控

　　管控对象确定。城镇功能、农业功能和生态功能是中国国土空间规划战略的核心。在国土空间综合优化，以及基于城镇-农业-生态功能协调方法和国土空间"双评价"的国土空间优化结果中，无论是城镇空间、农业空间和生态空间三个单一的国土空间功能区，还是城镇-农业空间、城镇-生态空间、农业-生态空间和城镇-农业-生态空间四个复合的国土空间功能区，都是城镇功能、农业功能和生态功能三个主体功能的独立体或结合体。因此，在国土空间功能区管控的构建中，研究以城镇空间、农业空间和生态空间三个主体功能空间作为管控的对象。

　　管控依据。在《全国国土规划纲要（2016—2030年）》中，提出了国土空间分类保护、综合整治和集聚开发为主体的总体管控格局，确立了以用途管制为主要手段的国土空间开发保护制度（中华人民共和国国务院，2017）。其中，分类保护指针对不同的国土空间功能类型，划分不同的国土空间保护格局；综合整治指以某种优化目的或发展趋势为目标，形成各正向发展导向下的国土空间整治格局；集聚开发指针对区域不同的生态环境状况和国土空间功能强弱，构建功能导向不同的国土开发重要轴带和重点集聚区，从而建立不同功能中心共同发展、不同功能要素合理集聚的国土空间开发格局。

　　管控模式构建。基于国土空间优化结果，以生态保护和石漠化治理为目标，针对广南县的城镇空间、农业空间和生态空间 3 个主体功能空间，进行分类保护、综合整治和集聚开发为核心的"三位一体"的功能区管控。

2）石漠化空间管控

喀斯特山区石漠化是自然因素和人为影响双重作用下的结果（陈恺丽，2016），而石漠化空间是喀斯特山区国土空间最重要的组成部分之一，它的发展对区域国土空间的稳定有巨大的影响。因此，为了协调广南县快速发展的需要与喀斯特山区生态环境脆弱的矛盾，需要明确管控的目标，然后根据区域特点提出全方位的管控对策，以保障广南县喀斯特山区的生态安全，促进区域的可持续发展。

管控对象确定。石漠化恶化区是石漠化程度加重的区域，该区域不仅使生态环境状况不断恶化，生态系统的平衡向负方向发展，而且对人们的生产生活带来了严重的影响，降低了区域的粮食安全；石漠化重度区是石漠化状况最严重的区域，该区域的水土流失最严重，岩石裸露率最高，生态环境问题最大，使区域中的生态系统状况因生态压力过大而处于濒临失衡或已经失衡的局面，成为脆弱生态环境下区域资源贫困的典型代表；政府的政策可为喀斯特山区的发展和管理提出硬性的要求和干预，对于石漠化状况严重或恶化速度快的喀斯特山区，可以以政府主导的模式去提升区域石漠化的治理效率和水平。

管控模式构建。从石漠化恶化区管控、石漠化重度区和对应政策管控三个方面构建广南县石漠化空间的管控格局。

2. 国土空间功能区管控

1）分类保护

基于城镇空间、农业空间和生态空间3个主体功能区的特点与发展方向，分别提出广南县国土空间分类保护的管控途径（Li et al.，2021b）。

城镇空间：对于中部和东南部的城镇空间，合理进行空间内部的开发强度和用地效率，引导城镇的精细化增长，严格执行规划用地标准和相关规范要求，优化城镇空间内部功能布局，加强交通、能源、供/排水、邮电通信和防灾等基础设施的建设和完善程度，加快城镇绿色体系的建设和生态廊道布局，保护和营造绿色、开放、共享的城镇空间；对于中部、东南部和东北部以城镇空间为主导的复合空间，在开发强度总量约束和生态环境影响评价与论证的基础上，重点用于战略性、前沿性产业发展。

农业空间：严控非农建设占用研究区西部和东部的农业空间，实现占补平衡中占用和补充农业空间的质量和数量的一致性，科学划定永久基本农田，合理引导农业结构调整，特别是石漠化程度严重地区的调整，提高农业用地综合效益和质量；对于农业空间中的农村生活用地，要有序推进破碎度较高的农村居民点的整合，加强空心村的整治，根据自然条件和社会条件合理安排农村居民点的分布，并提高农村公共服务的保障力度和基础设施的建设条件，但在这个过程中要严格控制非农活动的影响范围。

生态空间：针对石漠化状况恶劣、环境问题突出的西部和南部生态空间，开展大气、水和土壤环境质量保护，加强产业结构调整，除国家特殊战略或重大战略需要的有关活动外，应严禁开展人类活动强度较高的开发性和生产性建设活动，并引导与生态功能相冲突、对石漠化影响较大的开发建设活动逐步有序地退出，从而还原区域起初的生态功能；对于生态环境质量较好的北部生态空间，科学划定生态保护红线区，并禁止在该区内进行基础设施、城乡建设、工业发展和公共服务设施布局，同时，在此区域的周边范围内，要根据区域条件和相关要求设置一定距离的安全缓冲区，在缓冲区内严禁增加与生态功能冲突的开发建设活动，但在不损害生态系统功能及其完整性的前提下，适度发展生态产业，提高经济产出。

2）综合整治

根据喀斯特山区资源利用效率低、景观破碎度大和生态环境质量低的特点，从资源高效利用、空间布局紧凑，以及生态系统修复 3 个方面构建广南县国土空间综合整治的途径（Li et al.，2021b）。

资源高效利用：主要涉及城镇空间和农业空间。在城镇空间中，对于长期闲置和利用效率较低的建设用地，要进行集中的整治后重新分配，用于其他的开发和建设活动中，推进空间内部结构的集约化发展；在农业空间中，要提高农业生活区域的利用效率和集约水平，同时，对于破碎度较大的耕地进行集中的整理，形成富有区域特色的农业种植区，对于生态脆弱性低的农业种植空间（张绍良等，2018），要进行集中治理，提升农业种植环境质量，从而提高农作物的产量和种植效益。

空间布局紧凑：以提高空间布局连片度为核心，对于各功能区中斑块破碎度较高的区域进行集中整治和管理，并划入周边连片度较高且承载力适宜的功能区中，增加各功能区之间的布局紧凑程度和集聚发展规模。

生态系统修复：依靠自然环境本身的修复能力和人为的生态工程技术，对生态敏感性较高、居住环境较差的城镇空间，种植条件恶劣、产出效率较低的农业空间，以及生态环境脆弱、石漠化程度较高的生态空间，进行集中整理，并构建以地貌重塑、土壤重构、植被重建、景观重现、景观改善，以及生物多样性重组和保护为重点的层层递进的"六元共轭"生态整治工程，提高区域整体生态景观质量。

3）集聚开发

根据生态环境和石漠化分布状况，将城镇空间、农业空间和生态空间 3 个主体功能区分为城镇优化开发区、城镇重点开发区、农业优化开发区、农业生态修复区、生态重点保护区和生态集中治理区 6 个集聚开发区（图 8-22）（Li et al.，2021b）。

城镇优化开发区分布在中部,该区的城镇空间生态环境基础较好,集中连片度较高,应提高开发利用的效率,引导城镇的精细化增长,优化区域内部的功能结构和产业布局,加强在发展中的经济活力与竞争力;同时,合理调整区域中人口的分布格局,以缓解城镇优化开发区中人口的承载压力。

城镇重点开发区分布在东南部,该区的城镇空间分布范围较小,但考虑到人口的需求和未来的发展,也应作为城镇空间进行开发和建设,并着重提升城镇空间建设和发展的质量,加强基础设施的建设和完善程度,提高人们的生活水平,增强幸福感。此外,要加强新兴绿色化产业的扶持力度和集聚水平,从而增强对于人口的吸引能力。

农业优化开发区分布在东部,该区的农业空间主要位于非喀斯特山区,耕作条件和立地条件较好,应根据区域特色调整农业产业的种植和布局,提高农产业的种植效率和经济效益,以保障区域粮食安全和重要农产品的有效供给。

农业生态修复区分布在西部,该区的农业空间主要集中分布于喀斯特山区,且主要分布在潜在石漠化区和重度石漠化区周边范围内,生态环境脆弱,它的发展应以生态保护为重点,用生态农产品替代对生态影响较大的农作物的种植,缓解区域石漠化程度。

生态重点保护区分布在北部,该区生态空间的整体植被覆盖程度和生态环境质量最好,保护价值最高,应通过自然保护区建设和生态红线区划定等方式保护区域内的生态空间,同时禁止其他功能类型的开发建设行为。

生态集中治理区分布在南部,该区的生态空间整体处于喀斯特区,且主要是重度石漠化区和中度石漠化区,生态环境压力最大,生态脆弱性最高,应集中进行植树造林和退耕还林等生态修复工程,同时防止人为干扰,以自然修复为主的方式进行生态环境的调控和石漠化状况的治理。

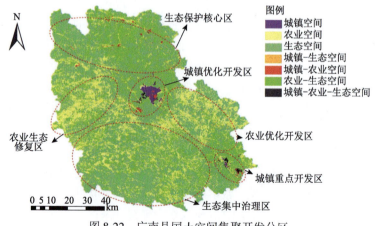

图 8-22　广南县国土空间集聚开发分区

3. 石漠化分区管控

1）石漠化恶化区管控

广南县 2000～2018 年石漠化恶化区主要分布于研究区中部、西部和东北部，且主要位于农业空间和生态空间中，特别是在两者的交界处分布较多（图 8-23）（Li et al.，2021b）。因此，对于石漠化恶化区，应采取治理为主的生态战略，一方面，通过设置区域人口上限和转移富余劳动力，减少人类活动干扰；另一方面，要提升坡耕地的改造力度，改善农作物的种植环境，增加耕地整体的承载能力。同时，在满足群众温饱的基础上，积极实施退耕还林和植树造林等生态保育工程，阻止石漠化景观的进一步扩张，促进喀斯特山区生态环境格局的稳定发展。

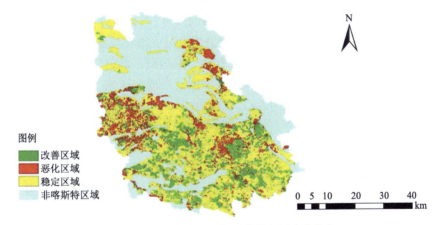

图 8-23　2000～2018 年石漠化空间变化分布

2）石漠化重度区管控

石漠化重度区作为广南县环境条件和发展态势最恶劣的地区，其生态效益接近于零，2018 年主要分布于南部和西部，在东北部和西南部分布范围较小（图 8-24）（图 3-1）。这类景观用地的内部已趋于稳定，生态修复的成本高而收效小，且人与环境的关系严重失调，最终形成了"贫困—资源掠夺—环境退化—贫困加剧"的恶性循环。在石漠化重度区，人类活动是影响石漠化程度好转的主要因素之一，因此，应严格限制人类活动的强度和范围，以减少对石漠化重度核心区的压力。其次，通过自然恢复与生态保护区建设相结合的治理模式，大力实施生态移民、植树造林、封山育林和坡改梯工程，并采用一些生态技术，推动植被正向演替，提升生态环境恢复的效率，减小石漠化重度区的面积。

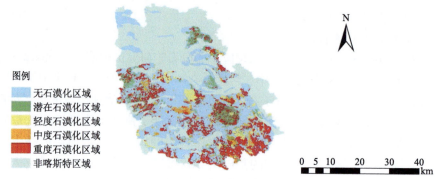

图例
- 无石漠化区域
- 潜在石漠化区域
- 轻度石漠化区域
- 中度石漠化区域
- 重度石漠化区域
- 非喀斯特区域

0 5 10 20 30 40 km

图 8-24　2018 年石漠化空间现状分布

3）相关政策管控

为保证石漠化恶化区和重度区生态质量的恢复，需出台严格的配套管控政策，例如，构建生态补偿制度，约束生态环境消费者对生态环境的过度消费。谁开发，谁保护；谁破坏，谁恢复；谁受益，谁补偿；谁污染，谁付费；建立保护石漠化恶化区和石漠化重度区的监测和考核考评制度，形成全区域、全天候、全时段的动态和立体的监视监测体系；明确石漠化恶化区、石漠化重度区，以及周边范围内各乡镇和各村级单位的职责，实行严格的源头保护、损害赔偿和责任追究制度；实施地方宣传制度，让相关人员定期到各乡镇宣传保护石漠化恶化区和石漠化重度区的重要性，提高各乡镇居民对相关区域保护的认知程度和积极性。

总之，在广南县功能区管控中，构建了以分类保护–综合整治–集聚开发为核心的"三位一体"的功能区管控模式，形成了以城镇空间、农业空间和生态空间等三个主体功能区为发展目标的分类保护方向，以资源高效利用、空间布局紧凑和生态系统修复等三个治理方向为发展导向的综合整治目标，以及以城镇优化开发区、城镇重点开发区、农业优化开发区、农业生态修复区、生态重点保护区和生态集中治理区等六个管控区为核心的集聚开发格局。

在广南县石漠化空间管控中，探索了以人口规模控制和生态工程实施为主导的石漠化恶化区管控途径，以自然恢复与生态保护区建设相结合的石漠化重度区治理模式，以及以对应政策实施为主导的政策管控模式。

8.4　本 章 小 结

8.4.1　基于"双评价"的喀斯特山区国土空间优化

1. 基于"双评价"的文山市国土空间优化

文山市国土空间优化结果划分为六种类型：城镇开发边界区、城镇预留区、永久基本农田区、一般农业区、一般生态区和生态保护红线区。从国土空间的主导功能类型看，与现状相比，优化后城镇空间占比增加 6.04%，农业空间减少 1.79%，生态空间减少 4.25%。城镇开发边界主要分布于东部和东南部；城镇预留区主要分布于西北部和东南部；永久基本农田主要分布于南部；一般农业区主要分布于北部、南部和中部；生态保护红线区主要分布于西部和南部；一般生态区主要分布于西北部和西南部。

2. 基于"双评价"的广南县国土空间优化

广南县国土空间优化结果划分为七种类型：城镇空间、城镇-农业-生态空间、城镇-农业空间、城镇-生态空间、农业空间、农业-生态空间、生态空间。生态功能是广南县国土空间发展的主导功能，可为广南县石漠化状况的治理与生态环境的保护提供助力。由于地理条件和区位的优势，中部和东南部适合与城镇功能相关的功能区类型的开发，农业空间主要分布于东部和西部，生态空间在西北部、西南部和东北部连片度较高。

8.4.2　基于城镇-农业-生态功能协调的国土空间优化

通过分析社会发展、经济发展、生态安全三种情景下城镇-农业-生态功能协调的土地利用空间布局，广南县城镇空间主要分布于中部和西北部，农业空间在西部和南部集中连片度较高，生态空间在西北部、东北部和西南部集中连片度最高，城镇-农业空间主要分布于中部，城镇-生态空间主要分布于东南部，农业-生态空间主要分布于北部、南部和西部，城镇-农业-生态空间主要分布于东北部和东南部地区。

8.4.3　基于"双评价"和功能协调的国土空间综合优化

在基于"双评价"和功能协调的国土空间综合优化结果中，广南县国土空间划分为城镇空间、农业空间、生态空间、城镇-生态空间、城镇-农业空间、农业-生态空间和城镇-农业-生态空间七个功能区。其中，生态空间最多，城镇-农业-生态空间最少。研究区中部和东南部城镇功能显著，并呈集中连片分布；农业功能为主导的区域主要分布于北部、西部和东部，形成了两个大农业区，东部以经济作物种植为重点，西部侧重生态农业模式发展；生态功能为主导的区域主要分布于北部和南部，这与用地现状中生态用地的分布较吻合，北部生态环境和植被状况最好，南部石漠化重度区广泛分布。

以上三种方法优化后广南县的国土空间类型均被划分为 7 种功能区：城镇空间、农业空间、生态空间、城镇-生态空间、城镇-农业空间、农业-生态空间和城镇-农业-生态空间。在国土空间"双评价"方法（Y_1）、城镇-农业-生态功能协调方法（Y_2）和国土空间综合优化方法（Y_3），以及优化结果的数量结构和空间布局存在差异。在数量结构上，三种方法的多功能区都以农业-生态空间为主导，但生态空间和多功能区的差异显著。其中，生态空间在 Y_2 最大，在 Y_3 最小；Y_3 的多功能区面积最大，Y_2 最小。在空间分布上，三个方法的结果在研究区北部、西部、东部、中部和东南部的变化最显著。

Y_1 的优化方案更加方便且易操作，所得结果能满足喀斯特山区国土空间开发与保护的决策需求；Y_2 的优化方案以国土空间每个功能区类型在发展中的内部协调关系为重点，能够有效缓解国土空间功能区发展中产生的巨大冲突和矛盾；Y_3 优化方案能关注不同情境下研究区的人-地关系，对资源环境利用、社会经济发展的考虑更加合理，因而更有利于促进发展、生产、保护等系统因素的统筹谋划。总之，三种方法各有优势，国土空间的决策者可根据需求选择运用，为提出喀斯特山区的区域发展战略提供思路。

8.4.4 喀斯特山区国土空间管控

本研究构建了以国土空间分区管控和石漠化区管控为核心的喀斯特山区国土空间管控思路与方法，探索了如何在保障生态环境的前提下实现区域社会经济的快速发展。在国土空间分区管控中，针对各国土空间类型的分区特点和石漠化等级情况，以生态质量保障和社会经济发展为目标提出了城镇开发边界区和城镇预留区的管控途径，解决了喀斯特山区经济发展能力较差和贫困程度较高的难题；以耕地质量保障、居民点整治和绿色农业推进为目标提出了永久基本农田区和一般农业区的管控方式，缓解了喀斯特山区农民生活的贫困和粮食收成的贫困；以生态质量提高为目标提出了生态保护红线区和一般生态区的管控模式，缓解喀斯特山区巨大的生态环境压力。在石漠化区管控中，针对不同石漠化等级下的每种国土空间功能类型，构建了等级化、差异化的管控模式，从而重塑适合于所处石漠化等级的城镇开发系统、农业开发系统和生态保护系统，加快石漠化状况的修复和生态环境质量的提高。

总体上，研究形成了一套支持喀斯特山区国土空间开发与利用的优化方法体系，构建了喀斯特山区以"分类保护-综合整治-集聚开发"为核心的"三位一体"的功能区管控模式，提出了分类保护的发展方向和综合整治的优化目标，并按照一定规则划分了国土空间的集聚开发区；同时，针对喀斯特山区石漠化严重的特殊性，在石漠化空间管控中，探索了以人口规模控制和生态工程实施为主导的石漠化恶化区管控途径，以自然恢复与生态保护区建设相结合的石漠化重度区治理模式，以及以对应政策实施为主导的政策管控途径。该国土空间优化与管控方案体系适用于其他喀斯特山区的研究，可以为喀斯特山区国土空间开发与保护提供参考。

参考文献

安海忠, 李华姣. 2016. 资源环境承载力研究框架体系综述[J]. 资源与产业, 18(6): 21-26.

包玉斌, 黄涛, 王耀宗, 等. 2023. 基于生态重要性与敏感性的六盘山区生态保护修复分区[J]. 干旱区地理, 46(11): 1778-1791.

蔡永龙, 陈忠暖, 刘松. 2017. 近10年珠三角城市群经济承载力及空间分异[J]. 华南师范大学学报(自然科学版), 49(5): 86-91.

曹杰, 何鹏, 陈春燕, 等. 2024. 川西高原典型作物土地适宜性评价及其影响因素[J]. 中国农业资源与区划, 45(4): 204-221.

曹靖, 张文忠, 刘俊杰. 2020. 经济与生态双重视角下大都市边缘城镇开发边界划定——以广州市番禺区为例[J]. 资源科学, 42(2): 262-273.

车小磊. 2009. 贵州关岭: 关岭模式带动山区脱贫和生态改善[J]. 中国水利, (7): 68-70.

陈百明, 刘新卫, 杨红. 2003. LUCC研究的最新进展评述[J]. 地理科学进展, 22(1): 22-29.

陈朝军, 袁道先, 程海, 等. 2021. 人类活动和气候变化触发了中国西南石漠化的扩张[J]. 中国科学:地球科学, 51(11): 1950-1963.

陈丹, 王然. 2015. 我国资源环境承载力态势评估与政策建议[J]. 生态经济, 31(12): 111-115.

陈枫, 李泽红, 董锁成, 等. 2018. 基于VSD模型的黄土高原丘陵沟壑区县域生态脆弱性评价——以甘肃省临洮县为例[J]. 干旱区资源与环境, 32(11): 74-80.

陈海, 朱大运, 陈浒, 等. 2019. 混农林业对石漠化地区土壤环境的影响及其应用[J]. 世界林业研究, 32(2): 13-18.

陈洪松, 岳跃民, 王克林. 2018. 西南喀斯特地区石漠化综合治理:成效、问题与对策[J]. 中国岩溶, 37(1): 37-42.

陈佳贵, 黄群慧, 钟宏武. 2006. 中国地区工业化进程的综合评价和特征分析[J]. 经济研究, (6): 4-15.

陈江玲, 徐京华, 甘泉, 等. 2017. 川滇生态屏障区生态承载力研究——基于生态足迹模型[J]. 中国国土资源经济, 30(6): 54-58.

陈金月, 王石英. 2017. 岷江上游生态环境脆弱性评价[J]. 长江流域资源与环境, 26(3): 471-479.

陈恺丽. 2016. 喀斯特地区城市生态景观格局演变及优化策略研究[D]. 武汉: 华中科技大学.

陈群利, 左太安, 孟天友, 等. 2010. 基于SPA的毕节水土流失区生态脆弱性评价[J]. 中国水土保持, (12): 53-56.

陈伟莲, 张虹鸥, 李升发, 等. 2019. 新时代资源环境承载能力和国土空间开发适宜性评价思考——基于广东省评价实践[J]. 广东土地科学, 18(2): 4-9.

陈云, 李玉强, 王旭洋, 等. 2022. 中国生态脆弱区全球变化风险及应对技术途径和主要措施[J]. 中国沙漠, 42(03): 148-158.

陈智, 殷晓洁, 滕皎, 等. 2023. 长江上游石漠化地区水土资源与人类活动的耦合关系研究——以会泽县为例[J]. 西部林业科学, 52(4): 108-115.

程昌秀, 史培军, 宋长青, 等. 2018. 地理大数据为地理复杂性研究提供新机遇[J]. 地理学报, 73(8): 1397-1406.

崔功豪, 魏清泉, 刘科伟. 1999. 区域分析与区域规划[M]. 北京: 高等教育出版社.

代磊, 王志杰, 张万胜. 2021. 贵阳市 1998—2018 年土地资源承载力分析与预测[J]. 中国农学通报, 37(01): 108-115.

党宇宁, 赵春永, 南亲江. 2016. 基于"3S"技术的岩性与喀斯特石漠化的关系研究[J]. 资源信息与工程, 31(4): 58-59.

邓伟. 2010. 山区资源环境承载力研究现状与关键问题[J]. 地理研究, 2P(6): 959-969.

邓伟, 刘邵权, 孔纪名. 2015. 地震灾后重建规划: 资源环境承载力评价[M]. 成都: 四川科学技术出版社.

邓显彬, 罗海波, 吴琳娜. 2014. 喀斯特山区县域生态农业产业结构调整与优化布局:以关岭布依族苗族自治县为例[J]. 贵州农业科学, 42(7): 230-235.

董文, 张新, 池天河. 2011. 我国省级主体功能区划的资源环境承载力指标体系与评价方法[J]. 地球信息科学学报, 13(2): 177-183.

凡非得, 罗俊, 王克林, 等. 2011. 桂西北喀斯特地区生态系统服务功能重要性评价与空间分析[J]. 生态学杂志, 30(4): 804-809.

樊杰. 2018. "人地关系地域系统"是综合研究地理格局形成与演变规律的理论基石[J]. 地理学报, 73(4): 597-607.

樊杰. 2019. 地域功能-结构的空间组织途径——对国土空间规划实施主体功能区战略的讨论[J]. 地理研究, 38(10): 2373-2387.

樊杰, 蒋子龙, 陈东. 2014. 空间布局协同规划的科学基础与实践策略[J]. 城市规划, 38(1): 16-25.

樊杰, 王亚飞, 汤青, 等. 2015. 全国资源环境承载能力监测预警(2014 版)学术思路与总体技术流程[J]. 地理科学, 35(1): 1-10.

樊杰, 周侃, 伍健雄. 2020. 中国相对贫困地区可持续发展问题典型研究与政策前瞻[J]. 中国科学院院刊, 35(10): 1249-1263.

范擎宇, 杨山. 2019. 协调视角下长三角城市群的空间结构演变与优化[J]. 自然资源学报, 34(8): 1581-1592.

封清, 周忠发, 陈全, 等. 2022. 基于易地扶贫搬迁视角的喀斯特生态脆弱区生态系统服务价值的时空演变[J]. 生态学报, 42(7): 2708-2717.

封志明, 李鹏. 2018. 承载力概念的源起与发展:基于资源环境视角的讨论[J]. 自然资源学报, 33(9): 1475-1489.

符莲, 熊康宁, 高洋. 2019. 喀斯特地区旅游产业与生态环境耦合协调关系定量研究——以贵州省为例[J]. 生态经济, 35(1): 125-130.

付涛, 易宏, 吴俐民, 等. 2021. 适宜性评价与模型模拟的三类空间划定研究[J]. 测绘科学, 46(6): 164-173.

傅伯杰, 周国逸, 白永飞, 等. 2009. 中国主要陆地生态系统服务功能与生态安全[J]. 地球科学进展, 24(6): 571-576.

傅籍锋, 盛茂银. 2018. 喀斯特石漠化治理木本油料衍生生态产业发展研究[J]. 生态经济, 34(5): 99-105.

甘露, 陈刚才, 万国江. 2001. 贵州喀斯特山区农业生态环境的脆弱性及可持续发展对策[J]. 山地学报, 19(2): 130-134.

高春莲, 胡宝清, 黄思敏, 等. 2024. 山江海耦合关键带生态系统服务评价及服务簇识别研究——以桂西南喀斯特-北部湾为例[J]. 环境工程技术学报, 14(4): 1346-1356.

高晓路, 吴丹贤, 周侃, 等. 2019. 国土空间规划中城镇空间和城镇开发边界的划定[J]. 地理研究, 38(10): 2458-2472.

高亚, 章恒全. 2016. 基于系统动力学的江苏省水资源承载力的仿真与控制[J]. 水资源与水工程学报, 27(4): 103-109.

葛懿夫, 施益军, 何仲禹. 2020. 基于偏离份额分析模型与弹性系数的城市竞争力研究——以江苏省为例[J]. 现代城市研究, (7): 51-59.

顾观海, 吴彬, 张文主, 等. 2024. 中国陆地边境地区国土空间功能的区域差异及其驱动机制[J]. 地理研究, 43(07): 1644-1660.

顾泽贤, 赵筱青, 普军伟, 等. 2018. 人工园林大面积种植区植被净初级生产力时空变化研究[J]. 长江流域资源与环境, 27(2): 421-432.

广南县统计局. 2018. 迈向新时代 开启新征程 广南县建州六十周年经济社会发展成就报告(1958～2018 年)[R]. 广南: 广南县统计局.

郭爱君, 张永年, 范巧. 2023. 中国区域经济发展模式的生成逻辑与实践进路[J]. 区域经济评论, (4): 20-31.

郭宾, 周忠发, 苏维词, 等. 2014. 基于格网 GIS 的喀斯特山区草地生态脆弱性评价[J]. 水土保持通报, 34(2): 204-207.

郭兵, 姜琳, 罗巍, 等. 2017. 极端气候胁迫下西南喀斯特山区生态系统脆弱性遥感评价[J]. 生态学报, 37(21): 7219-7231.

郭兵, 孔维华, 姜琳. 2018. 西北干旱荒漠生态区脆弱性动态监测及驱动因子定量分析[J]. 自然资源学报, 33(3): 412-424.

郭倩, 汪嘉杨, 张碧. 2017. 基于 DPSIRM 框架的区域水资源承载力综合评价[J]. 自然资源学报, 32(3): 484-493.

郭锐, 陈东, 樊杰. 2019. 国土空间规划体系与不同层级规划间的衔接[J]. 地理研究, 38(10): 2518-2526.

郭婷婷, 丁洪伟, 张浩, 等. 2024. 中国西南喀斯特地区生态系统服务权衡/协同研究及展望[J]. 自然资源学报, 39(6): 1384-1398.

郭泽呈, 魏伟, 庞素菲, 等. 2019. 基于 SPCA 和遥感指数的干旱内陆河流域生态脆弱性时空演变及动因分析——以石羊河流域为例[J]. 生态学报, 39(7): 2558-2572.

哈斯巴根, 李同昇, 佟宝全. 2013. 生态地区人地系统脆弱性及其发展模式研究[J]. 经济地理, 33(4): 149-154.

韩会庆, 苏志华. 2017. 喀斯特生态系统服务研究进展与展望[J]. 中国岩溶, 36(3): 352-358.

韩会庆, 杨建强, 陈思盈, 等. 2022. 喀斯特山区淡水生态系统服务权衡-协同关系的空间粒度效应[J]. 济南大学学报(自然科学版), 36(1): 45-55.

韩永辉, 黄亮雄, 王贤彬. 2017. 产业政策推动地方产业结构升级了吗?——基于发展型地方政府的理论解释与实证检验[J]. 经济研究, 52(8): 33-48.

何敏, 王鹤松, 孙建新. 2019. 基于植被生产力的西南地区生态系统脆弱性特征[J]. 应用生态学报, 30(2): 429-438.

何苏玲, 王金亮, 角媛梅, 等. 2022. 国土空间规划视角下资源环境承载力评价分析——以昆明市为例[J]. 中国农业资源与区划, 43(4): 119-128.

洪步庭, 任平. 2019. 基于最小累积阻力模型的农村居民点用地生态适宜性评价——以都江堰市为例[J]. 长江流域资源与环境, 28(6): 1386-1396.

胡宝清, 金姝兰, 曹少英, 等. 2004. 基于 GIS 技术的广西喀斯特生态环境脆弱性综合评价[J]. 水土保持学报, 18(1): 103-107.

胡宝清, 王德光, 苏广实, 等. 2012. 喀斯特土地系统科学理论、方法与实证研究: 以广西都安为例[M]. 北京: 科学出版社.

黄安, 许月卿, 卢龙辉, 等. 2020. "生产-生活-生态"空间识别与优化研究进展[J]. 地理科学进展, 39(3): 503-518.

黄姣, 马冰滢, 李双成. 2019. 农业多功能性与都市区土地利用管理——框架和案例分析[J]. 地理研究, 38(7): 1791-1806.

黄晶, 薛东前, 代兰海. 2020. 农产品主产区村镇建设资源环境承载力空间分异及影响因素——以甘肃省临泽县为例[J]. 资源科学, 42(7): 1262-1274.

黄木易, 岳文泽, 方斌, 等. 2019. 1970-2015 年大别山区生态服务价值尺度响应特征及地理探测机制[J]. 地理学报, 74(9): 1904-1920.

黄征学, 蒋仁开, 吴九兴. 2019. 国土空间用途管制的演进历程、发展趋势与政策创新[J]. 中国土地科学, 33(6): 1-9.

贾戡, 胡文佳, Tan Chun Hong, 等. 2023. 热带旅游海岛珊瑚礁生态脆弱性评价——以马来西亚热浪岛和停泊岛为例[J]. 生态学杂志, 42(10): 2526-2535.

姜磊, 柏玲, 吴玉鸣. 2017. 中国省域经济、资源与环境协调分析——兼论三系统耦合公式及其扩展形式[J]. 自然资源学报, 32(5): 788-799.

姜秋香, 周智美, 王子龙, 等. 2017. 基于水土资源耦合的水资源短缺风险评价及优化[J]. 农业工程学报, 33(12): 136-143.

金凤君, 姚作林, 陈卓. 2021. 环南海区域发展特征与一体化经济区建设前景[J]. 地理学报, 76(2): 428-443.

景晓玮, 赵庆建. 2021. 基于 InVEST 模型的贵州省生境质量时空变化研究[J]. 国土与自然资源研究, 5: 1-5.

景再方, 杨肖丽. 2010. 中国乡村旅居产业发展的制约因素与模式选择[J]. 农业经济, (6): 31-33.

赖鹏英, 肖志红, 李培旺, 等. 2021. 油茶资源利用及产业发展现状[J]. 生物质化学工程, 55(1): 23-30.

兰安军, 张百平, 熊康宁, 等. 2003. 黔西南脆弱喀斯特生态环境空间格局分析[J]. 地理研究, 22(6): 733-741.

雷蕾, 肖红燕, 任海利, 等. 2023. 基于资源环境承载力的乡村土地利用空间布局优化——以贵州省开阳县为例[J]. 国土与自然资源研究, (3): 1-7.

李晨曦, 吴克宁, 查理思. 2016. 京津冀地区土地利用变化特征及其驱动力分析[J]. 中国人口·资源与环境, 26(S1): 252-255.

李诚浩, 任保平. 2023. 中国区域资源环境承载力的空间特征及收敛性分析[J]. 人文地理, 38(2): 88-96.

李春林, 胡远满, 胡明华, 等. 2012. 水环境约束下的微山县产业结构优化调整研究[J]. 中国人口·资源与环境, 22(11): 101-105.

李芳, 龚新蜀, 黄宝连, 等. 2012. 基于 DEA 分析法的干旱区绿洲产业结构优化评价——以新疆为例[J]. 生态经济, (12): 36-40.

李福夺, 尹昌斌. 2021. 农户绿肥种植意愿与行为悖离发生机制研究——基于湘、赣、桂、皖、豫五省(区)854 户农户的调查[J]. 当代经济管理, 43(1): 59-67.

李红润, 刘慧芳, 王瑾, 等. 2022. 基于 Markov-FLUS-MCR 模型的晋中市"三生"空间优化[J]. 农业工程学报, 38(10): 267-276.

李慧蕾, 彭建, 胡熠娜, 等. 2017. 基于生态系统服务簇的内蒙古自治区生态功能分区[J]. 应用生态学报, 28(08): 2657-2666.

李开明, 耿慧志. 2023. 面向国土空间规划体系的农业产业空间管控策略——基于上海市的经验分析[J].城市规划学刊, (1): 87-95.

李坤, 岳建伟. 2015. 我国建设用地适宜性评价研究综述[J]. 北京师范大学学报(自然科学版), 51(S1): 107-113.

李亮, 但文红. 2014. 贵州喀斯特石漠化地区粮食安全保障的时空变化与预测[J]. 贵州农业科学, 42(1): 218-223.

李龙, 吴大放, 刘艳艳, 等. 2020. 生态文明视角下喀斯特地区"双评价"研究——以生态敏感区宁远县为例[J]. 自然资源学报, 35(10): 2385-2400.

李胜芬, 刘斐. 2002. 资源环境与社会经济协调发展探析[J]. 地域研究与开发, 21(1): 78-80.

李淑娟, 高琳. 2020. 胶州湾北岸滨海地区 4 个时期生态系统服务价值和生态功能区划分研究[J]. 湿地科学, 18(02): 129-140.

李双成, 张才玉, 刘金龙, 等. 2013. 生态系统服务权衡与协同研究进展及地理学研究议题[J]. 地理研究, 32(8): 1379-1390.

李思楠, 赵筱青, 普军伟, 等. 2020. 西南喀斯特典型区国土空间地域功能优化分区[J]. 农业工程学报, 36(17): 242-253.

李松, 罗绪强. 2015. 典型喀斯特石漠化省区环境承载力对比研究[J]. 湖北农业科学, 54(12): 2896-2899.

李欣, 殷如梦, 方斌, 等. 2019. 基于"三生"功能的江苏省国土空间特征及分区调控[J]. 长江流域资源与环境, 28(8): 1833-1846.

李寻欢, 周扬, 陈玉福. 2020. 区域多维贫困测量的理论与方法[J]. 地理学报, 75(4): 753-768.

李扬, 汤青. 2018. 中国人地关系及人地关系地域系统研究方法述评[J]. 地理研究, 37(8): 1655-1670.

李渊, 严泽幸, 刘嘉伟. 2019. 基于斑块尺度的资源环境承载力测算与国土空间优化策略——以厦门市为例[J]. 城市与区域规划研究, 11(1): 105-123.

廖艳梅, 尹林江, 兰安军, 等. 2023. 黔西北贫困山区不同地貌形态下土地利用变化的地形梯度效应分析[J]. 生态科学, 42(2): 111-118.

林坚, 武婷, 张叶笑, 等. 2019. 统一国土空间用途管制制度的思考[J]. 自然资源学报, 34(10): 2200-2208.

林锦耀, 黎夏. 2014. 基于空间自相关的东莞市主体功能区划分[J]. 地理研究, 33(2): 349-357.

刘殿生. 1995. 资源与环境综合承载力分析[J]. 环境保护科学, 42(6): 37-42, 48.

刘继来, 刘彦随, 李裕瑞. 2017. 中国"三生空间"分类评价与时空格局分析[J]. 地理学报, 72(7): 1290-1304.

刘彦随. 2020. 中国乡村振兴规划的基础理论与方法论[J]. 地理学报, 75(6): 1120-1133.

刘寅, 黄志勤, 辜寄蓉, 等. 2016. 土地利用规划中资源环境承载力的内涵与评价方法研究——以四川省泸州市为例[J]. 国土资源科技管理, 33(5): 94-104.

龙明伟, 赵娜娜, 赵财胜, 等. 2024. 长江黄河源区水土资源生态承载力耦合协调度分析[J]. 测绘科学, 49(06): 188-202.

卢亚丽, 徐帅帅, 沈镭. 2021. 基于胡焕庸线波动的长江经济带水资源环境承载力动态演变特征[J]. 自然资源学报, 36(11): 2811-2824.

陆传豪, 代富强, 周启刚. 2015. 山地城市环境承载力综合评价与变化特征研究[J]. 资源开发与市场, 31(2): 183-187.

陆大道. 2002. 关于地理学的"人－地系统"理论研究[J]. 地理研究, 21(2): 135-145.

罗名海, 蒋子龙, 程琦, 等. 2018. 地理国情在武汉市土地资源承载力评价中的应用[J]. 武汉大学学报(信息科学版), 43(12): 2317-2324.

罗秀丽, 金晓斌, 刘笑杰, 等. 2024. 基于人口收缩特征的国土空间类型识别及优化——以四川省为例[J]. 资源科学, 46(6): 1060-1073.

罗娅, 熊康宁, 李永垚, 等. 2019. 石漠化治理区土地利用变化安全性评价——以花江、红枫湖、鸭池石漠化治理区为例. 自然资源学报, 34(3): 600-612.

罗彦, 蒋国翔, 陈少杰, 等. 2022. 基于"双评价"和主体功能区优化的国土空间规划探索[J]. 城市规划, 46(1): 7-17+52.

马炅妤, 李炫, 朱磊, 等. 2019. 多视角县级空间开发适宜性评价方法对比研究[J]. 中国农业资源与区划, 40(11): 193-199.

毛汉英, 余丹林. 2001. 环渤海地区区域承载力研究[J]. 地理学报, 56(3): 363-371.

毛祺, 彭建, 刘焱序, 等. 2019. 耦合 SOFM 与 SVM 的生态功能分区方法——以鄂尔多斯市为例[J]. 地理学报, 74(03): 460-474.

苗培培, 赵筱青, 普军伟, 等. 2023. 喀斯特山区生态系统服务权衡/协同时空分异研究——以云南广南县为例[J]. 山地学报, 41(1): 103-114.

苗培培, 赵祖军, 赵筱青, 等. 2021. 云南典型石漠化区生态系统服务权衡与协同研究[J]. 水土保持研究, 28(4): 366-374.

牛帅, 胡业翠, 陈星鑫, 等. 2024. 国土空间"三线"冲突视角下耕地管控刚性与弹性空间划定[J]. 农业工程学报, 40(13): 222-232.

潘竟虎, 李真. 2017. 干旱内陆河流域生态系统服务空间权衡与协同作用分析[J]. 农业工程学报, 33(17): 280-289.

潘涛, 王海荣, 罗颖. 2023. 基于网格尺度和 BP 神经网络模型的"双评价"研究——以濮阳市为例[J]. 河南大学学报(自然科学版), 53(5): 565-574

潘香君. 2017. 基于低碳约束的安徽省产业结构优化研究[D]. 合肥: 安徽建筑大学.

彭飞, 韩增林, 杨俊, 等. 2015. 基于 BP 神经网络的中国沿海地区海洋经济系统脆弱性时空分异研究[J]. 资源科学, 37(12): 2441-2450.

彭树宏, 钱静, 陈劲松, 等. 2018. 基于 CLUE-S 模型的干旱区典型绿洲城市土地利用变化时空动态模拟研究——以新疆奎屯河流域为例[J]. 地理与地理信息科学, 34(3): 61-67.

彭颖, 朱章林, 谭星宇, 等. 2023. 湖北省资源环境承载力评价与预警研究: 基于压力-支撑力-调节力视角[J]. 环境科学与技术, 46(10): 209-218.

普军伟. 2019. 基于资源环境承载力的喀斯特山区土地利用优化[D]. 昆明: 云南大学.

覃宗泉, 娄秀伟, 雷会义. 2008. 发展草地生态畜牧业促进石漠化治理初探——以贵州安顺市为例[J]. 贵州农业科学, 36(2): 129-131.

邱杰华, 何冬华. 2017. 多方博弈下的佛山市南海区"多规合一"空间管制实施路径[J]. 规划师, 33(7): 67-71.

任丽军, 尚金城. 2005. 山东省产业结构的生态合理性评价[J]. 地理科学, 25(2): 215-220.

任婉侠, 韩彬, 谢潇. 2024. 东北地区城镇化与资源环境承载力耦合关系的时空变化[J]. 生态经济, 40(5): 79-88.

任威, 熊康宁, 盈斌, 等. 2020. 喀斯特地区不同地貌下农户生计脆弱性影响因子评估:以贵州花江、撒拉溪研究区为例[J]. 生态与农村环境学报, 36(4): 442-449.

任晓东. 2020. 云南省岩溶地区典型石漠化治理模式及评价[J]. 内蒙古林业调查设计, 43(2): 8-12.

尚勇敏, 曾刚. 2015. 区域经济发展模式内涵、标准的再探讨[J]. 经济问题探索, (1): 62-67.

沈春竹, 谭琦川, 王丹阳, 等. 2019. 基于资源环境承载力与开发建设适宜性的国土开发强度研究——以江苏省为例[J]. 长江流域资源与环境, 28(6): 1276-1286.

沈鹏, 傅泽强, 杨俊峰, 等. 2015. 基于水生态承载力的产业结构优化研究综述[J]. 生态经济, 31(11): 23-26.

盛新宇. 2024. 优势互补与区域协调发展: 产业分工合作视角[J]. 经济体制改革, (4): 23-31.

石晶, 石培基, 王梓洋, 等. 2023. 人为干扰对生态脆弱性动态演变过程的影响——以兰西城市群为例[J]. 中国环境科学, 43(3): 1317-1327.

舒英格, 彭文君, 周鹏鹏. 2020. 基于灰色三角白化权集对分析模型的喀斯特山区农业生态环境脆弱性评价[J]. 应用生态学报, 31(8): 2680-2686.

苏维词. 2000. 贵州喀斯特山区生态环境脆弱性及其生态整治[J]. 中国环境科学, 20(6): 547-551.

苏维词, 朱文孝. 2000. 贵州喀斯特山区生态环境脆弱性分析[J]. 山地学报, 18(5): 429-434.

孙爱博, 张绍良, 公云龙, 等. 2019. 国土空间用途的权衡决策方法研究[J]. 中国土地科学, 33(10): 13-21.

孙晶晶, 赵凯, 牛影影. 2017. 三大粮食功能区社会经济发展水平评价及其差异分析——基于粮食主产区利益补偿视角[J]. 农业现代化研究, 38(4): 581-588.

孙树婷, 周忠发, 李世江. 2014. 基于层次分析和状态空间的石漠化地区生态承载力[J]. 湖北农业科学, 53(8): 1786-1789.

孙玉环, 张冬雪, 丁娇. 2023. 基于人口承载力的城市群适度人口预测研究——以长江三角洲城市群为例[J]. 人口与发展, 29(3): 49-59+95.

谭琨, 严直慧, 赵祖军, 等. 2021a. 基于模糊评价的喀斯特山区文山市资源环境承载力评价. 水土保持研究, 28(1): 218-227.

谭琨, 赵祖军, 赵筱青, 等. 2021b. 喀斯特山区文山市水土资源利用变化特征及耦合研究[J]. 水土保持研究, 28(4): 324-332.

田俊峰, 王彬燕, 王士君. 2019. 东北三省城市土地利用效益评价及耦合协调关系研究[J]. 地理科学, 39(2): 305-315.

田媛, 许月卿, 郭洪峰, 等. 2012. 基于多分类 Logistic 回归模型的张家口市农用地格局模拟[J]. 资源科学, 34(8): 1493-1499.

屠爽爽, 郑瑜晗, 龙花楼, 等. 2020. 乡村发展与重构格局特征及振兴路径——以广西为例[J]. 地理学报, 75(2): 365-381.

王爱娟, 穆洪晓. 2019. 石漠化的生态治理技术与治理模式发展[J]. 水土保持通报, 39(5): 285-289.

王蓓, 赵军, 胡秀芳. 2018. 石羊河流域生态系统服务权衡与协同关系研究[J]. 生态学报, 38(21): 7582-7595.

王德光, 胡宝清. 2011. 基于 WSR 方法的喀斯特石漠化小流域治理研究[J]. 地球与环境, 39(2): 257-262.

王德光, 胡宝清, 饶映雪, 等. 2012. 基于网格法与 ANN 的县域喀斯特土地系统功能分区研究[J]. 水土保持研究, 19(2): 131-136.

王德怀, 李旭东. 2019. 山地流域资源环境承载力与区域协调发展分析:以贵州乌江流域为例[J]. 环境科学与技术, 42(3): 222-229.

王劲松, 郭江勇, 倾继祖. 2007. 一种 K 干旱指数在西北地区春旱分析中的应用[J]. 自然资源学报, 22(5): 709-717.

王克林, 岳跃民, 陈洪松, 等. 2019. 喀斯特石漠化综合治理及其区域恢复效应[J]. 生态学报, 39(20): 7432-7440.

王克林, 岳跃民, 陈洪松, 等. 2020. 科技扶贫与生态系统服务提升融合的机制与实现途径[J]. 中国科学院院刊, 35(10): 1264-1272.

王凌阁, 朱睿, 陈泽霞, 等. 2022. 甘肃河西地区 2000-2019 年水土资源耦合协调特征[J]. 中国沙漠, 42(2): 1-10.

王梦璐. 2016. 基于"山·水·城"一体化视角下的莱阳山水体系规划控制研究[D]. 杭州: 浙江大学.

王敏, 张晓平. 2017. 生态脆弱区社会经济与资源环境耦合协调度研究:以云南省昭通市为例[J]. 中国科学院大学学报, 34(6): 684-691.

王琪, 王存颂. 2022. 国土空间详细规划层级中生态空间管控与保护修复的思路探讨[J]. 现代城市研究, (09): 118-125.

王茜, 赵筱青, 普军伟, 等. 2021. 滇东南喀斯特区域生态脆弱性的时空演变及其影响因素[J]. 应用生态学报, 32(6): 2180-2190.

王茜, 赵筱青, 普军伟, 等. 2022. 喀斯特山区土地利用变化对生态脆弱性的影响[J]. 山地学报, 40(2): 289-302.

王荣, 蔡运龙. 2010. 西南喀斯特地区退化生态系统整治模式[J]. 应用生态学报, 21(4): 1070-1080.

王威汐, 曹春. 2023. 面向国土空间规划的分层级空间管控逻辑思考[J]. 城市规划, 47(4): 25-30+44.

王维, 张涛, 陈云. 2018. 长江经济带地级及以上城市"五化"协调发展格局研究[J]. 地理科学,

38(3): 385-393.

王晓蕊, 李江苏. 2017. 基于偏离份额法的河南省资源型城市转型分析[J]. 资源开发与市场, 33(9): 1084-1089.

王兆峰, 赵松松. 2021. 长江中游城市群旅游资源环境承载力与国土空间功能空间一致性研究[J]. 长江流域资源与环境, 30(5): 1027-1039.

王壮壮, 张立伟, 李旭谱, 等. 2019. 流域生态系统服务热点与冷点时空格局特征[J]. 生态学报, 39(3): 823-834.

魏伟. 2018. 基于 CLUE-S 和 MCR 模型的石羊河流域土地利用空间优化配置研究[D]. 兰州: 兰州大学.

魏小芳, 赵宇鸾, 李秀彬, 等. 2019. 基于"三生功能"的长江上游城市群国土空间特征及其优化[J]. 长江流域资源与环境, 28(5): 1070-1079.

魏兴萍, 蒲俊兵, 赵纯勇. 2014. 基于修正 RISKE 模型的重庆岩溶地区地下水脆弱性评价[J]. 生态学报, 34(3): 589-596.

温晓金, 杨新军, 王子侨. 2016. 多适应目标下的山地城市社会—生态系统脆弱性评价[J]. 地理研究, 35(2): 299-312.

文山壮族苗族自治州人民政府, 文山壮族苗族自治州统计局. 2021. 文山州第七次全国人口普查主要数据公报[R]. 文山统计局.

翁钢民, 唐亦博, 潘越, 等. 2021. 京津冀旅游—生态—城镇化耦合协调的时空演进与空间差异[J]. 经济地理, 41(12): 196-204.

吴殿廷, 吴昊. 2018. 区域发展产业规划[M]. 南京: 东南大学出版社.

吴宁, 李世成, 任晓东, 等. 2019. 云南石漠化[M]. 北京: 中国林业出版社.

吴婷. 2019. 基于 CLUE-S 模型的南京市土地利用变化模拟[D]. 武汉: 武汉大学.

吴跃, 周忠发, 朱昌丽, 等. 2020. 喀斯特山区农村贫困测度与空间分异研究——以盘州市为例[J]. 长江流域资源与环境, 29(5): 1247-1256.

奚世军, 安裕伦, 李阳兵, 等. 2019. 基于景观格局的喀斯特山区流域生态风险评估——以贵州省乌江流域为例[J]. 长江流域资源与环境, 28(3): 712-721.

肖善才, 欧名豪. 2022. 基于生态位适宜度模型的江苏省陆域生态保护红线划定研究[J]. 长江流域资源与环境, 31(2): 366-378.

谢高地, 曹淑艳, 鲁春霞. 2011. 中国生态资源承载力研究[M]. 北京: 科学出版社.

谢高地, 张彩霞, 张雷明, 等. 2015. 基于单位面积价值当量因子的生态系统服务价值化方法改进[J]. 自然资源学报, 30(8): 1243-1254.

谢高地, 甄霖, 鲁春霞, 等. 2008. 一个基于专家知识的生态系统服务价值化方法[J]. 自然资源学报, 23(5): 911-919.

谢鹏飞. 2016. 基于 GMDP 模型和 ACO 算法的澜沧县多目标土地利用优化配置研究[D]. 昆明: 云南大学.

新华社. 2021. 中共中央 国务院关于全面推进乡村振兴加快农业农村现代化的意见[N]. 北京: 人民日报.

熊康宁, 肖杰, 朱大运. 2022. 混农林生态系统服务研究进展及对喀斯特地区产业振兴的启示[J]. 生态学报, 42(3): 1-12.

熊康宁, 朱大运, 彭韬, 等. 2016. 喀斯特高原石漠化综合治理生态产业技术与示范研究[J]. 生态学报, 36(22): 7109-7113.

徐大富, 渠丽萍, 张均. 2004. 贵州省矿产资源承载力分析[J]. 科技进步与对策, (5): 56-58.

徐牧天, 鲍超. 2023. 资源环境承载力弹性区间测度与未来情景分析——以兰西城市群为例[J]. 资源科学, 45(10): 1961-1976.

徐宁. 2021. 我国农村产业结构调整视野下的人力资源开发与管理研究[J]. 农业经济, (9): 71-73.

许明军, 杨子生. 2016. 西南山区资源环境承载力评价及协调发展分析——以云南省德宏州为例[J]. 自然资源学报, 31(10): 1726-1738.

杨开忠, 苏悦, 顾芸. 2021. 新世纪以来黄河流域经济兴衰的原因初探——基于偏离—份额分析法[J]. 经济地理, 41(1): 10-20.

杨新军, 马晓龙, 霍云霈. 2005. 旅游产业部门结构合理性的SSM分析——以陕西省为例[J]. 人文地理, (1): 49-52.

杨樱, 古继宝. 2009. 我国区域发展模式创新的动力机制与典型模式比较[J]. 运筹与管理, 18(2): 97-104.

姚永慧, 索南东主, 张俊瑶, 等. 2019. 2010—2015年贵州省关岭县石漠化时空演变及人类活动影响因素[J]. 地理科学进展, 38(11): 1759-1769.

叶长盛, 仲亚美, 孙丽, 等. 2019. 基于生态位模型的基塘利用适宜度评价[J]. 农业工程学报, 35(7): 255-263.

尤祥瑜, 谢新民, 孙仕军, 等. 2004. 我国水资源配置模型研究现状与展望[J]. 中国水利水电科学研究院学报, 2(2): 53-62.

于伯华, 吕昌河. 2011. 青藏高原高寒区生态脆弱性评价[J]. 地理研究, 30(12): 2289-2295.

袁道先. 1997. 我国西南岩溶石山的环境地质问题[J]. 世界科技研究与发展, 19(5): 41-43.

袁道先. 2008. 岩溶石漠化问题的全球视野和我国的治理对策与经验[J]. 草业科学, 25(9): 19-25.

袁道先. 2020. 开展岩溶科学研究 建设世界地质公园[J]. 地球, (9): 1.

岳文泽, 王田雨. 2019. 中国国土空间用途管制的基础性问题思考[J]. 中国土地科学, 33(8): 8-15.

岳笑, 张良侠, 周德成, 等. 2023. 干旱—半干旱典型生态脆弱区生态脆弱性时空演变及驱动因子分析[J]. 环境生态学, 5(6): 1-9+14.

曾尊固, 熊宁, 范文国. 2002. 农业产业化地域模式初步研究——以江苏省为例[J]. 地理研究, 21(1): 115-124.

查婷俊. 2019. 资本市场影响产业结构变动度的实证研究[J]. 云南财经大学学报, 35(11): 26-39.

张殿发, 王世杰, 李瑞玲. 2002. 贵州省喀斯特山区生态环境脆弱性研究[J]. 地理学与国土研究, 18(1): 77-79.

张光辉, 张新平, 张丽. 2008. 草地畜牧业是改变岩溶地区贫穷面貌的首选产业[J]. 草原科学, 25(9): 83-86.

张继飞, 邓伟, 刘邵权. 2011. 中国西南山区资源环境安全态势评价[J]. 地理研究, 30(12): 2305-2315.

张家硕, 周忠发, 陈全, 等. 2022. 典型喀斯特山区农户生计多样性与多维相对贫困的耦合关系[J]. 山地学报, 40(3): 450-461.

张捷, 赵秀娟. 2015. 碳减排目标下的广东省产业结构优化研究——基于投入产出模型和多目标规划模型的模拟分析[J]. 中国工业经济, (6): 68-80.

张军以, 苏维词, 王腊春, 等. 2019. 西南喀斯特地区城乡融合发展乡村振兴路径研究[J]. 农业工程学报, 35(22): 1-8.

张立伟, 傅伯杰. 2014. 生态系统服务制图研究进展[J]. 生态学报, 34(2): 316-325.

张娜, 周国富, 雷嫦, 等. 2022. 基于SRP模型的喀斯特山区生态脆弱性评价——以遵义市为例[J]. 贵州科学, 40(3): 43-50.

张年国, 王娜, 殷健. 2019. 国土空间规划"三条控制线"划定的沈阳实践与优化探索[J]. 自然资源学报, 34(10): 2175-2185.

张绍良, 杨永均, 侯湖平, 等. 2018. 基于恢复力理论的"土地整治+生态"框架模型[J]. 中国土地科学, 32(10): 83-89.

张韶月, 刘小平, 闫士忠, 等. 2019. 基于"双评价"与FLUS-UGB的城镇开发边界划定——以长春市为例[J]. 热带地理, 39(3): 377-386.

张笑楠, 王克林, 张伟, 等. 2009. 桂西北喀斯特区域生态环境脆弱性[J]. 生态学报, 29(2): 749-757.

张新鼎, 崔文刚, 韩会庆, 等. 2023. 基于"三生"适宜性的典型喀斯特乡村土地利用冲突识别及分析[J]. 水土保持研究, 30(4): 412-422.

张跃, 刘莉. 2021. 绿色发展背景下长江经济带产业结构优化升级的地区差异及空间收敛性[J]. 世界地理研究, 30(5): 991-1004.

张云霞, 张金茜, 巩杰. 2022. 半干旱区湖盆景观格局脆弱性及其影响因素——以凉城县为例[J]. 干旱区研究, 39(4): 1259-1269.

张泽, 胡宝清, 丘海红, 等. 2021. 桂西南喀斯特-北部湾海岸带生态环境脆弱性时空分异与驱动机制研究[J]. 地球信息科学学报, 23(3): 456-466.

张紫昭, 郭瑞清, 周天生, 等. 2015. 新疆煤矿土地复垦为草地的适宜性评价方法与应用[J]. 农业工程学报, 31(11): 278-286.

赵丽平, 李邦熹, 王雅鹏, 等. 2016. 城镇化与粮食生产水土资源的时空耦合协调[J]. 经济地理, 36(10): 145-152.

赵榕, 熊康宁, 陈起伟. 2020. 多维贫困视角下喀斯特区贫困乡村空间分异与地域类型划分[J]. 农业工程学报, 36(18): 232-240.

赵疏航, 何刚, 李恕洲, 等. 2020. 淮河生态经济带城市经济承载力的多维测度[J]. 延边大学学报(自然科学版), 46(3): 242-246.

赵筱青, 李思楠, 普军伟, 等. 2020a. 云南喀斯特山区国土空间优化分区与管控[J]. 自然资源学报, 35(10): 2339-2357.

赵筱青, 李思楠, 谭琨, 等. 2019a. 城镇-农业-生态协调的高原湖泊流域土地利用优化[J]. 农业工程学报, 35(8): 296-307.

赵筱青, 李思楠, 谭琨, 等. 2019b. 基于功能空间分类的抚仙湖流域"3类空间"时空格局变化[J]. 水土保持研究, 26(4): 299-305.

赵筱青, 普军伟, 饶辉, 等. 2020b. 云南喀斯特山区城乡建设用地开发适宜性及分区[J]. 水土保持研究, 27(1): 240-248.

赵筱青, 石小倩, 李驭豪, 等. 2022. 滇东南喀斯特山区生态系统服务时空格局及功能分区[J]. 地理学报, 77(3): 736-756.

郑文武, 曾永年, 吴桂平, 等. 2010. 遥感和GIS支持下的湘西北喀斯特山区县域农业生态环境脆弱度评价[J]. 地理与地理信息科学, 26(2): 93-96.

中国疾病预防控制中心营养与食品安全所. 2009. 中国食物成分表·第一册(第 2 版)[M]. 北京: 北京大学医学出版社.

中华人民共和国国务院. 2017. 全国国土规划纲要 2016-2030 年[R]. 北京: 中华人民共和国国务院.

周侃, 樊杰. 2015. 中国欠发达地区资源环境承载力特征与影响因素——以宁夏西海固地区和云南怒江州为例[J]. 地理研究, 34(1): 39-52.

周侃, 樊杰, 盛科荣. 2019. 国土空间管控的方法与途径[J]. 地理研究, 38(10): 2527-2540.

周来, 李艳洁, 孙玉军. 2018. 修正的通用土壤流失方程中各因子单位的确定[J]. 水土保持通报, 38(1): 169-174.

周鹏, 邓伟, 彭立, 等. 2019. 典型山地水土要素时空耦合特征及其成因[J]. 地理学报, 74(11): 2273-2287.

周扬, 郭远智, 刘彦随. 2018. 中国县域贫困综合测度及 2020 年后减贫瞄准[J]. 地理学报, 73(8): 1478-1493.

周忠发, 闫利会, 陈全. 2016. 人为干扰下喀斯特石漠化演变机制与调控[M]. 北京: 科学出版社.

朱华友, 蒋自然. 2008. 浙江省工业型村落: 发展模式及其形成动力研究[J]. 地理科学, 28(3): 331-336.

朱文泉, 潘耀忠, 张锦水. 2007. 中国陆地植被净初级生产力遥感估算[J]. 植物生态学报, 31(3): 413-424.

朱于珂, 高红贵, 肖甜. 2021. 工业企业绿色技术创新、产业结构优化与经济高质量发展[J]. 统计与决策, 37(19): 111-115.

左太安, 张凤太, 于世杰, 等. 2022. 中国岩溶地区石漠化贫困问题研究进展[J]. 中国岩溶, 41(6): 915-927.

Adeyemi O, Chirwa P W, Babalola F D, et al. 2021. Detecting trade-offs, synergies and bundles among ecosystem services demand using sociodemographic data in Omo Biosphere Reserve, Nigeria[J]. Environment, Development and Sustainability, 23: 7310-7325.

Ahmed I A, Talukdar S, Naikoo M W, et al. 2023. A new framework to identify most suitable priority areas for soil-water conservation using coupling mechanism in Guwahati urban watershed, India, with future insight[J]. Journal of Cleaner Production, 382: 135363.

Akadiri SS, Bekun FV, Sarkodie SA. 2019. Contemporaneous interaction between energy consumption, economic growth and environmental sustainability in South Africa: What drives what?[J]. Science of the Total Environment, 686: 468-475.

Akbari M, Neamatollahi E, Neamatollahi P. 2019. Evaluating land suitability for spatial planning in arid regions of eastern Iran using fuzzy logic and multi-criteria analysis[J]. Ecological Indicators, 98: 587-598.

Akdim B. 2015. Karst landscape and hydrology in Morocco: research trends and perspectives[J]. Environmental Earth Sciences, 74(1): 251-265.

Arrow K, Bolin B, Costanza R, et al. 1996. Economic Growth, Carrying Capacity, and the Environment[J]. Ecological Applications, 6(1): 13-15.

Bao C, Wang H, Sun S. 2022. Comprehensive simulation of resources and environment carrying capacity for urban agglomeration: A system dynamics approach[J]. Ecological Indicators, 138:

108874.

Bathrellos GD, Skilodimou HD, Chousianitis K, et al. 2017. Suitability estimation for urban development using multi-hazard assessment map[J]. Science of the Total Environment, 575: 119-134.

Benra F, De Frutos A, Gaglio M, et al. 2021. Mapping water ecosystem services: Evaluating InVEST model predictions in data scarce regions[J]. Environmental Modelling & Software, 138: 104982.

Beroya-Eitner MA. 2016. Ecological vulnerability indicators[J]. Ecological Indicators, 60: 329-334.

Boori MS, Choudhary K, Paringer R, et al. 2021. Spatiotemporal ecological vulnerability analysis with statistical correlation based on satellite remote sensing in Samara, Russia[J]. Journal of Environmental Management, 285: 112138.

Bourgoin C, Oszwald J, Bourgoin J, et al. 2020. Assessing the ecological vulnerability of forest landscape to agricultural frontier expansion in the Central Highlands of Vietnam[J]. International Journal of Applied Earth Observation and Geoinformation, 84: 101958.

Cao H, Dong W, Chen H, et al. 2023. Groundwater vulnerability assessment of typical covered karst areas in northern China based on an improved COPK method[J]. Journal of Hydrology, 624: 129904.

Cao X, Wen Z, Xu J, et al. 2020. Many-objective optimization of technology implementation in the industrial symbiosis system based on a modified NSGA-III[J]. Journal of Cleaner Production, 245: 118810.

Chai J, Wang Z, Zhang H. 2017. Integrated Evaluation of Coupling Coordination for Land Use Change and Ecological Security: A Case Study in Wuhan City of Hubei Province, China[J]. International Journal of Environmental Research and Public Health, 14(11): 1435.

Chang Y, Ko T. 2014. An interactive dynamic multi-objective programming model to support better land use planning[J]. Land Use Policy, 36: 13-22.

Chen S, Li G, Zhuo Y, et al. 2022. Trade-offs and synergies of ecosystem services in the Yangtze River Delta, China: response to urbanizing variation[J]. Urban Ecosystems, 25(1): 313-328.

Cheng F, Lu H, Ren H, et al. 2017b. Integrated emergy and economic evaluation of three typical rocky desertification control modes in karst areas of Guizhou Province, China[J]. Journal of Cleaner Production, 161: 1104-1128.

Cheng H, Dong S, Li F, et al. 2019b. A circular economy system for breaking the development dilemma of 'ecological Fragility-Economic poverty' vicious circle: A CEEPS-SD analysis[J]. Journal of Cleaner Production, 212: 381-392.

Cheng K, Fu Q, Cui S, et al. 2017a. Evaluation of the land carrying capacity of major grain-producing areas and the identification of risk factors[J]. Natural Hazards, 86(1): 263-280.

Cheng X, Long R, Chen H, et al. 2019a. Coupling coordination degree and spatial dynamic evolution of a regional green competitiveness system – A case study from China[J]. Ecological Indicators, 104: 489-500.

Cho M. 1997. Congestion Effects of Spatial Growth Restrictions: A Model and Empirical Analysis[J]. Real Estate Economics, 25(3): 409-438.

Chu H, Wu C, Wang G, et al. 2024. Coupling Coordination Evaluation of Water and Soil Resource

Matching and Grain Production, and Analysis of Obstacle Factors in a Typical Black Soil Region of Northeast China[J]. Sustainability, 16(12): 5030.

Costanza R, de Groot R, Sutton P, et al. 2014. Changes in the global value of ecosystem services[J]. Global Environmental Change, 26: 152-158.

de Araujo B C C, Atkinson P M, Dearing J A. 2015. Remote sensing of ecosystem services: A systematic review[J]. Ecological Indicators, 52: 430-443.

Ding Z, Liu Y, Wang L, et al. 2021. Effects and implications of ecological restoration projects on ecosystem water use efficiency in the karst region of Southwest China[J]. Ecological Engineering, 170: 106356.

Donohue RJ, Roderick ML, McVicar TR. 2012. Roots, storms and soil pores: Incorporating key ecohydrological processes into Budyko's hydrological model[J]. Journal of Hydrology, 436-437: 35-50.

Dorini FA, Cecconello MS, Dorini LB. 2016. On the logistic equation subject to uncertainties in the environmental carrying capacity and initial population density[J]. Communications in Nonlinear Science and Numerical Simulation, 33: 160-173.

Du Y W, Wang Y C, Li W S. 2022. Emergy ecological footprint method considering uncertainty and its application in evaluating marine ranching resources and environmental carrying capacity[J]. Journal of Cleaner Production, 336: 130363.

Eade JDO, Moran D. 1996. Spatial Economic Valuation: Benefits Transfer using Geographical Information Systems[J]. Journal of Environmental Management, 48(2): 97-110.

Fan Q. 2024. Comprehensive evaluation of carrying capacity of ecotourism based on state space method[J]. International Journal of Environmental Technology and Management, 27(4-6): 461-473.

Fan Y, Jin X, Gan L, et al. 2018. Spatial identification and dynamic analysis of land use functions reveals distinct zones of multiple functions in eastern China[J]. Science of the Total Environment, 642: 33-44.

Foley JA, DeFries R, Asner GP, et al. 2005. Global Consequences of Land Use[J]. Science, 309(5734): 570-574.

Gao J. 2020. Editorial for the Special Issue "Ecosystem Services with Remote Sensing"[J]. Remote Sensing, 12(14): 2191.

Garmendia E, Mariel P, Tamayo I, et al. 2012. Assessing the effect of alternative land uses in the provision of water resources: Evidence and policy implications from southern Europe[J]. Land Use Policy, 29(4): 761-770.

Goschin Z. 2014. Regional Growth in Romania after its Accession to EU: A Shift-share Analysis Approach[J]. Procedia Economics and Finance, 15: 169-175.

Groten S. 1993. NDVI-crop monitoring and early yield assessment of Burkina Faso[J]. International Journal of Remote Sensing, 14(8): 1495-1515.

Guo Y, Zhou Y, Cao Z. 2018. Geographical patterns and anti-poverty targeting post-2020 in China[J]. Journal of Geographical Sciences. 28(12): 1810-1824.

Han H, Liu Y, Gao H, et al. 2020. Tradeoffs and synergies between ecosystem services: A comparison of the karst and non-karst area[J]. Journal of Mountain Science, 17(5): 1221-1234.

He Y, Wang Z. 2022. Water-land resource carrying capacity in China: Changing trends, main driving forces, and implications[J]. Journal of Cleaner Production, 331: 130003.

Hu N, Lan J. 2020. Impact of vegetation restoration on soil organic carbon stocks and aggregates in a karst rocky desertification area in Southwest China[J]. Journal of Soils and Sediments, 20(3): 1264-1275.

Hui C. 2006. Carrying capacity, population equilibrium, and environment's maximal load[J]. Ecological Modelling, 192(1-2): 317-320.

Jiang Y, Li R, Shi Y, et al. 2021. Natural and Political Determinants of Ecological Vulnerability in the Qinghai–Tibet Plateau: A Case Study of Shannan, China[J]. ISPRS International Journal of Geo-Information, 10(5): 327.

Johansen PH, Ejrnæs R, Kronvang B, et al. 2018. Pursuing collective impact: A novel indicator-based approach to assessment of shared measurements when planning for multifunctional land consolidation[J]. Land Use Policy, 73: 102-114.

Kong C, Lan H, Yang G, et al. 2016. Geo-environmental suitability assessment for agricultural land in the rural–urban fringe using BPNN and GIS: a case study of Hangzhou[J]. Environmental Earth Sciences, 75: 1136.

Kuller M, Bach PM, Roberts S, et al. 2019. A planning-support tool for spatial suitability assessment of green urban stormwater infrastructure[J]. Science of the Total Environment, 686: 856-868.

Li A, Wang A, Liang S, et al. 2006. Eco-environmental vulnerability evaluation in mountainous region using remote sensing and GIS—A case study in the upper reaches of Minjiang River, China[J]. Ecological Modelling, 192(1-2): 175-187.

Li B, Qiang W, Li-xia C. 2016. An analytical method of regional water resources carrying capacity in karst area-a case study in Guizhou province, China[J]. Water Practice and Technology, 11(4): 796-805.

Li B, Zhang W, Long J, et al. 2023a. Regional water resources security assessment and optimization path analysis in karst areas based on emergy ecological footprint[J]. Applied Water Science, 13(6): 142.

Li J, Fei L, Li S, et al. 2020. The influence of optimized allocation of agricultural water and soil resources on irrigation and drainage in the Jingdian Irrigation District, China[J]. Irrigation Science, 38(1): 37-47.

Li S, Liu C, Chen J, et al. 2021a. Karst ecosystem and environment: Characteristics, evolution processes, and sustainable development[J]. Agriculture, Ecosystems & Environment, 306: 107173.

Li S, Zhao X, Pu J, et al. 2021b. Optimize and control territorial spatial functional areas to improve the ecological stability and total environment in karst areas of Southwest China[J]. Land Use Policy, 100: 104940.

Li Y, Liu W, Feng Q, et al. 2022. Quantitative assessment for the spatiotemporal changes of ecosystem services, tradeoff-synergy relationships and drivers in the Semi-Arid Regions of China[J]. Remote Sensing, 14(1): 239.

Li Y, Yu M, Zhang H, et al. 2023b. From expansion to shrinkage: Exploring the evolution and transition of karst rocky desertification in karst mountainous areas of Southwest China[J]. Land Degradation & Development, 34(17): 5662-5672.

Liao G, He P, Gao X, et al. 2022. Land use optimization of rural production-living-ecological space at different scales based on the BP-ANN and CLUE-S models[J]. Ecological Indicators, 137: 108710.

Liu Y, Liu J, Zhou Y. 2017. Spatio-temporal patterns of rural poverty in China and targeted poverty alleviation strategies[J]. Journal of Rural Studies, 52: 66-75.

MA. 2005. Ecosystems and human wellbeing Synthesis[M]. Washington, DC: World Resources Institute.

Ma W, Jiang G, Li W, et al. 2019. Multifunctionality assessment of the land use system in rural residential areas: Confronting land use supply with rural sustainability demand[J]. Journal of Environmental Management, 231: 73-85.

Mansour S, Al-Belushi M, Al-Awadhi T. 2020. Monitoring land use and land cover changes in the mountainous cities of Oman using GIS and CA-Markov modelling techniques[J]. Land Use Policy, 91: 104414.

Nakajima ES, Ortega E. 2016. Carrying capacity using emergy and a new calculation of the ecological footprint[J]. Ecological Indicators, 60: 1200-1207.

Nam J, Chang W, Kang D. 2010. Carrying capacity of an uninhabited island off the southwestern coast of Korea[J]. Ecological Modelling, 221(17): 2102-2107.

Nayak AK, Kumar P, Pant D, et al. 2018. Land suitability modelling for enhancing fishery resource development in Central Himalayas(India) using GIS and multi-criteria evaluation approach[J]. Aquacultural Engineering, 83: 120-129.

Nemec KT, Raudsepp-Hearne C. 2013. The use of geographic information systems to map and assess ecosystem services[J]. Biodiversity and Conservation, 22(1): 1-15.

Newson MD, Calder IR. 1989. Forests and water resources: problems of prediction on a regional scale[J]. Philosophical Transactions of the Royal Society B: Biological Sciences, 324(1223): 283-298.

Pan G, Xu Y, Yu Z, et al. 2015. Analysis of river health variation under the background of urbanization based on entropy weight and matter-element model: A case study in Huzhou City in the Yangtze River Delta, China[J]. Environmental Research, 139: 31-35.

Park R, Burgess E. 1921. An introduction to the science of sociology[M]. Chicago: The University of Chicago Press.

Pu J, Zhao X, Miao P, et al. 2020. Integrating multisource RS data and GIS techniques to assist the evaluation of resource-environment carrying capacity in karst mountainous area[J]. Journal of Mountain Science, 17(10): 2528-2547.

Ribeiro D, Zorn M. 2021. Sustainability and Slovenian Karst Landscapes: Evaluation of a Low Karst Plain[J]. Sustainability, 13(4): 1655.

Sanches-Pereira A, Onguglo B, Pacini H, et al. 2017. Fostering local sustainable development in Tanzania by enhancing linkages between tourism and small-scale agriculture[J]. Journal of

Cleaner Production, 162: 1567-1581.

Seppälä J, Melanen M, Jouttijärvi T, et al. 1998. Forest industry and the environment: a life cycle assessment study from Finland[J]. Resources, conservation and recycling, 23(1): 87-105.

Shen L, Shu T, Liao X, et al. 2020. A new method to evaluate urban resources environment carrying capacity from the load-and-carrier perspective[J]. Resources, Conservation and Recycling, 154: 104616.

Shi Y, Shi S, Wang H. 2019. Reconsideration of the methodology for estimation of land population carrying capacity in Shanghai metropolis[J]. Science of the Total Environment, 652: 367-381.

Silver D , Silva T , Adler P , et al. 2022. 场景的演化: 四种社会发展模式在场景中的应用[J]. 武汉大学学报(哲学社会科学版), 75(5): 49-65.

Sleeter BM, Sohl TL, Loveland TR, et al. 2013. Land-cover change in the conterminous United States from 1973 to 2000[J]. Global Environmental Change, 23(4): 733-748.

Somoza-Medina X, Monteserín-Abella O. 2021. The sustainability of industrial heritage tourism far from the axes of economic development in Europe: Two case studies[J]. Sustainability, 13(3): 1077.

Sun M, Li X, Yang R, et al. 2020. Comprehensive partitions and different strategies based on ecological security and economic development in Guizhou Province, China[J]. Journal of Cleaner Production, 274: 122794.

Tan K, Zhao X, Pu J, et al. 2021. Zoning regulation and development model for water and land resources in the Karst Mountainous Region of Southwest China[J]. Land Use Policy, 109: 105683.

Tang B, Hu Y, Li H, et al. 2016. Research on comprehensive carrying capacity of Beijing–Tianjin–Hebei region based on state-space method[J]. Natural Hazards, 84(S1): 113-128.

Tang J, Xiong K, Wang Q, et al. 2023. Village ecosystem vulnerability in karst desertification control: evidence from South China Karst[J]. Frontiers in Ecology and Evolution, 11: 1126659.

Tang X, Liu Y, Pan Y. 2020. An evaluation and region division method for ecosystem service supply and demand based on land use and POI data[J]. Sustainability, 12(6): 2524.

Thiault L, Marshall P, Gelcich S, et al. 2018. Space and time matter in social-ecological vulnerability assessments[J]. Marine Policy, 88: 213-221.

Tong STY, Chen W. 2002. Modeling the relationship between land use and surface water quality[J]. Journal of Environmental Management, 66(4): 377-393.

Tong X, Wang K, Yue Y, et al. 2017. Quantifying the effectiveness of ecological restoration projects on long-term vegetation dynamics in the karst regions of Southwest China[J]. International Journal of Applied Earth Observation and Geoinformation, 54: 105-113.

Vermaat JE, Wagtendonk AJ, Brouwer R, et al. 2016. Assessing the societal benefits of river restoration using the ecosystem services approach[J]. Hydrobiologia, 769(1): 121-135.

Wang S, Chai Q, Sun X, et al. 2021. Construction and application of evaluation system for integrated development of agricultural industry in China[J]. Environment, Development and Sustainability, 23(5): 7469-7479.

Wang X, Zhang X, Feng X, et al. 2020. Trade-offs and Synergies of Ecosystem Services in Karst Area of China Driven by Grain-for-Green Program[J]. Chinese Geographical Science, 30(1):

101-114.

Wang Y, Li Y. 2019. Promotion of degraded land consolidation to rural poverty alleviation in the agro-pastoral transition zone of northern China[J]. Land Use Policy, 88: 104114.

Wei Y, Huang C, Li J, et al. 2016. An evaluation model for urban carrying capacity: A case study of China's mega-cities[J]. Habitat International, 53: 87-96.

Wen X, Deng X, Zhang F. 2019. Scale effects of vegetation restoration on soil and water conservation in a semi-arid region in China: Resources conservation and sustainable management[J]. Resources, Conservation and Recycling, 151: 104474.

Wu C, Zhou L, Jin J, et al. 2020. Regional water resource carrying capacity evaluation based on multi-dimensional precondition cloud and risk matrix coupling model[J]. Science of the Total Environment, 710: 136324.

Xiao K, He T, Chen H, et al. 2017. Impacts of vegetation restoration strategies on soil organic carbon and nitrogen dynamics in a karst area, southwest China[J]. Ecological Engineering, 101: 247-254.

Xue L, Wang J, Zhang L, et al. 2019. Spatiotemporal analysis of ecological vulnerability and management in the Tarim River Basin, China[J]. Science of the Total Environment, 649: 876-888.

Yan Y, Dai Q, Hu G, et al. 2020. Effects of vegetation type on the microbial characteristics of the fissure soil-plant systems in karst rocky desertification regions of SW China[J]. Science of the Total Environment, 712: 136543.

Yang G, Ge Y, Xue H, et al. 2015. Using ecosystem service bundles to detect trade-offs and synergies across urban–rural complexes[J]. Landscape and Urban Planning, 136 110-121.

Yang Q, Zhang F, Jiang Z, et al. 2016. Assessment of water resource carrying capacity in karst area of Southwest China[J]. Environmental Earth Sciences, 75: 37.

Ying B, Li S, Xiong K, et al. 2023. Research on the resilience assessment of rural landscapes in the context of karst rocky desertification control: A case study of Fanhua village in Guizhou province[J]. Forests, 14(4): 733.

Zhang L, Hickel K, Dawes WR, et al. 2004. A rational function approach for estimating mean annual evapotranspiration[J]. Water Resources Research, 40: 1-14.

Zhang X, Yue Y, Tong X, et al. 2021. Eco-engineering controls vegetation trends in southwest China karst[J]. Science of the Total Environment, 770: 145160.

Zhang Y, Xu X, Li Z, et al. 2019. Effects of vegetation restoration on soil quality in degraded karst landscapes of southwest China[J]. Science of the Total Environment, 650: 2657-2665.

Zhao X, Xu Y, Wang Q, et al. 2022. Sustainable Agricultural Development Models of the Ecologically Vulnerable Karst Areas in Southeast Yunnan from the Perspective of Human‐Earth Areal System[J]. Land, 11(7):1075.

Zhao XQ, Li SN, Pu JW, et al. 2019. Optimization of the National Land Space Based on the Coordination of Urban-Agricultural-Ecological Functions in the Karst Areas of Southwest China[J]. Sustainability, 11(23): 6752.

Zhou K. 2022. Comprehensive evaluation on water resources carrying capacity based on improved AGA-AHP method. Applied Water Science[J]. 12 (5): 103.